河南林业生态省建设纪实

（2010）

王照平 主编

黄河水利出版社
·郑州·

图书在版编目(CIP)数据

河南林业生态省建设纪实. 2010 / 王照平主编. —郑州：黄河
水利出版社,2013. 1
ISBN 978-7-5509-0214-5

Ⅰ. 河… Ⅱ. 王… Ⅲ.林业 – 生态环境 – 建设 – 研究 – 河南
省 –2010 Ⅳ. S718.5

中国版本图书馆 CIP 数据核字(2012)第 021313 号

组稿编辑:韩美琴 电话:0371–66024331 E–mail:hanmq93@163.com

出 版 社:黄河水利出版社
地址:河南省郑州市顺河路黄委综合楼 14 层 邮政编码:450003
发行单位:黄河水利出版社
发行部电话:0371–66026940、66028414、66020550、66022620(传真)
E–mail:hhslcbs@126.com
承印单位:河南省瑞光印务股份有限公司
开本:890mm×1 240 mm 1/16
印张:13.75
字数:331 千字 印数:1 —1 000
版次:2013 年 1 月第 1 版 印次:2013 年 1 月第 1 次印刷

定价:38.00 元

编 委 会 名 单

编 辑 说 明

一、《河南林业生态省建设纪实（2010）》是一部综合反映河南省现代林业建设重要活动、发展水平、基本成就与经验教训的资料性工具书。每年出版一卷，反映上年度情况。本卷为 2010 年卷，收录限 2010 年的资料。

二、《河南林业生态省建设纪实（2010）》的基本任务是，为河南省林业系统和有关部门的各级生产与管理人员、科技工作者以及广大社会读者全面、系统地提供全省森林资源消长、森林培育、林政保护、森林防火、森林公安、林业产业、林业科研等方面的年度信息和有关资料。

三、2010 年卷编纂内容设 40 个栏目。每个栏目设"概述"和"纪实"两部分。

四、《河南林业生态省建设纪实（2010）》编写实行条目化，条目标题力求简洁、规范。全卷编排按内容分类。按分类栏目设书眉。

五、《河南林业生态省建设纪实（2010）》撰稿及资料收集由省林业厅各处、室（局），各省辖市林业局承担。

《河南林业生态省建设纪实》编委会

2011 年 11 月

目　录

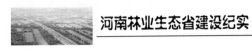

造林绿化

一、概述

一年来，全省认真贯彻落实中央和省委林业工作会议及全国林业厅局长会议精神，强化措施，狠抓落实，大力推进造林绿化工作，取得了较好成效。据核查，2010 年全省共完成造林总面积415.66 万亩，为省政府考核目标任务 400 万亩的 103.92%。全省参加义务植树 5 144 万人次，植树2.0914 万株，为省政府考核目标任务 1.88 亿株的 111.24%。

（一）领导高度重视，落实目标责任制

省委、省政府高度重视林业生态建设，把其作为落实科学发展观、建设生态文明、夯实农业发展基础、转变农业发展方式、加快生态河南建设、推进中原崛起的重要抓手。2009 年 12 月 31 日，省委、省政府下发了《关于加快林业改革发展的意见》（豫发〔2009〕31 号），这是指导全省当前和今后一个时期林业改革发展的纲领性文件。省委、省政府把加快林业生态省建设作为省委 1 号文件《关于加大统筹城乡发展力度，进一步夯实农业农村发展基础的实施意见》的重要内容，把大力推进生态建设作为河南省 2010 年十项民生工程之一。省政府继续把造林绿化纳入年度目标考核体系。2010 年 2 月 23 日，省政府在平顶山召开全省林业生态建设现场会，对全年林业生态建设进行了安排部署，各省辖市分管副市长、林业局局长和造林科科长及省直有关单位的负责人参加了会议，副省长刘满仓出席会议并作重要讲话。省委、省政府主要领导亲自听取汇报，亲自调查研究，亲自参加植树。2010 年 1 月 12 日，郭庚茂省长在省十一届人大三次会议作政府工作报告时强调，要继续推进林业生态省建设。2010 年 3 月 18 日，卢展工书记、郭庚茂省长等 21 名省领导到郑州绿化博览园，与省市直属机关干部一起参加义务植树活动。卢展工书记在植树现场指出，绿化很重要，植树造林、绿化环境，对建设好林业生态省、搞好环境保护、发展低碳经济具有十分重要的作用，一定要坚持不懈地抓好造林绿化工作，进一步推动林业生态省建设。各级地方党委和政府也十分重视植树造林工作，把其作为冬春农村工作的重中之重来抓，纷纷召开高规格动员会或现场会，层层签订目标责任书，有利地推进了冬春植树造林工作的顺利开展。郑州市组织开展了以"共建和谐生

态家园，打造精品绿博盛会"为主题的全民义务植树活动，商丘市、平顶山市在春节过后上班第一天举行市、县、乡三级联动义务植树活动，信阳市委书记要求把一片林种成"发展林"、"丰收林"、"快活林"、"示范林"，漯河市市长祁金立亲自组织召开政府常务会专题研究林业工作，南阳市市长穆为民、焦作市市长孙立坤多次深入基层检查植树造林情况。

（二）明确目标任务，突出工作重点

省政府印发的《2010年河南林业生态省建设实施意见》（豫政办 [2010] 10号）明确了2010年营造林计划，并提出重点安排林业生态工程建设任务，适当安排产业工程、支撑体系和基础设施建设任务；在林业生态建设工程中，突出山区生态体系建设工程、农田防护林体系改扩建工程、村镇绿化工程、生态廊道网络建设工程，适当安排其他工程建设任务；营造林工程重点安排在宜林荒山荒地和沟河路渠"四旁"隙地。各市、县也都先后制定出2010年造林绿化实施方案，将任务分解落实到县、乡、村和山头地块。同时，根据各自实际，突出自身特色，积极打造精品工程。洛阳市为促进农村经济发展、实现农民增收，提出通过3年努力，新发展核桃30万亩，对现有20万亩核桃进行品种改良，最终形成50万亩的核桃产业基地。其中，2010年全市要新发展核桃8万亩，改良10万亩，并建成2 000亩优质核桃育苗基地。南阳市以创办"绿色农运会"为目标，高标准建设环城高速绿化、兰营水库生态防护林、出入市口绿化美化等三个工程。信阳市围绕农村综合试验区和魅力信阳建设，突出抓好示范村镇绿化、重点廊道绿化、城市林业建设、义务植树基地建设。平顶山市为创建生态鹰城，按照"城市园林化、郊区森林化、道路林荫化、农田林网化、庭院花园化"的总体构想，积极推进"三区（山区、丘陵区、矿区）三点（城市建成区、村镇居民区、旅游区）一网络（平原农区和廊道网络）"的林业生态建设体系。鹤壁市按照《鹤壁市林业生态示范市建设规划》要求，突出抓好淇河绿化、宝山循环经济产业集聚区绿化、森林公园建设。濮阳市为调整和优化农业产业结构，重点发展城郊经济林和花卉，林果、花卉、蔬菜复合经营，力争用3~5年时间的努力，把城市近郊建成现代农林产业示范区。三门峡市为创建国家森林城市，突出抓好主要道路、城郊、出入口等重点区域绿化工作。安阳市龙安区着力打造"三片、四园、五线、千村、一网络"精品工程，向"片"要效益，向"园"要特色，向"线"要精品，向"点"要绿量，向"网"要形象。长垣县狠抓林业生态文明村建设，实行企业帮扶制度，并纳入目标考核。温县强力实施"百、千、万"林业生态工程，高标准营造100条穿田林带、1 000亩围村林带和10 000亩工业原料林，以推动林业生态县创建。新安县以创建林业生态县为中心，突出抓好"两点"（小浪底库区南岸生态能源林建设、县城周边森林公园建设）、"一带"（县城环线特色林果产业基地带建设）。

（三）强化质量管理，确保造林成效

一是提升造林作业设计水平。2009年12月25日，河南省林业厅召开了全省造林作业设计布置电视电话会，要求各县（市、区）把2008年、2009年完成的造林面积按小班统一标注到一张图上，并且把小班自查表（带座标）填写到同一份表格里。2010年1月25日至28日，省林业厅举办了全省林业重点工程营造林作业设计编制培训班。2010年1月25日，省林业厅下发了《关于做好2010年林业重点工程营造林作业设计的通知》（豫林造 [2010] 18号），要求2010年造林作业设计以经过比对确定的2008、2009年度各县（市、区）上报完成情况（图、表）为基础材料，将所有工程的小班作业设计统一编绘在一本说明书、一套表格、一套图纸上；以村为单位，分工程将 2007 年编制的林业生态省（县）建设规划任务和 2008、2009 年度各项营造林工程完成情况进行汇编、建立台账，作为 2010 年及以后进行造林计划编制、作业设计审核的参考依据。随后，省林业厅组织有关专家对全省 162 个单位的造林作业设计进行了审定，为确保高质量完成年度林业生态省建设任务奠定了良好基础。

二是加强质量管理。信阳市为切实抓好市委、市政府确定的 2010 年重点林业工作，制定了市县级示范村绿化、城市绿化、重点廊道绿化、义务植树基地、领导绿化示范点、低产园（林）改造示范点等 6 个方面的建设标准及检查验收办法。濮阳市为确保造林质量，印发了《2010 年造林质量标准》和《林业生态精品工程规划与考评标准（2010～2012 年）》。济源市为提高造林质量检查工作可操作性，制定了《"3+1" 工程建设苗木质量标准》、《济邵高速沿线绿化工程整地技术标准》、《济邵高速沿线绿化工程质量检验实施方案》等规范性文件。灵宝市政府出台了《林业生态建设工程管理办法》，对组织领导、工程实施、检查验收、档案管理、资金管理等方面作出了明确规定。

三是依靠科学技术。2009 年 11 月，省林业厅编印出版了《河南适生树种栽培技术》一书，树种涉及用材林 28 个树种、经济林 29 个树种、观赏林 9 个树种，内容包括形态特征、生物学特性、主要栽培品种、栽培管理、主要病虫害防治等方面。漯河市林业和园林局组织由林果业专家、高级工程师组成的科技服务队，深入到舞阳县吴城镇北高村开展"送技术下乡"活动。济源市先后制定出《核桃良种嫁接苗木质量分级》、《核桃－小辣椒间作生产技术规程》、《核桃－决明子间作生产技术规程》、《核桃－桔梗间作生产技术规程》、《核桃－大豆间作生产技术规程》等五项林业地方标准，促进了林业规范化生产。陕县举办了全县造林专业队培训班，重点培训了工程造林技术要点、精品工程建设标准及抗旱造林新技术。鄢陵县林业局制作 200 张"便民服务联系卡"发给当地村民，卡上印制有服务的宗旨和目标、热线，热线电话 24 小时开通，方便了林农咨询。郑州市二七区引种东北及华北高山地区生长的高大乔木——白桦树，提升了生态景观档次。商丘市在林业重点工程建设中，提高泡桐、经济林、乡土树种造林比例，提高生态林、景观林比例，提高混交林比例。尉氏县、郏县等地大力发展林菜、林禽（畜）等高效复合经营模式，实现了以短养长、良性发展。

四是加强督促检查。省林业厅派出 9 个由厅级领导带队、处级干部和省林业调查规划院技术人员为成员的春季植树造林督查组，分赴全省各地督促检查造林质量和进度。南阳市自 2009 年冬以来先后三次组织开展了由市委、市人大、市政府、市政协分管领导带队的造林现场观摩督查活动，每次督查都排出名次，通报全市，并纳入"常青杯"竞赛考评内容。平顶山市政府成立了 9 个督查组，分别由一名县级干部带队，逐工程、逐乡（镇）进行督导检查，对造林督查工作实行周汇报制，每周通报一次进度，每周印发一期《造林情况通报》，并将完成结果在《平顶山日报》上予以排名公示。许昌市市长李亚多次与市监察、林业部门负责人深入基层进行了暗访，检查栽植进度和质量。浚县聘请县人大代表、政协委员、老干部作为林业生态建设特邀督查员，全方位、多层次、多角度开展督导工作。中牟县抽调专业技术人员组成验苗小组深入造林现场，实行现场跟踪检疫。

（四）加大资金投入，严格奖惩兑现

《2010 年河南林业生态省建设实施意见》明确规定，省级重点生态工程奖励标准由过去的 28～

100 元每亩提高到 50～180 元每亩；省级财政林业预算支出确定后，按省下达计划任务拨付工程奖励资金的 50%，省核查合格后，拨付全部工程奖励资金。省林业厅继续实施优质林木种苗培育资金扶持办法，2010 年共扶持生态用材树种 7 个、优质经济林树种 3 个、优质生物质能源及木本油料树种 2 个、优良乡土树种 6 个、珍稀濒危树种 2 个，安排扶持资金 1 100 万元和培育苗木 5 322 万株。各市、县（市、区）也都加大了对林业生态建设的资金投入力度，有利地推进了林业生态建设的持续发展。平顶山市 2010 年用于林业生态建设资金达 2 亿多元，南阳各级财政投入林业生态建设资金达 1.57 亿元，鹤壁市政府将拨付 1 000 万元用于各项造林工程的以奖代补。新县政府出台的《关于加快油茶产业发展的意见》规定，县财政每年拿出 300 万元用于油茶产业发展，新造一亩油茶林补助 100 元，改造一亩油茶林补助 50 元。兰考县为推动经济林发展，县政府规定对集中连片发展 50 亩以上的每亩补助 200 元，100 亩以上的每亩补助 260 元，200 亩以上的每亩补助 300 元。温县对高速公路绿化、南水北调沿线绿化、环城林每年每亩补助 500 元，连补 5 年；对省道、县乡村路林、围村林带、蚰蜒河两侧每年每亩补助 300 元，连补 3 年；生产路及穿田林带每株一次性补助 3 元。潢川县政府决定拿出 300 万元，用于对林业专业合作和造林大户、精品示范点、任务完成好的和作出突出贡献的乡（镇、办事处）的奖励。宝丰县前营乡把植树造林工作经费纳入年初预算，拿出全乡财政收入的 30%用于植树造林。

（五）加强舆论宣传，营造良好氛围

林业宣传工作，是林业工作的第一道工序。全省各地把林业宣传工作放在了更加突出的位置，充分利用多种新闻媒体，采取开设专栏、电视讲话、刊登文章、人物访谈、滚动字幕、编发简报等多种形式，大力宣传中央和省委林业工作会议精神和林业生态建设的重要作用，积极营造全社会动员、全民动手建设林业生态省的浓厚氛围。省委林业工作会议召开前后，在《河南日报》连续刊发"天保工程：青山碧水映中原"、"退耕还林工程：绿了荒山富了百姓"、"太行山绿化工程：敢教'黄龙'变'绿龙'"三篇报道，详细宣传了三大工程建设取得的成效。省林业厅厅长王照平做客《政府在线》，现场听取并解答了社会各界群众反映的问题和意见。团省委、省林业厅联合举办了河南省"保护母亲河行动"春季活动启动仪式暨春季义务植树活动，2 000 余名青少年宣誓，要以实际行动践行绿色生活方式，共同为保护和改善河南生态环境作出贡献。郑州市妇联组织开展了"争创巾帼文明岗，优质服务迎绿博"活动，号召全市妇女积极唱响"争创巾帼文明岗，优质服务迎绿博"主旋律。三门峡市委组织部和市林业局共同主办了第二十三期专家讲坛，上海交通大学农业与生物学院博士生导师、教授刘春江作了一场题为"生态文明建设的理论和实践"的专题讲座。新郑市政府印发了《新郑市创建河南省林业生态县宣传工作方案》，对专题报道、专题片制作、户外宣传等提出了明确要求。鄢陵县开展全民义务植树宣传活动，摆放宣传版面，设置宣传咨询台，发放宣传资料。安阳县在县电视台黄金时段开播"林业生态县建设"专栏，宣传创建林业生态县的重大意义，报道植树造林先进人物和典型事迹及造林进度和造林质量。内黄县在县电视台开设林业专题栏目,宏扬绿色生态文化、提高群众生态意识、普及林业新技术、宣传林业法律法规，培养"有文化、懂技术、会经营的新型林农"。

二、纪实

召开第二届中国绿化博览会会徽、吉祥物、主题口号新闻发布会 1月6日，第二届中国绿化博览会会徽、吉祥物、主题口号新闻发布会在北京召开。国家林业局副局长、第二届中国绿化博览会组委会副主任李育材参加了会议。

组织召开第四次河南省荒漠化和沙化监测成果专家评审会 1月22日，邀请省政府参事室、河南农业大学、省国土资源厅及林业部门的有关专家，对《第四次河南省荒漠化和沙化监测成果》进行评审，审定委员会一致同意通过审定。

举办全省林业重点工程营造林作业设计编制培训班 1月25～28日，在郑州举办全省林业重点工程营造林作业设计编制培训班。各省辖市林业（农林）局植树造林科科长、162个县（市、区）林业局技术人员共计338人分两批参加了培训。

召开第二届中国绿化博览会室外展园设计方案评审会 2月1～2日，第二届中国绿化博览会室外展园设计方案评审会在郑州召开。来自中国城市规划设计研究院、北京林业大学园林学院等单位的专家结合绿化博览园总体规划设计方案和园区建设情况，对首批上报的30家室外展园设计方案进行了评审，并提出了意见和建议。组委会副秘书长、全国绿化委员会办公室常务副秘书长曹清尧，国家林业局造林绿化管理司巡视员张柏涛等出席评审会。

参与筹备召开全省林业生态建设现场会 2月23日，省政府在平顶山召开全省林业生态建设现场会。各省辖市政府主管副市长、林业局局长、造林科科长和省绿化委员会成员单位负责人参加了会议。副省长、省绿化委员会主任刘满仓，省林业厅厅长王照平出席会议并讲话。

副省长刘满仓到绿化博览园调研 2月27日，副省长、省绿化委员会主任、组委会副主任刘满仓带领省直有关部门，在郑州市有关领导的陪同下来到绿化博览园进行现场调研。刘满仓副省长首先察看了园区各项建设项目，随后在绿化博览园工程建设项目部召开了现场办公会。

省政府召开第二届中国绿化博览会境外邀展工作促进会 2月28日，副省长刘满仓在省政府常务会议室主持召开第二届中国绿化博览会境外邀展工作促进会。会议分析了目前境外邀展工作形势，安排了下步境外邀展工作。省政府副秘书长何平，省外事侨务办公室、省人民政府台湾事务办公室、省贸易促进会等部门负责人及郑州市有关领导参加了会议。

召开第二届中国绿化博览会室外展园设计方案第二次评审会 3月5～6日，第二届中国绿化博览会室外展园设计方案第二次评审会在郑州召开。中国城市规划设计研究院、北京林业大学等单位的专家，国家林业局造林绿化管理司巡视员张柏涛及省林业厅有关处室负责人出席评审会。

省直机关开展义务植树活动 3月11日，省直机关义务植树活动在中牟林场西林区举行。省委常委、组织部长叶冬松与省委副秘书长、省直工委书记王群，省政府副秘书长孙廷喜，省林业厅厅长王照平，同来自省直100多个单位的近千名干部职工一起参加了植树活动。

省政府召开第二届中国绿化博览会河南园规划设计审定会 3月13日，省政府副秘书长何平主持召开第二届中国绿化博览会河南园规划设计审定会，省林业厅厅长王照平参加了会议。与会人员对河南园的规划设计提出了修改意见。

审查审批全省林业生态工程造林作业设计 3月15~17日，省林业厅组织召开全省2010年林业生态工程造林作业设计审定会，邀请有关专家对18个省辖市162个单位的造林作业设计进行了审定。

组织开展春季植树造林督查活动 3月15~4月5日，由省林业厅组织并由厅级干部带队的9个春季植树造林督查组，分赴全省各地督促检查春季植树造林工作。

省领导参加义务植树活动 3月18日，省委书记、省人大常委会主任卢展工，省委副书记、省长郭庚茂率领省党、政、军领导及省、市直属机关干部职工300余人，到绿化博览园参加义务植树活动。

省政府召开第二届中国绿化博览会筹备工作协调会 3月18日，副省长、省绿化委员会主任、第二届中国绿化博览会组委会副主任刘满仓召开第二届中国绿化博览会筹备工作协调会。刘满仓要求省外事侨务办公室、省人民政府台湾事务办公室动员各方力量，加大邀展力度；宣传报道要跳出第二届中国绿化博览会，从推介河南、推介郑州的角度扩大第二届中国绿化博览会的海外知名度。省林业厅厅长王照平及省直有关部门、郑州市领导参加了会议。

省政府召开第二届中国绿化博览会河南园规划设计方案评审会 3月19日，省政府副省长刘满仓主持召开会议，专题研究中国绿化博览会河南园设计方案。会议听取了河南农业大学和华南农业大学所作的中国绿化博览会河南园景观设计方案汇报。4月7日，有关专家再次对河南园规划方案提出修改意见。

省政府常务会议研究第二届中国绿化博览会有关事宜 3月22日，省政府召开常务会议，就第二届中国绿化博览会有关事宜进行了研究。

林业厅对全省林业生态工程造林作业设计审定结果进行批复 3月29日，省林业厅下发《河南省林业厅关于2010年林业生态工程造林作业设计的批复》（豫林造批［2010］13号），对专家给予全省林业生态工程造林作业设计的评定结果进行了批复。

省政府召开第二届中国绿化博览会河南园建设协调会 3月30日和4月6日，省政府副秘书长何平两次组织召开河南园建设协调会，指出建设好河南园的意义，明确任务与责任，强调要把园区工作搞扎实。

全省18个单位、18位个人获全国绿化委员会表彰 4月1日，全国绿化委员会下发了《关于表彰"全国绿化模范单位"的决定》（全绿字［2010］3号）和《关于颁发2009年度"全国绿化奖章"的决定》（全绿字［2010］4号），其中河南省商丘市等18个单位被全国绿化委员会授予"全国绿化模范单位"称号，邹春辉等18位个人获得"全国绿化奖章"荣誉。

国家林业局督查组检查指导河南省春季植树造林工作 4月6~9日，以国家林业局科技司副巡视员杜纪山为组长的春季造林督查组一行5人，对河南省2009年冬2010年春的造林绿化工作进行督查。

召开第二届中国绿化博览会参展设计第三次评审会 4月7日，召开第二届中国绿化博览会参展设计第三次评审会，对3月6日后继续上报的25个参展单位室外展区设计方案进行了评审。国家林业局造林绿化管理司巡视员张柏涛、省林业厅有关处室负责人参加评审会。

省政府何平副秘书长到绿化博览园调研　4月7日和4月12日，受副省长刘满仓委托，省政府副秘书长何平两次来到绿化博览园和河南园进行调研，帮助解决各施工单位的具体问题。

绿化博览园河南园开工建设　4月8日，第二届中国绿化博览会绿化博览园河南园建设开始进场，4月10正式开工。

落实处理《政府在线》信息线索　4月12日，根据责任分工，林业厅造林绿化管理处对王照平厅长做客《政府在线》所收到的六条群众反映问题进行了落实处理。根据不同的情况，及时跟当事人进行联系沟通，摸清所反映问题的具体情况，并逐条给予答复，当事人均表示满意。

副省长刘满仓到绿化博览园督导检查　4月16日，副省长、省绿化委员会主任、第二届中国绿化博览会组委会副主任刘满仓，省政府副秘书长何平，省林业厅副厅长张胜炎，郑州市有关领导等一行对绿化博览园工程建设情况进行全面检查督导。

对新乡等4市8县林业生态省建设规划任务完成情况进行调研　4月19~24日，根据省林业厅党组的安排部署，造林绿化管理处有关人员赴新乡市、濮阳市、驻马店市、漯河市，对林业生态省建设规划实施三年以来任务完成及下步需要调整完善情况进行了调查了解。

湖南省林业厅考察团来豫考察　5月4~7日，以湖南省林业厅厅长邓三龙为团长的湖南省考察团一行9人，先后对郑州、开封、许昌、洛阳、南阳等地实地考察河南省林业生态建设情况。

国家林业局太行山绿化三期工程规划编制调研组来豫调研　5月4~8日，国家林业局太行山绿化三期工程规划编制调研组一行3人，先后到新乡市辉县市和安阳市林州市实地察看了解造林成效、宜林荒山、低效林等情况。

第二届中国绿化博览会组委会副主任李育材到绿化博览园调研　5月5日，第二届中国绿化博览会组委会副主任李育材，在副省长刘满仓，国家林业局造林绿化管理司司长、第二届中国绿化博览会组委会秘书长王祝雄陪同下赴绿化博览园调研。

全国绿化委员会办公室主任会议在郑州召开　5月6日，全国绿化委员会办公室主任会议暨第二届中国绿化博览会绿化博览园建设中期工作会议在郑州召开。会议由全国绿化委员会办公室常务副秘书长曹清尧主持，全国绿化委员会办公室秘书长、国家林业局造林绿化管理司司长、第二届中国绿化博览会组委会秘书长王祝雄通报了绿化博览园的建设情况，全国绿化委员会委员、国家林业局原党组副书记、副局长、第二届中国绿化博览会组委会副主任李育材出席并作重要讲话。省长助理何东成，省林业厅厅长、第二届中国绿化博览会组委会秘书长王照平，省林业厅巡视员、第二届中国绿化博览会组委会副秘书长张胜炎，郑州市领导及部分省市代表出席会议。

做好林业生态省建设重点工程县级自查材料的收集和汇总工作　6月1日起，省林业厅造林绿化管理处收集整理各省辖市上报的162个县级自查成果材料，并转交省林业调查规划院。

组织召开全省村镇绿化和林下经济现场观摩暨绿化委员会办公室主任会议　6月7~10日，省林业厅在新乡、平顶山、洛阳召开全省村镇绿化和林下经济现场观摩暨绿化委员会办公室主任会议。林业厅党组成员、巡视员张胜炎出席会议并讲话。

答复省人大、省政协提案　6月11日，造林绿化管理处受林业厅委托对省第十一届人民代表大会第三次会议建议、省政协第十届三次会议提案进行了答复（豫林文［2010］34、35、36、37、38

号），并对提案、建议的代表和委员进行了回访。

开展"世界防治沙漠化与干旱日"宣传工作　6月17日，根据《国家林业局防沙治沙办公室、国家林业局宣传办公室关于做好2010年世界防治荒漠化与干旱日宣传工作的通知》（林沙综字〔2010〕13号）要求，紧紧围绕"防沙治沙惠及民生"这一主题，充分利用电视、广播、报纸、网络等媒体，组织开展了形式多样的宣传活动。

举行第二届中国绿化博览会倒计时100天启动仪式　6月18日，第二届中国绿化博览会倒计时100天活动启动仪式在郑州市紫荆山广场举行。全国绿化委员会办公室常务副秘书长曹清尧，河南省省长助理卢大伟，河南省林业厅厅长、省绿化委员会副主任王照平及郑州市领导参加启动仪式。

副省长刘满仓检查绿化博览园建设情况　6月23日，副省长、第二届中国绿化博览会组委会副主任刘满仓，在省政府副秘书长何平，省林业厅厅长、组委会秘书长王照平及郑州市领导陪同下，对绿化博览园工程建设情况进行督促检查，并现场办公解决有关问题。

河南省人民政府通报表彰许昌、漯河、商丘3市　6月29日，河南省人民政府印发《关于表彰许昌市漯河市商丘市的通报》（豫政〔2010〕61号），对许昌市、漯河市、商丘市成功创建国家森林城市和全国绿化模范城市进行表彰。

全国绿化委员会办公室领导到绿化博览园调研　7月19日，全国绿化委员会办公室常务副秘书长曹清尧一行4人到绿化博览园调研，帮助解决绿化博览园建设过程中存在的问题。

组织开展河南省绿化模范城市、县（市）、乡（镇）、单位及绿化奖章评选表彰工作　7月20日，省绿化委员会下发《关于做好河南省绿化模范城市及河南省绿化奖章等评选推荐工作的通知》（豫绿〔2010〕5号），号召在全省范围内组织开展绿化模范城市及绿化奖章的评选活动。12月27日，经过推荐、初审、检查，省绿化委员会印发《关于表彰河南省绿化模范单位和授予河南省绿化奖章的决定》（豫绿〔2010〕9号），对获得绿化模范和绿化奖章的城市、单位进行表彰。

省林业厅发出关于做好2010年雨季造林工作的通知　7月20日，省林业厅发出《关于做好2010年雨季造林工作的通知》（内部明电第25号），对2010年雨季造林工作提出明确要求。

省政府召开第二届中国绿化博览会座谈会　7月23日，省政府副秘书长何平主持召开第二届中国绿化博览会座谈会，省林业厅巡视员张胜炎、造林绿化管理处有关人员及郑州市有关负责人参加了会议。何平对绿化博览园筹备建设工作取得的成效给予了肯定，并就下步工作进行了安排。

国家林业局原党组副书记、副局长李育材到绿化博览园检查指导工作　7月26日，国家林业局原党组副书记、副局长、第二届中国绿化博览会组委会副主任李育材，率全国绿化委员会办公室常务副秘书长、第二届中国绿化博览会组委会副秘书长曹清尧、国家林业局计资司副司长杨胜勇、中国绿色时报社总编辑厉建祝到绿化博览园检查指导工作。

省政府召开第二届中国绿化博览会筹备工作协调会　8月4日，省政府召开第二届中国绿化博览会筹备工作协调会。刘满仓副省长出席会议并讲话。省长助理何东成，省林业厅厅长王照平，郑州市市长赵建才，河南省第二届中国绿化博览会筹备工作协调小组有关成员单位及郑州市有关部门负责人参加了会议。省委宣传部负责人应邀出席。会议由省政府副秘书长何平主持。

刘满仓副省长赴绿化博览园调研　8月10日，刘满仓副省长在省政府副秘书长何平，省财政厅、省通运输厅、省林业厅、省旅游局及郑州市有关领导陪同下赴绿化博览园调研。省委宣传部有关负责人应邀一同调研。

全国绿化委员会办公室曹清尧副秘书长考察绿化博览园 8月10日，全国绿化委员会办公室常务副秘书长曹清尧到绿化博览园考察绿化博览园建设情况。

法国开发署和国家林业局有关人员考察三门峡市生物质能源项目可执行情况 8月10~12日，法国开发署首席代表白鹏飞、国家林业局造林司司长吴坚等一行7位专家，对生物质能源项目在三门峡市可执行情况进行考察。考察组先后考察了渑池县陈村乡、张村镇，陕县宫前乡、店子乡的黄连木造林基地，并于12日上午召开座谈会。省林业厅有关处室负责人、三门峡市有关领导陪同考察并参加座谈会。

全国绿化委员会办公室领导督导第二届中国绿化博览会筹备工作 8月13日，全国绿化委员会办公室常务副秘书长曹清尧到郑州，就第二届中国绿化博览会筹备情况进行调研。

省委书记卢展工赴绿化博览园调研 8月18日，省委书记卢展工在省林业厅厅长王照平及郑州市有关领导陪同下，赴绿化博览园调研。卢展工书记指出，举办第二届中国绿化博览会不仅会留下一个值得永久保存的园林精品，而且对于提高城市品位、提高郑州知名度也有重要作用。要利用第二届中国绿化博览会的举行大力宣传生态、绿色的概念和内涵，为群众提供独特的绿色休闲体验，增强全民植绿、护绿、爱绿意识，为广大群众提供一处亲近自然、享受生态建设成果的乐园，让绿色更多地融入人们的生活。

以省委、省政府办公厅名义向国务院发邀请函 8月16日，省林业厅以省委、省政府办公厅名义向国务院发函，邀请国务院领导参加第二届中国绿化博览会开幕式。

刘满仓副省长赴绿化博览园调研 8月21日，刘满仓副省长到绿化博览园调研，指出，要学习、贯彻好省委书记卢展工视察绿化博览园有关指示精神，借此推动绿化博览园建设的各项工作。强调绿化博览园建设要做到"精细化、人性化、艺术化、规范化、系统化、军事化、具体化"。省政府副秘书长何平，省林业厅厅长王照平等陪同调研。

组织参加全国森林经营研修班 8月22~27日，组织有关人员参加国家林业局人事司在沈阳市举办的北方地区林业部门领导干部森林经营研修班。

国家林业局原副局长李育材赴绿化博览园调研 8月23~24日，国家林业局原副局长李育材在省市有关人员的陪同下到绿化博览园调研。

组织参加全国治沙办（造林绿化管理处）主任（处长）座谈会 8月23~25日，组织有关人员参加在秦皇岛召开的治沙办（造林绿化管理处）主任（处长）座谈会。

国家林业局调研河南长江防护林建设情况 8月31日至9月5日，国家林业局调查规划院赵中南副院长一行三人深入淅川、桐柏、新县开展调查研究，了解长江防护林工程取得的成效、经验和存在的问题，对工程建设三期规划编制中需要解决的有关重大问题进行调研。

叶青纯赴绿化博览园进行调研 8月31日，省委常委、省纪委书记叶青纯一行赴绿化博览园调研。

何平到绿化博览园河南园区调研 8月31日，省政府副秘书长何平在省林业厅造林绿化管理处、漯河市林业和园林局有关人员陪同下在绿化博览园调研。

国家林业局副局长张永利到绿化博览园调研　9月6日，国家林业局副局长张永利在国家林业局造林绿化管理司司长王祝雄、省林业厅巡视员张胜炎及郑州市有关领导等陪同下，赴绿化博览园开展调研工作。

省政府召开第二届中国绿化博览会筹备工作汇报会　9月10日，副省长刘满仓主持召开第二届中国绿化博览会筹备工作汇报会，听取省绿化委员会办公室、郑州市关于第二届中国绿化博览会筹备建设中有关问题的汇报，并就下一步工作提出明确要求。

省政府召开第二届中国绿化博览会筹备工作座谈会　9月11日，省政府召开第二届中国绿化博览会筹备工作座谈会，全国绿化委员会办公室副秘书长曹清尧，省林业厅巡视员张胜炎参加会议。会议安排部署了第二届中国绿化博览会开幕前的各项工作。

副省长刘满仓到绿化博览园视察　9月12日，副省长刘满仓到绿化博览园，视察园区建设的扫尾工作。要求细化各项活动方案，明确专人，特别是筹备好开幕式活动；强调参与工作的人员要用心，要细心，要用力、用脑，要勤奋、敬业，吃苦耐劳，出色地完成任务，打一个漂亮仗。省林业厅巡视员张胜炎及郑州市有关领导陪同。

副省长刘满仓视察绿化博览园　9月14日，副省长刘满仓再次来到绿化博览园视察园区建设情况。

全省森林抚育经营暨农户造林财政补贴试点工作会议在郑州召开　9月17~18日，全省森林抚育经营暨农户造林财政补贴试点工作会议在郑州召开，省林业厅党组成员、巡视员张胜炎出席会议并讲话。各省辖市林业（农林）局分管造林绿化工作的副局长、造林科科长，有森林抚育经营任务的林场场长和有农户造林财政补贴试点县（市、区）林业局局长参加了会议。会议传达贯彻了全国森林抚育经营现场会议精神、全省2010年森林抚育及造林补贴试点工作实施方案的主要内容等，安排部署了2010年全省森林抚育和造林补贴试点工作任务。厅党组成员、巡视员张胜炎就抓好森林抚育和造林补贴试点工作提出了四点要求：一要统一认识；二要严格管理；三要加强领导；四要认真总结。

省政府召开第二届中国绿化博览会筹备工作协调会　9月19日，省政府在紫荆山宾馆召开第二届中国绿化博览会筹备工作协调会，副省长刘满仓参加会议并讲话。省第二届中国绿化博览会筹备工作协调小组成员单位负责人及郑州市有关领导参加会议。

郭庚茂视察绿化博览园　9月20日，郭庚茂省长到绿化博览园视察。省委常委、郑州市委书记连维良，副省长刘满仓，省林业厅厅长王照平，郑州市市长赵建才等陪同视察。

做好"全国绿化先进集体、劳动模范和先进工作者"评选推荐工作　9月21日，河南省绿化委员会、河南省人力资源和社会保障厅、河南省林业厅联合下发《关于做好全国绿化先进集体劳动模范和先进工作者评选推荐工作的通知》（豫人社〔2010〕168号），要求各地认真组织并做好评选推荐工作。经各市、部门逐级推荐和河南省评选推荐，全国绿化先进集体、全国绿化劳动模范和先进工作者领导小组认真审核，推荐嵩县林业局等8个单位为"全国绿化先进集体"候选单位，张建章等4人为"全国绿化劳动模范"候选人，史广敏等5人为"全国绿化先进工作者"候选人。

第二届中国绿化博览会在郑州开幕　9月26日，第二届中国绿化博览会在郑州开幕。河南省政府副省长刘满仓主持开幕式。开幕式上，宣读了国务院副总理回良玉发来的贺信；中共河南省委副书记、河南省人民政府省长郭庚茂作了讲话。全国政协副主席罗富和宣布第二届中国绿化博览会正式开幕。

第二届中国绿化博览会组委会表彰河南有关单位和个人　10月4日，第二届中国绿化博览会组委会作出《关于授予优秀组织奖、室外展园奖等奖项的表彰决定》(绿组委〔2010〕2号)，表彰在第二届中国绿化博览会组织工作中作出贡献的单位和个人，授予河南省林业厅造林绿化管理处等10个单位"第二届中国绿化博览会工作先进单位"称号，授予吕本超等26人"第二届中国绿化博览会先进工作者"称号。

第二届中国绿化博览会在郑州圆满落下帷幕　10月5日，第二届中国绿化博览会在郑州市落下帷幕。第二届中国绿化博览会组委会副主任李育材，国家林业局副局长张永利，河南省副省长刘满仓，河南省林业厅厅长王照平、巡视员张胜炎及郑州市有关领导出席闭幕式。

举办全省森林抚育经营培训班　11月2~3日，全省森林抚育经营培训班在郑州举办。河南农业大学、省林业调查规划院有关教授、专家进行了授课。各省辖市林业（农林）局和有关国有林场的负责人及技术人员共141人参加培训。

全国绿化委员会授予河南4个单位特别贡献奖　11月30日，全国绿化委员会印发《关于授予河南绿化委员会、河南省林业厅、郑州市人民政府、郑州市林业局第二届中国绿化博览会特别贡献奖的表彰决定》(全绿字〔2010〕15号)，对4个单位在第二届中国绿化博览会筹备建设以及顺利举办过程中的突出贡献给予表彰。

省林业厅印发关于做好冬季造林绿化工作的通知　12月10日，省林业厅印发《河南省林业厅关于做好冬季造林绿化工作的通知》(豫林造〔2010〕284号)，对冬季造林绿化工作提出明确要求。

农村林业改革与发展

一、概述

2010年，在河南省林业厅党组的正确领导和各处室、单位的大力支持下，按照厅党组的部署，组织实施山区林权制度改革攻坚，加强林权制度改革质量管理，积极开展林权制度改革配套改革试点，分类培育林权制度改革典型，各项工作都取得了积极成效。

截至2010年底，全省通过家庭承包等形式完成集体林地明晰产权面积6 450万亩，占林权制度改革总面积6 788万亩的95%；发放林权证271.3万本，发放林权证面积4 815万亩，占集体林地面积的71%；调处林权纠纷面积66.6万亩，占林权争议面积的68.2%；建立林权交易机构43个，流转林地485.2万亩，流转资金6.67亿元，办理林权抵押贷款面积42.9万亩，贷款金额6.82万元；成立林业专业合作社706个，合作社农户12.11万户。全省有林权制度改革任务的县（市、区）大多建立了面积20～100平方米、管理相对规范的林权制度改革档案室。

（一）实施山区林权制度改革攻坚

将洛阳、三门峡、南阳、信阳4市及卢氏、灵宝、嵩县、栾川、西峡、南召等集体林地面积大、林权制度改革任务重的22个林业县、市、区作为工作重点，从政策落实、程序规范、档案管理等多个方面集中进行指导和检查督促，保证了全省林权制度改革主体改革工作的顺利推进。

（二）强化林权制度改革质量管理

根据2010年1月国务院林权制度改革督察组对河南省林权制度改革工作检查后提出的意见和建议，结合全省林权制度改革工作实际，要求各地以质量管理为中心，查漏补缺，切实做好整改完善工作。各地积极行动，根据林权制度改革工作推进的不同阶段，采取不同的整改办法，对已经确权发证的地方，主要进行质量检查、提高完善工作；对正在勘界确权的地方，严格落实"以分为主"的政策，重点对均分率不高、以包代改和勘界不清、林权制度改革档案不规范等问题进行集中整改，巩固林权制度改革成果。同时，对历史遗留问题进行排查梳理、妥善解决。

（三）分类培育林权制度改革典型

根据全省林权制度改革工作进展情况，选择部分县（市、区）分别开展了平原林权制度改革、山区林权制度改革、金融创新与服务林权制度改革、林权制度改革，促进农民就业增收和林业综合服务体系建设等不同类型的改革试验，并重点进行培育，为全省林权制度改革工作的深入推进探索了有益的经验，发挥了典型带动、以点带面的作用。按照国家林业局的要求，将舞阳县、浉河区、内乡县、嵩县和灵宝市作为全国林权制度改革先进典型上报。为探索集体林权制度深化改革经验，研究确定内乡等11个县（市）为河南省集体林权制度深化改革试点县。试点内容涉及林权流转、森林资源资产评估、林权抵押贷款、森林抚育经营、林木采伐管理、林业专业合作社建设、公益林权制度改革、平原农区林业综合改革及林权纠纷调处等。

（四）坚持高位推动

分别于2010年7月、12月，以省政府名义召开了"全省集体林权制度改革现场会"和"全省集体林权制度改革工作经验交流会"。国家林业局林权制度改革领导小组副组长黄建兴、国家林业局林权制度改革司司长张蕾出席林权制度改革现场会并做重要讲话。副省长刘满仓在两次会议上强调林权制度改革工作的重要性和省政府的安排部署。在先进典型介绍经验的同时，选定两个工作落后的县，由县政府领导进行表态发言。省政府在半年内两次召开林权制度改革工作会议，引起了省辖市和县（市、区）领导对林权制度改革工作的重视。

（五）对涉及林权制度改革的三个临时机构进行了调整

根据河南省机构改革后相关厅局和省林业厅处室单位负责人变动情况以及林权制度改革工作的需要，及时对省集体林权制度改革领导小组成员单位和厅集体林权制度改革领导小组成员单位进行了调整。新调整的省集体林权制度改革领导小组成员单位增加了省委农村领导工作小组办公室、省编制办公室、中国人民银行郑州中心支行三个单位，使成员单位达到22个。同时对省林权制度改革专家顾问组成员进行了大的调整，新的顾问组成员增加了国家林业局林权制度改革领导小组副组长黄建兴、国家林权制度改革司处长陈学群、省政府参事赵体顺、福建省林权制度改革专家胡小青及河南省委政策研究室、省政府政策研究室、省司法厅、省财政厅、省银监局有关部门负责人。机构调整后，林权制度改革工作的协调力度、政策支持力度明显增强。

（六）加强林权制度改革档案建设与管理

林权制度改革档案是林权制度改革工作的基础，是维护林地、林木权利人合法权益，稳定和完善农村集体林地承包关系的重要保证，全省各级林业部门严格按照国家林业局、国家档案局《关于加强集体林权制度改革档案工作的意见》规定，与当地档案管理部门密切合作，在林权制度改革档案建设方面取得了明显成效。2010年9月，省林业厅联合省档案局在栾川县召开了"全省集体林权制度改革档案建设现场会"，进一步强化林权制度改革档案建设与管理工作。

二、纪实

国务院林权制度改革督查组来豫检查督导林权制度改革工作 1月24～27日，由国务院办公厅督查室副主任刘斌带队的国务院林权制度改革督查组来豫检查督导工作。在豫期间，督查组听取了刘满仓副省长关于河南省集体林权制度改革情况的汇报，对随机抽取的辉县市、卫辉市、嵩县及偃师市的4个村，采取查看档案、走访群众、召开基层干部座谈会等方式进行了重点督查。督查组对河南林权制度改革工作取得的成效给予了充分肯定，对检查中发现的问题提出了有针对性的意见和建议。刘满仓副省长及省政府集体林权制度改革领导小组19个成员共同听取了国务院督查组的意见反馈。

黄建兴来豫指导林权制度改革工作　6月5~6日，国家林业局集体林权制度改革领导小组副组长黄建兴在河南省林业厅厅长王照平陪同下，以直接进村入户的方式对河南林权制度改革工作进行实地调研，与嵩县、内乡县、舞阳县、灵宝市、新密市、信阳市浉河区等6个县(市、区)的林业局长进行座谈，并对河南林权制度改革工作提出了指导意见。

全省集体林权制度改革工作现场会召开　7月9日，全省集体林权制度改革工作现场会在信阳召开。副省长刘满仓、国家林业局集体林权制度改革领导小组副组长黄建兴、国家林业局集体林权制度改革司司长张蕾、省林业厅厅长王照平等出席会议，省集体林权制度改革领导小组成员单位负责人，以及各省辖市分管林业的副市长、林业局局长、林权制度改革办公室主任参加了会议。与会人员参观了信阳市浉河区林权流转交易服务中心、浉河区董家河集体林权制度改革服务中心以及浉河区十三里桥乡寺河村、浉河港镇龙潭村的林权制度改革成果。刘满仓就林权制度改革与林业生态省建设、林业产业发展、促进农民就业增收相结合以及巩固夯实林权制度改革成果等问题发表重要讲话。黄建兴、张蕾对河南省的林权制度改革工作给予充分肯定，对信阳市的林权制度改革经验给予高度评价，并就进一步做好集体林权制度改革提出了希望。

全省集体林权制度改革工作座谈会在郑州召开　8月6日，全省集体林权制度改革工作座谈会在郑州召开。各省辖市林业（农林）局主管副局长、林权制度改革办公室主任，卢氏、西峡等13个林权制度改革面积在100万亩以上的县（市、区）林业局局长参加了会议。会议交流了省政府7月9日信阳集体林权制度改革工作现场会议精神的贯彻落实情况，汇报了当前集体林权制度改革工作进展情况。林业厅副巡视员谢晓涛出席会议并讲话。

组织集体林权制度改革考察团赴外省考察　8月12~20日，由河南省林业厅副巡视员谢晓涛带队，省林业厅、省银监局，洛阳市、三门峡市、南阳市、信阳市林业局和嵩县、渑池、内乡、信阳市浉河区林业局相关人员组成的集体林权制度改革考察团一行15人赴江西、福建和湖南三省考察学习集体林权制度改革的成功做法和先进经验。考察内容包括集体林权制度深化改革中的林权登记管理、森林经营方案编制和采伐管理、林权IC卡抵押贷款、森林保险、林权纠纷调处、专业合作组织建设等。

全省集体林权制度改革档案建设工作现场会召开　9月16日，河南省集体林权制度改革档案建设工作现场会在栾川县召开。全省各省辖市林业局主管局长、集体林权制度改革办公室主任，各省辖市档案局主管局长和业务科长等共计90余人参加了会议。会议组织参观了栾川县档案馆和县林业局、合峪镇及柳坪村的林权制度改革档案室。林业厅副巡视员谢晓涛、省档案局副巡视员李河桥出席会议并作讲话。

刘满仓副省长等代表河南参加全国集体林权制度改革百县经验交流会　10月10~11日，全国集体林权制度改革百县经验交流会在北京召开。河南省副省长刘满仓、林业厅厅长王照平、省委农村工作领导小组办公室副主任张宇松及信阳市浉河区、嵩县、内乡县党委主要负责人代表河南参加了会议。国务院总理温家宝对大会作出重要批示，国务院副总理、中央农村工作领导小组组长回良玉出席会议并作重要讲话。

省林业厅传达贯彻全国集体林权制度改革百县经验交流会精神　10月14日，河南省林业厅召开厅长办公会，传达全国集体林权制度改革百县经验交流会精神，提出贯彻会议精神的建议。

河南省林业厅确定集体林权制度深化改革试点　10月19日，为探索集体林权制度深化改革经验，全面启动河南省集体林权制度深化改革工作，林业厅确定内乡等11个县（市）为全省集体林权制度深化改革试点县（市）（豫林发〔2010〕218号）。林权流转试点为内乡县、辉县市，森林资源资产评估试点为济源市，林权抵押贷款试点为浉河区，森林抚育经营试点为栾川县，林木采伐管理试点为新县，林业专业合作社试点为陕县、新密市，公益林林权制度改革试点为嵩县，平原农区林业综合改革试点为舞阳县，林权纠纷调处试点为渑池县。

省集体林权制度改革领导小组开展全省林权制度改革调研督导工作　10月20日，为贯彻全国集体林权制度改革百县经验交流会精神，根据省政府领导指示，省集体林权制度改革领导小组决定在全省开展林权制度改革调研督导工作。调研督导内容包括各地林权制度改革政策宣传贯彻情况、林权制度改革工作进度和质量、林权制度改革档案建设和管理情况、林权制度改革工作中的成功经验和存在的突出问题等。调研督导范围包括全省林权制度改革面积在50万亩以上的县（市、区）和抽取的林权制度改革面积在20～50万亩的部分县（市、区）。调研督导工作共分9组，组长由省林业厅厅级领导担任。10月20日至10月31日，工作组分赴全省18个省辖市56个重点县（市、区），深入到168乡（镇、办事处）和500余个行政村，询问调查了2 500余户林农，对林权制度改革工作的进度、质量、做法及存在问题进行了全面深入的调查了解。

河南省集体林权制度改革领导小组成员进行调整　10月26日，根据人员变动和工作需要，省政府对河南省集体林权制度改革领导小组成员进行了调整（豫政文〔2010〕199号），调整后的领导小组成员增加了省委农村领导工作小组办公室、省人力资源和社会保障厅、中国人民银行郑州中心支行，成员由19个增至22个。

河南省集体林权制度改革领导小组会议在郑州召开　11月22日，河南省集体林权制度改革领导小组会议在郑州召开。省委农村领导工作小组办公室等部分领导小组成员单位（14个单位）负责人参加了会议。林业厅厅长王照平传达了全国集体林权制度改革百县经验交流会议精神，汇报了全省集体林权制度改革调研工作情况。刘满仓副省长出席会议并讲话。

河南省集体林权制度改革工作经验交流会郑州召开　12月9日，河南省集体林权制度改革工作经验交流会在郑州召开。会议的主要目的是进一步贯彻落实《中共中央　国务院关于全面推进集体林权制度改革的意见》和全国集体林权制度改革百县经验交流会精神，总结交流全省集体林权制度改革工作经验，安排部署下阶段林权制度改革工作。参加会议的有各省辖市分管副市长、林业（农林）局局长、农村领导工作小组办公室主任，集体林地面积在50万亩以上的县（市、区）长和林业（农林）局局长，河南省集体林权制度改革领导小组成员单位负责人等共180人。会议由河南省委农村工作领导小组副组长何东成主持，省林业厅王照平厅长汇报了全国百县林权制度改革经验交流会精神，通报了全省林权制度改革工作情况、提出了下步林权制度改革工作建议。信阳市浉河区、

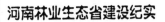

内乡县、嵩县、灵宝市、舞阳县政府主要领导介绍了林权制度改革工作经验，林权制度改革进度较慢的汝州市、确山县政府领导作了表态性发言。刘满仓在会上作重要讲话，肯定了召开全省集体林权制度改革工作经验交流会的重要意义，要求各级政府加强组织领导，各有关部门通力协作，各新闻媒体加大宣传力度，林业部门强化林权管理，圆满完成省政府确定的集体林权制度改革工作责任目标，为建设林业生态省、实现中原崛起、河南振兴作出新的更大的贡献。

森林资源管理

一、概述

一年来，全省森林资源管理工作紧紧围绕"林业生态省建设"这一中心主题，严格按照国家和河南省有关森林资源管理的方针和措施要求，坚持以中央林业会议精神为指导，以严格保护、积极发展、科学经营、持续利用为方针，以增加森林资源总量、提高森林质量、优化森林结构为主线，紧紧围绕林业生态省建设和集体林权制度改革大局，牢固树立和落实科学发展观，强化措施，狠抓落实，较好完成了各项目标任务。

（一）进一步加强了林地林权管理工作

一是继续认真坚持林地征占用定额管理制度，在强化宣传林业法律法规和对违法占地行为稽查的基础上，进一步加大征占用林地审核审批工作力度，2010年全省共计审核审批林地征占用项目410余起，审核审批起数和面积均达历史新高。征占用林地审核审批率达到95%以上。既确保了各级林业部门在林地执法管理中的地位得到不断巩固，又支持了国家和省重点工程建设。二是组织开展了全省"十二五"期间征占用林地定额编制工作，完成的《河南省"十二五"期间征占用林地定额编制报告》经省政府审定同意，已报国家林业局待批。三是按照国家林业局《关于编制省县级林地保护利用规划的通知》的要求，于2010年9月13日成立了全省林地保护利用规划编制领导小组，启动了河南省以及县（市、区）林地保护利用规划编制工作，制定完成了规划编制工作方案和技术方案，落实了工作经费，拟定了《规划编制大纲》，提请省政府下发了《关于组织开展全省和县级林地保护利用规划编制工作的通知》（豫政办[2010]126号），编制工作正在有序推进。四是结合全省土地利用规划修编，继续开展林地保护利用规划编制试点工作，组织完成确山、登封等10个县（市、区）《林地保护利用总体规划》编制工作。五是配合林业部驻武汉专员办公室完成了征占用林地行政许可检查工作。六是组织开发了"河南省林权登记管理系统"，对国家林业局原林权登记管理单板系统进行了优化升级，实现了对全省各县（市、区）林权登记发证情况的随时统计、汇总和查询。七是配合集体林权制度改革工作，严格规范林权证发放监管，确保了全省《林权证》的免费供给。

（二）进一步强化木材采伐限额管理与监督

一是认真贯彻执行省政府《关于严格执行"十一五"期间年森林采伐限额 加强森林资源保护管理工作的通知》（豫政〔2006〕18号）文件精神，及时分解下达了2010年木材生产计划，强化了对全省年采伐限额执行情况的监管，从省预留指标中下达林木采伐蓄积量指标131 666.3立方米，保障了重点工程建设、防汛救灾、灾后重建等工作的顺利开展。林木采伐量控制在限额以内，伐区内林木凭证采伐和办证合格率均达到95％以上。二是组织完成了全省"十二五"森林年采伐限额编制任务，《河南省"十二五"森林年采伐限额编制报告》，已以省政府名义上报国务院待批。三是强化组织协调，指导洛宁、范县完成了为期2年的全国森林采伐管理改革试点县的改革任务，探索了山区、平原区新时期森林采伐管理新方法、新模式。四是继续在4个国有林场开展按批复的《森林经营实施方案》确定的年合理采伐量进行采伐利用和更新试点，取得效果明显。

（三）进一步强化木材运输监督管理工作

按照国家林业局要求，组织完成了全国木材运输管理系统的安装、调试、试运行和新版木材运输证的印制任务，自7月1日起，在全国率先启用了全国统一开发的木材运输证管理系统。扎实推进国家级一级木材检查站创建工作，争取国家林业局投资70万元，对全省6个木材检查站基础设施按一级站设施标准进行了改善。在全省100个木材检查站开展了全省群众满意的基层站所评议活动，结合平时明察暗访和年终考评，确定了10个木材检查站为河南省群众满意的基层站所，已报省政府纠风办待批。全省未发生林业公路"三乱"案件。配合森林病虫害防治检疫站会同省政府纠风办对新县松材线虫疫情进行了实地考察，提请省政府以《河南省人民政府关于信阳市新县设立森林植物检疫临时检查站的批复》（豫政文〔2010〕100号），在新县疫区设置了1个森林植物检疫临时检查站和4个松材线虫病临时检疫哨卡。对控制疫木疫病流入、流出发挥了重要作用。

（四）认真组织开展森林资源调查和监测工作

组织省规划院首次开展了全省森林资源年度监测工作，在确保精度的前提下，从全省1 966个有林地固定样地中抽取302个样地，调查各树种组的蓄积量、年生长量，实现了省级森林资源数据动态调查、动态管理的目标。组织完成了县级二类调查补充调查和成果审定工作。组织完成了全国森林生物量建模2010年度调查任务，采集了35株油松、侧柏生物量样本，测定了相关参数，为全国森林生物量建模作出了贡献。配合《河南林业生态省建设规划》中期调整，组织完成了"各树种组林龄组划分"调研任务，结合河南省实际，对各树种组林龄组划分标准进行了调整，并确定了各县（市、区）综合轮伐期。配合林业部华东林业调查规划设计院完成了国家林业局对河南省营造林质量综合实绩、退耕还林工程、森林采伐和征占用林地限额（定额）执行情况等5项年度核查任务。按照国家林业局部署安排，组织完成了"亿霖公司"在河南省12个县（市、区）涉案林地林木现状调查任务，《调查报告》已以省政府名义函告北京市政府。组织规划院完成了全省森林采伐限额、征占用林地等目标完成情况核查任务。

（五）加大了林业行政案件的稽查力度

严格执行国家林业局破坏森林资源责任追究制度和重大案件报告制度的规定，进一步加大林业行政案件查处、督查、督办工作力度，查处了一批违法运输木材、乱砍滥伐、乱垦滥占林地等案件，巩固了造林绿化成果。受理上级机关转办、领导批示和群众来信来访举报件 60 余起，全部办理结案。全省共发生各类林业行政案件 11 593 起，已查处 11 164 余，查处率达到 96.3%。有效震慑了破坏森林资源的违法犯罪行为。

（六）其他目标任务完成情况

举办了两期林业行政执法培训班和一期林权登记管理培训班，培训人员 360 余人次。完成了平安林业建设、政务公开、信息更新、林业厅党组和领导交办事项等各项目标任务。强化了思想和作风建设，落实了党风廉政建设责任制。

二、纪实

郑州市西黄刘等 10 个木材检查站获省政府表彰 1 月 25 日，河南省人民政府纠风办公室下发《关于表彰 2009 年度群众满意基层站所的决定》（豫政纠办〔2010〕5 号），林业系统的郑州市西黄刘、兰考县固阳、伊川县明皋、孟津县雷河、原阳县马庄、博爱县小中里、南乐县樊庄、卢氏县五里川、夏邑县曹集、淮滨县王家岗等 10 个木材检查站被评为 2009 年度群众满意基层站所，获省政府表彰。

林业厅获省政府 2009 年度全省政风行风建设先进单位表彰 1 月 28 日，省政府印发《关于表彰 2009 年度全省政风行风建设先进单位的通报》（豫政〔2010〕10 号），河南省林业厅获得表彰。

举办全省林权登记发证管理培训班 5 月 4～5 日，全省林权登记管理新系统应用培训班在郑州举办，各省辖市林业（农林）局林政科科长、各县（市、区）林业局办证人员共计 200 余人参加了培训。新版林权登记发证管理信息系统由河南省林业厅根据全省集体林权制度改革需要组织研发，进一步优化了统计、查询、监管功能。

国家林业局驻武汉森林资源监督专员办事处检查河南林地管理情况 6 月 2～20 日，国家林业局驻武汉森林资源监督专员办事处检查组到河南省开展征占用林地行政许可被许可人监督检查，对石家庄至武汉铁路客运专线、宝泉抽水蓄能电站等 6 个建设项目征、占用林地管理情况以及 15 个县（市、区）的林地管理情况进行了全面检查。

首次开展全省森林资源年度监测工作 6 月 8 日，省林业厅下发《关于开展全省森林资源年度监测工作的通知》（豫林资〔2010〕140 号），决定从 2010 年起在全省开展森林资源年度监测工作，主要监测全省各树种组的蓄积量、蓄积年生长量。从全省 1 966 个森林清查有林地固定样地中抽取 302 个样地进行调查，实现了"年度出数字"目标。

林政法规党支部获全省城市分行业争创"五好"党组织称号 6 月 25 日，中共河南省委组织部下发《关于表彰全省城市分行业争创"五好"党组织的决定》（豫组〔2010〕22 号），省林业厅林政法规党支部获得全省城市分行业争创"五好"党组织称号。

国家林业局华东林业调查规划院开展综合核查工作 6 月 29 日～8 月 3 日，根据国家林业局统一安排，华东林业调查规划院一行 23 人，历时 35 天，对河南省 2009 年度营造林实绩、退耕地还林、退耕补查、森林采伐限额执行情况、征用占用林地情况检查等进行了检查，检查范围涉及 14

个省辖市的 91 个县（市、区），380 多个乡（镇、林场）。

河南省正式启用全国木材运输证管理系统 7 月 1 日起，按照国家林业局关于加强木材运输管理的通知精神，河南省在全国率先启用了全国统一开发的木材运输证管理系统和新版木材运输证。

全省和县级林地保护利用规划编制工作启动 9 月 13 日，按照《国家林业局关于编制省县级林地保护利用规划的通知》要求，河南省成立了全省林地保护利用规划编制领导小组，省政府办公厅下发了《关于组织开展全省和县级林地保护利用规划编制工作的通知》(豫政办〔2010〕126 号)，正式启动全省和县级林地保护利用规划编制工作。

全省"十二五"期间征占用林地定额编制任务完成 11 月 5 日，《河南省"十二五"期间征占用林地定额编制报告》编制完成，上报国家林业局。该定额严格按照国家林业局的要求，在专题调研、测算论证、征求各方面意见、专家评审的基础上编制完成，并经省政府审查同意后上报国家林业局。

国有林场和森林公园建设管理

一、概述

一年来，在河南省林业厅党组的领导下，河南国有林场和森林公园建设管理以年度工作计划为主线，以积极开展"讲党性修养、树良好作风、促科学发展"教育活动为动力，抓住重点，有计划开展各项工作，全面完成了年度工作任务。

（一）国有林场

河南省现有国有林场 88 个，其中分布在山区、半山区的 64 个，分布在平原地区的 24 个，全部由市、县管理。全省国有林场经营总面积 614 万亩，其中林业用地面积 606 万亩，有林地面积 476 万亩，活立木总蓄积量 1 950 万立方米。在国有林场管理方面 ，2010 年主要做了以下工作。

（1）积极推进国有林场危旧房改造工作。按照国家林业局等部门的要求，协调省发展和改革委员会、省住房和城乡建设厅，及时编制上报了《河南省国有林场危旧房改造 2010 年度建设方案》，召开了国有林场危旧房改造工作座谈会，组织 16 名场长到安徽、湖北等危旧房改造试点林场参观学习。2010 年河南省国有林场危旧房改造户为 3 101 户，危旧房面积 25 万多平方米，涉及 14 个省辖市的 26 个国有林场。

（2）同省水利厅一起，完成了国有林区饮水安全工程规划人口调查复核工作，并将调查复核结果及时报告国家林业局。根据调查复核，河南省国有林区饮水安全工程规划涉及 80 个国有林场、3 个自然保护区、3 个森林公园，总人口 16 万多人，其中饮水不安全人口 146 351 人。在饮水不安全人口中林区职工 14 639 人，林区职工家属 42 072 人，代管人员（群众）89 640 人。

（3）联合省交通厅，完成了国有林区公路基础数据和电子地图的补充调查工作，并及时报告国家林业局。本次补充调查涉及 83 个国有林场、14 个自然保护区、8 个森林公园，公路总里程 1 542 公里。

（4）根据中国林场协会的安排，接收 2 名外省林场场长分别到河南省栾川县龙峪湾林场、禹州林场挂职学习。

（5）对全省国有林区生产生活用电进行了全面的调查，全省国有林区 88%左右基本能实现供电。

未通电原因，一是林区区位所致。大部分林区地处深山老林，社会不了解林场的工作，国家对农村实施的一系列支农及扶贫措施没有包含国有林场，林场得不到应有供电设施的投资，导致国有林区供电线路老化，负荷容量无法满足林区群众的基本生活需求。二是林场性质所致。林场名义上是国有事业单位，但并没有享受到同级事业单位的各项政策，同时，林场还要担负护林防火、病虫害防治、林业生产等工作，没有资金进行供电设施的改善，导致供电短缺。

（6）对全省国有林场改革进行了调研，进一步核实和测算国有林场改革有关数据，为国有林区改革随时进展情况掌握第一手资料。

（7）对全省国有林区（场）广播电视覆盖情况进行了调查，河南省国有林场共有场部161个，职工7 539户，其中未通广播电视的场部77个，涉及职工2 442户；国有林场护林站1 270个，职工5 326户，其中未通广播电视的护林站1 104个，职工3 725户。省级以上自然保护区共有场部6个，职工73户，其中未通广播电视的场部2个，涉及职工14户；省级以上自然保护区护林站53个，职工230户，其中未通广播电视的护林站48个，涉及职工215户。国家级森林公园共有场部3个，职工35户，其中未通广播电视的场部2个，涉及职工10户；国家级森林公园护林站12个，职工302户，其中未通广播电视的护林站5个，职工2户。

（二）森林公园

2010年，河南森林公园建设与管理工作稳步发展。在林业厅的领导和统一部署下，对黄河故道国家森林公园总体规划进行了审定，通过了黄河故道国家森林公园总体规划设计方案；完成了博浪沙省级森林公园总体规划修改的评审。完成了对嵩县白云山国家森林公园2011年"森林公园生态文化解说体系项目"的申报工作，并落实嵩县天池山国家森林公园生态文化教育示范基地建设经费20万元。对省内国家级森林公园与国家级风景名胜区、地质公园交叉情况进行调查统计。上半年森林公园共接待游客2 670万人次，直接旅游收入达到6.2亿元。

二、纪实

河南省林业厅发文要求各地做好林业生产安全防范工作　1月20日，针对全省即将而来的寒潮天气，河南省林业厅下发《关于切实做好寒潮天气应急准备工作的紧急通知》(内部明电［2010］6号)，要求各地要密切关注天气变化情况，密切配合，切实做好林业生产安全防范工作。

河南省国有林场危旧房改造2010年实施方案获国家林业局批复　2月1日，河南省林业厅上报了《河南省国有林场危旧房改造2010年度建设方案的报告》(豫林计［2010］33号)。确定全省2010年危旧房改造规模3 101户，涉及14个省辖市26个国有林场，新建和改造危旧房面积25万平方米，该方案已由国家林业局以《关于河南省国有林场危旧房改造2010年实施方案的批复》(林规发［2010］142号)予以批准。

河南省林业厅核实测算全省国有林场有关数据　5月24日，省林业厅组织对全省国有林场有关数据进行核实和测算，并上报国家林业局《河南省林业厅关于进一步核实和测算国有林场有关数据的报告》(豫林场［2010］136号)。

河南省国有林场危旧房改造报告统计制度建立　7月8日，河南省林业厅下发《关于建立国有林场危旧房改造统计报告制度的通知》(豫林场〔2010〕157号),建立河南省国有林场危旧房改造报告统计制度,各省辖市林业主管部门分别确定一名信息联络员,报告国有林场危旧房改造进展情况。

省林业厅等三部门联合发文要求做好危旧房改造工作 7月26日,河南省林业厅联合河南省发展和改革委员会、河南省住房和城乡建设厅下发了《关于做好国有林场危旧房改造工作的通知》(豫林计〔2010〕219号),明确了省国有林场危旧房改造范围、户型面积及标准、资金筹措方式、危旧房改造优惠政策、各部门职能及下一步工作安排等。

风穴寺国家森林公园总体规划获得批复 8月5日,河南省林业厅下发《关于风穴寺国家森林公园总体规划的批复》(豫林园批〔2010〕37号),对风穴寺国家森林公园总体规划作出批复。

河南省林业厅调查全省国有林区广播电视覆盖情况 8月23日,河南省林业厅对全省国有林区广播电视覆盖情况进行了调查,并形成《河南省林业厅办公室关于呈报国有林区广播电视覆盖情况的报告》(豫林办〔2010〕22号)上报国家林业局。

黄柏山国家级森林公园林地占用请示获国家林业局批 8月27日,河南省林业厅上报《关于河南黄柏山国家森林公园综合开发建设项目一期工程占用黄柏山国家级森林公园林地的请示》(豫林园〔2010〕196号),获得国家林业局森林公园管理办公室的批准。

参加加强国有林场基础设施建设座谈会 8月27~28日,加强国有林场基础设施建设座谈会在安徽黄山举行。国家林业局场圃总站总站长杨超传达了全国林业厅局长会议精神,部署了国有林场改革与发展工作。河南省林业厅保护处副处长郑红卫及有关林场负责人参加了会议。

河南省林业厅批复博浪沙森林公园总体规划(修编) 9月27日,河南省林业厅《关于博浪沙森林公园总体规划(修编)的批复》(豫林护批〔2010〕45号),对博浪沙森林公园总体规划(修编)作出批复。

河南省林业厅批复商丘黄河故道国家森林公园总体规划 9月27日,河南省林业厅《关于商丘黄河故道国家森林总体规划的批复》(豫林护批〔2010〕46号),对商丘黄河故道国家森林公园总体规划作批复。

调查全省森林公园贷款及贷款需求情况 9月30日,河南省林业厅组织人员对全省森林公园贷款及贷款需求情况进行了调查,并将调查结果上报国家林业局森林公园管理办公室。

保护处参加第二届中南地区国有林场改革发展论坛 10月15~17日,第二届中南地区国有林场改革发展论坛在湖南省张家界举办,原林业部副部长、中国林场协会会长沈茂成出席论坛并讲话。河南省林业厅保护处副处长郑红卫及有关林场负责人参加会议。

王德启出席全省国有林场危旧房改造工作会议启动仪式 10月25~26日,全省国有林场危旧房改造工作会议在郑州召开,省林业厅副厅长王德启出席启动仪式并作重要讲话。讲话中,王德启要求各地充分认识国有林场危旧房改造的重要意义;明确责任,加强领导;严格执行危旧房改造的各项政策;严格监管,确保资金安全运行和建筑质量;国有林场危旧房改造工作要与国有林场改革有机结合。

六林场有关人员赴新疆维吾尔自治区开展交流 10月30日,河南省林业厅保护处组织全省6个林场的有关人员赴新疆维吾尔自治区阿克苏地区有关林场进行交流,并与交流林场结为友好单位。

参加全国森林公园和森林旅游工作座谈会　11 月 21～22 日，全国森林公园和森林旅游工作座谈会在海南三亚召开。会议的主要议题是总结"十一五"全国森林公园建设和森林旅游发展的成就，研究和谋划"十二五"时期森林公园建设和森林旅游的建设与发展。河南省林业厅副巡视员王学会参加会议。

调查全省国有林区供电保障基础数据　12 月 9 日，河南省林业厅组织对全省国有林区供电保障基础数据进行了调查，并奖调查结果以《河南省林业厅关于呈报国有林区供电保障基础数据调查情况的函》(豫林函〔2010〕199 号) 上报国家林业局。

二林场参加全国"十佳国有林场"评选活动　12 月 25 日，河南省林业厅组织开封尉氏林场、三门峡河西林场参加全国"十佳国有林场"评选活动，并上报中国林场协会。

"河南省香鹿山省级森林公园"项目获批　12 月 30 日，河南省林业厅以 (豫林护批[2010]62 号) 批复同意在宜阳县建立河南省香鹿山省级森林公园，定名为"河南省香鹿山省级森林公园"，建设面积 21 795 亩。至此，全省共有森林公园 99 处，其中国家级森林公园 30 处，省级森林公园 69 处。

自然保护区建设与野生动植物保护管理

一、概述

一年来，在林业厅党组的领导下，河南省自然保护区建设与野生动植物保护管理部门积极开展"讲党性修养、树良好作风、促科学发展"教育活动为动力，围绕林业生态省建设这一主题，有计划开展各项工作，全面完成了年度各项工作任务。

（一）认真做好野生动植物保护管理工作，加强执法能力建设，珍稀濒危物种得到有效保护

4月，在全省范围内组织开展了以"科学爱鸟护鸟，保护生物多样性"为重点的第二十九届"爱鸟周"宣传教育活动，并在三门峡市天鹅湖虢山岛广场举办了河南省第二十九届"爱鸟周"活动启动仪式。中国野生动植物保护协会授予三门峡市"中国大天鹅之乡"称号。在全省范围内开展了第十六个"野生动物保护宣传月"宣传教育活动，各地纷纷响应，在社会上引起较大反响。

加强野生动植物保护行政管理执法能力建设，强化野生动植物保护管理手段。加强野生虎种群及其栖息地保护，严格规范虎驯养繁殖活动，强化对人工繁育虎死亡后虎产品的监管，严厉打击走私、非法经营虎产品等违法犯罪行为；加强了对象牙、重点监管中药品种、蟒皮二胡、野生动物皮具等产品加工经营的管理；对河南省2009年度猕猴和食蟹猴驯养繁殖及经营利用情况进行了调查统计，并上报了国家林业局。按照国家林业局的要求，对野生动物观赏展演单位野生动物驯养繁殖活动进行了清理整顿和监督检查，对14家不合格单位下达限期整改通知书。

12月1~3日，在郑州举办了全省野生动植物保护管理培训班，全省18个省辖市野生动植物保护科科长及部分县林业局主管局长共55人参加了培训。培训班上，重点讲解了野生动植物保护管理法律法规、行政许可事项、濒危野生动植物种的管理及林业行政执法等内容，并就目前野生动植物保护管理工作中存在的问题和下一步工作重点进行了座谈。

全年共办理《陆生野生动物或其产品出省运输证明》35份，《河南省陆生野生动物或其产品运输证明》3份；完成了国家重点保护野生动物驯养繁殖许可审核、审批20件。出售、收购、经营、利用野生动物及其产品审核、审批8项，野生动植物进出口审核、审批8项。受理的行政审核审批事项均按时办结，无超时办理情况，没有涉及行政审批投诉事件。

认真组织国家投资项目的申报工作。一是组织河南省野生动物救护中心、国有原阳林场等9个单位完成了2011年珍稀濒危物种野外救护与繁育项目的申报工作，项目总投资174.6万元。二是组织黄河湿地国家级自然保护区孟津管理局、郑州黄河湿地省级自然保护区管理局等9个单位完成了2011年珍稀濒危物种调查项目，项目总投资104.6元。

（二）继续强化自然保护区基础设施建设，积极推进湿地和自然保护区建设事业快速发展

（1）认真组织全省"湿地日"宣传教育活动。2010年"湿地日"的主题是"湿地、生物多样性与气候变化"，林业厅野生动植物保护处与郑州市林业局、郑州黄河湿地省级自然保护区管理中心联合组织了湿地日宣传座谈会，邀请省内野生动物、自然生态方面的专家，和省内重要新闻媒体的记者，以"湿地日"宣传主题为主线，共同探讨湿地宣传与保护管理方面的成绩、存在问题及今后工作思路，多家媒体对"湿地日"活动进行了宣传报道。

（2）开展国家级自然保护区建设管理检查评估。为提高国家级自然保护区管理水平，8月5日至16日，由环境保护部、国家林业局等7部委（局）组成的国家级自然保护区管理评估组对宝天曼等9个国家级自然保护区进行了评估。评估组对河南省自然保护区建设近30年来所取得的成绩予以充分肯定，宝天曼、鸡公山、董寨和小秦岭4个保护区被评定为"优"，太行山猕猴、连康山、丹江湿地、伏牛山、河南黄河湿地等5个保护区被评定为"良"，优秀率达44.4%。

（3）加强国家级自然保护区基础设施建设，完成国家级自然保护区基础设施建设工程项目2项，新启动1项。完成了鸡公山国家级自然保护区和新县连康山国家级自然保护区基础设施建设项目，项目总投资660万元。落实伏牛山国家级自然保护区南召宝天曼等4个管理局基础设施二期工程项目和河南丹江湿地国家级自然保护区基础设施建设项目投资资金2 948万元，其中中央预算内投资2 359万元。

（4）完成了《河南省湿地保护工程实施规划》（2011～2015）的编制工作。根据国家林业局要求，组织有关单位编制了全省"十二五"湿地保护工程实施规划，规划全省新建河南焦作沁河、商丘黄河故道等省级湿地自然保护区4处，面积467 850亩，全省湿地自然保护区数量由现在的17处增加到21处，湿地自然保护面积由现在的397.5万亩增加到444万亩，占全省湿地面积的44.5%。对已建的河南省丹江口水库、宿鸭湖、河南黄河等17个湿地保护区实施湿地恢复、保护基础设施建设等工程，提高湿地保护区的保护能力和监测水平。规划新建鹤壁淇河、河南沙河等湿地公园27处，面积448 440亩；对郑州黄河、淮阳县龙湖等8个国家湿地公园进行湿地恢复和基础设施建设。拟在丹江口水库、黄河、淮河等重点湿地，采取退耕还滩、封滩育草等方式，恢复、治理1.5万公顷湿地，逐步改善湿地生态环境。规划涉及湿地保护体系建设、重要湿地综合治理工程、能力建设及科技支撑体系建设、湿地可持续利用示范共151个项目，总投资82 021.12万元。

（5）加强对自然保护区的管理指导。一是为指导自然保护区开展科研监测工作，林业厅野生动植物保护处组织编制了《河南省自然保护区科研监测方案》，并采取多种形式多方征求意见，待方案修改完善后下发各自然保护区执行。二是指导《河南宝天曼国家级示范自然保护区建设实施方案》的编制，并组织相关专家对《河南宝天曼国家级示范自然保护区建设实施方案》进行了审查，已报国家林业局审批。三是根据国家林业局保护司要求，开展了对全省9处国家级自然保护区有关情况的摸底调查，调查内容涉及自然保护区编制及类型、人员结构、管理体制、工资额度、财政投入及实际支出等方面，为下一步争取国家政策做准备。四是为迎接省环境保护厅组织的全省自然保护区检查，召开了全省自然保护区座谈会，安排全省自然保护区认真开展自查自纠，对存在的问题及时整改。完成了《河南黄河湿地国家级自然保护区（洛阳段）生态旅游规划》专家评审工作。

(6) 加强涉及自然保护区的重点工程建设项目管理。审查了河南省信阳市天目山风电场工程项目对信阳天目山省级自然保护区、桐柏高乐山省级自然保护区的影响分析，焦作至桐柏高速公路温县至巩义段对郑州黄河湿地省级自然保护区的影响分析，淮滨至固始高速公路工程建设项目对河南淮滨淮南湿地省级自然保护区的影响分析。为配合运城至三门峡铁路工程建设，完成了黄河湿地国家级自然保护区三门峡段的功能区调整，组织了运城至三门峡铁路工程路线穿越黄河湿地国家级自然保护区的影响分析审查会，并按照规定程序向社会公示，广泛征求社会各届对该项目穿越国家级自然保护区的意见。对鸡公山快速通道通过河南董寨国家级自然保护区的影响专题报告进行了评审，并出具了初步意见。对郑州至焦作铁路项目穿越黄河湿地省级自然保护区进行了批复。

(三) 野生动物疫源疫病监测工作稳步推进

先后下发《关于进一步加强鸟类等野生动物保护执法和切实做好春季野生动物疫源疫病监测防控工作的通知》（内部明电 ［2010］ 15 号）、《关于切实做好寒潮天气应急准备工作的紧急通知》（内部明电 ［2010］ 6 号）和《关于加强 2010 年冬 2011 年春野生动物疫源疫病监测防控工作的通知》 （内部明电 ［2010］ 55 号），根据不同时期疫病易发特点，对监测防控工作作出部署。6 月 30 日至 7 月 2 日，在河南省林业学校举办了河南省野生动物疫源疫病监测信息网络直报系统应用培训班，各省辖市林业局保护科及国家级、省级疫源疫病监测站工作人员共 60 人参加了培训。继省林业厅培训之后，三门峡、新乡、濮阳等省辖市对县级管理机构也相继开展了陆生野生动物疫源疫病监测网络直报系统培训工作，目前 8 个国家级监测站、13 个省级监测站、60% 的县级管理机构实现网络信息上报。12 月底前全部国家级、省级监测站实现网络直报。一年来，严格执行值班和信息日报告制度，共收集各省辖市林业（农林）局，国家级、省级监测站报告单 17 150 余份，向国家林业局野生动物疫源疫病监测总站和省政府高致病性禽流感指挥部办公室发信息报告单 369 份。经严密部署和监测，全年没有发生野生动物疫病疫情。

二、纪实

"爱鸟周" 活动启动仪式在三门峡举行 4 月 15 日，河南省第二十九届 "爱鸟周" 活动启动仪式在三门峡市天鹅湖虢山岛广场举行，中国野生动物保护协会秘书长杨百瑾、省林业厅副厅长王德启、三门峡市市长和四大班子领导出席了启动仪式。中国野生动植物保护协会授予三门峡市 "中国大天鹅之乡" 称号。

黄石庵管理局成立南阳市伏牛山珍稀濒危植物研究所 5 月 7 日，河南省林业厅下发《关于河南伏牛山国家级自然保护区黄石庵管理局成立南阳市伏牛山珍稀濒危植物研究所的意见》（豫林护 ［2010］ 118 号），同意河南伏牛山国家级自然保护区黄石庵管理局成立南阳市伏牛山珍稀濒危植物研究所。

举办全省野生动物疫源疫病监测信息网络直报系统应用培训班 6月30日至7月2日，林业厅在河南省林业学校举办了全省野生动物疫源疫病监测信息网络直报系统应用培训班，各省辖市林业局保护科及国家级、省级疫源疫病监测站工作人员60人参加了培训。

河南黄河湿地国家级自然保护区功能区调整 7月5日，国家林业局下发《关于调整河南黄河湿地国家级自然保护区功能区的复函》(林函护字〔2010〕150号)，调整后的保护区范围不变，总面积102.00万亩，其中，核心区面积31.245万亩，缓冲区面积13.350万亩，实验区面积57.405万亩。

河南黄河湿地国家级自然保护区三门峡管理处行使综合管理职能 7月7日，河南省林业厅下发《关于暂由河南黄河湿地国家级自然保护区三门峡管理处行使河南黄河湿地国家级自然保护区管理相关职责的通知》(豫林护〔2010〕154号)，暂由"河南黄河湿地国家级自然保护区三门峡管理处"行使"河南黄河湿地国家级自然保护区"综合管理职能。主要职责是：整个保护区数据统计、汇总；组织协调保护区相关规划编制；总结、汇报等综合文字材料的撰写等。

国家级自然保护区管理评估组对河南省国家级自然保护区进行评估 8月5~16日，为提高国家级自然保护区管理水平，由环境保护部、国家林业局等7部委（局）组成的国家级自然保护区管理评估组对河南省林业系统的宝天曼等9个国家级自然保护区进行了评估。评估过程中，评估组对河南省自然保护区建设近30年来所取得的成绩给予了充分肯定。评估结果：宝天曼、鸡公山、董寨和小秦岭4个保护区为"优"，太行山猕猴、连康山、丹江湿地、伏牛山、河南黄河湿地等5个保护区为"良"，优秀率达44.4%。

省林业厅对野生动物驯养繁殖活动进行专项整治 8月9日，河南省林业厅下发《关于对野生动物观赏展演单位野生动物驯养繁殖活动进行清理整顿和监督检查的通知》(豫林护〔2010〕181号)，并对野生动物观赏展演单位野生动物驯养繁殖活动进行了清理整顿和监督检查，对14家不合格单位下达了限期整改通知书。

日本"人与朱鹮和谐共存的地区环境建设"项目专家组考察河南 10月11~15日，以日本森康二郎为组长的3人专家组在中日JICA朱鹮项目办公室主任陆军研究员的陪同下，对河南进行了为期5天的考察。10月11日在郑州举行了座谈会，河南省林业厅副厅长王德启参加座谈。会上明确了中日双方在项目执行中的职责。10月12~15日，项目专家组在董寨国家级自然保护区对朱鹮饲养场所、自然环境和社会环境进行了实地考察。

《河南省自然保护区总体规划技术规程》颁布实施 10月18日，由河南省林业厅组织起草的《河南省自然保护区总体规划技术规程》经河南省质量技术监督局发布，于2010年12月18日实施，标准号为DB 41/T 644-2010。

省林业厅发文要求严厉打击破坏鸟类资源违法犯罪行为 10月26日，河南省林业厅下发《关于切实强化鸟类保护管理和野生动物疫源疫病监测防控的紧急通知》(内部明电〔2010〕36号)，要求各地强化鸟类保护，严密监测防控野生动物疫源疫病，严厉打击破坏鸟类资源的违法犯罪行为。

编报全省"十二五"湿地保护工程实施规划 11月29日，根据国家林业局要求，组织有关单位编制了全省"十二五"湿地保护工程实施规划,规划全省新建河南焦作沁河、商丘黄河故道等省级湿地自然保护区 4 处,面积 46.785 万亩,新建鹤壁淇河、河南沙河等湿地公园 27 处,面积 44.844 万亩,其中,国家级湿地公园 4 处,面积 11.145 万亩,地方级湿地公园 23 处,面积 33.699 万亩。

举办野生动植物保护管理培训班 12 月 1～3 日,省林业厅在郑州市举办全省野生动植物保护管理培训班,18 个省辖市保护科科长及部分县林业局主管局长共 55 人参加了培训。培训班上,重点讲解了有关野生动植物保护管理的法律法规、行政许可事项、濒危野生动植物种的管理及林业行政执法等内容,并就目前野生动植物保护管理工作中存在的问题和下一步工作重点进行了座谈。

重视落实野生动物疫源疫病监测防控工作 12 月 9 日,河南省林业厅下发《关于加强 2010 年冬 2011 年春野生动物疫源疫病监测防控工作的通知》(内部明电[2010]55 号),要求各地高度重视野生动物疫源疫病监测防控工作,认真落实监测防控措施,加强野生动物驯养繁殖场所监测防控工作的检查指导,加强野生动物疫源疫病监测防控技术培训和宣传教育等工作。

森林公安

一、概述

2010 年，是全省森林公安工作极不平凡的一年。经省委、省政府批准，省森林公安局作为省林业厅的直属机构正式挂牌运行，成立了省森林公安局党委、纪委，配齐了领导班子，设立了警令部、政治部等 7 个部、处、支队，队伍正规化建设迈出了扎实步伐。省森林公安局的正式成立，标志着全省森林公安工作迈上了新的台阶。

（一）机构和队伍建设

（1）省森林公安局正式挂牌运行。2009 年 12 月 18 日，中共河南省委组织部作出《关于同意建立中共河南省森林公安局委员会、纪律检查委员会的批复》（豫组〔2009〕8 号）。2010 年 6 月，省委组织部下发《关于宋全胜同志任职的通知》（豫组干〔2010〕59 号，同意宋全胜任省林业厅党组成员、省森林公安局局长（副厅级）。7 月，省林业厅党组下发一系列文件，对河南省森林公安局领导班子、内设机构设置及职责、党委工作职责等作出明确规定。至此，河南省森林公安局领导班子和内设机构配置完毕，正式挂牌运行，中共河南省森林公安局委员会、纪律检查委员会相继成立。河南省森林公安局的成立，为河南森林公安工作进一步发展提供了保障。

（2）市、县森林公安机关落实中央"三定"方案政法编制工作整体推进。通过召开会议、调研督导、编发简报等形式，及时通报进展情况，督促各地尽快完成"三定"工作，落实方案，实现按新机构运行。截至 12 月 31 日，全省 18 个省辖市全部出台森林公安"三定"方案，全省 108 个县、市中的 100 个明确了森林公安局"三定"方案，其中，县级森林公安局为正科级的有 41 个。配合省人事厅继续做好森林公安现有人员过渡和考试录用工作，对已授衔民警直接过渡、考核过渡和考试录用过渡中的遗留问题提交两厅研究，确保授衔民警过渡工作圆满完成，共过渡 1 353 人。

（3）严格警籍、警衔管理。制定并下发了《河南省森林公安局关于严格执行森林公安机关进人制度的通知》，对市、县森林公安机关调入、转任民警进行严格的警籍审批，年内共审批警籍 64 人。认真做好警衔申报管理工作，为 527 人申报了首授警衔手续，为 523 名民警上报了警衔晋升手续。开展了首次公开招警工作，一次拿出 309 名编制参加全省公开招警，确立了森林公安补充人员主渠道。

（4）狠抓干部协管工作。按照干部协管的有关规定,督促各地按照明确的机构规格和职数,将德才兼备的人员配备到领导岗位,共考察、批复市局领导班子成员 14 人。

（5）加强教育培训。全年共组织 65 人(次)参加了国家森林公安局举办的警衔晋升培训班和首任领导干部培训班;在开封警校举办了 4 期过渡民警大轮训培训班,每期一个月,共培训民警 1 139 名;在洛阳警察学校举办了为期 2 个半月的初任民警培训班,共有 502 名初任民警参加了培训,落实了王照平厅长"人员过渡完成后要进行全面正规化培训"的要求。组织参加了全国森林公安机关警务技能大比武活动。

（二）执法办案工作

2010 年,全省森林公安机关加大执法力量整合和执法办案工作力度,执法办案工作扎实推进。根据涉林案件发生的特点和规律,适时组织开展了"春季行动"、"禁毒专项行动"、"冬季严厉打击涉林违法犯罪专项行动"等一系列林业严打专项行动,有力地打击了犯罪,保护了森林资源安全。进一步规范执法办案工作,实行持证上岗制度,组织开展了执法质量大检查。继续推进刑侦工作创新和拓展,改革案件月通报办法,积极推进刑事技术室建设,加强了森林公安信息化建设,努力提高全省各级森林公安机关的侦察破案水平。在加强对民警日常教育的同时,狠抓从严治警,严查严处民警违法违纪案件,纯洁了森林公安队伍。

（1）组织开展了一系列严打专项行动。2009 年底至 2010 年第一季度,在全省组织开展了"冬季严厉打击涉林违法犯罪专项行动"。随后,又组织了"春季行动"、"禁毒专项行动"等一系列严打专项行动,成功查处"信阳 4·28 特大非法收购、运输、出售珍贵、濒危野生动物案"、"临颍 11·12 重大滥伐林木案"、"新乡牧野区 9·13 特大非法贩卖国家珍贵和濒危野生动物案"等一批重特大涉林刑事案件。全年全省各级森林公安机关共受理各类破坏森林和野生动植物资源案件 10 554 起,其中刑事案件 1 217 起、治安案件 342 起、林业行政案件 8 995 起,依法处罚 12 547 人,刑拘 1 445 人,收缴野生动物 82 692 只（头）,有效地保护了森林及野生动植物资源安全。

（2）改革案件通报办法。进一步规范执法办案工作,实行持证上岗制度,组织开展了执法质量大检查。由过去的以省辖市为单位通报扩展到以县（市）局为单位通报;将每月办理案件的情况,采用网上与书面两种形式通报至林业、公安主管部门。出台了《2010 年全省森林公安机关年度侦查办案工作量化考评实施方案》,确定了考评原则、考评对象、考评内容和奖惩办法,使年度业务考评工作逐步规范。

（3）对重点案件挂牌督办。12 月 4 日,河南省森林公安局发出《河南省森林公安局关于确定省森林公安局挂牌督办案件的通知》(豫森公刑 [2010] 139 号),决定将登封市嵩阳办事处北旨村非法占用林地案等 15 起案件作为省森林公安局挂牌督办案件,并要求各省辖市选取案情重、影响大、具有一定典型性的案件 2～3 起,作为市级挂牌督办案件。

（4）开展执法质量检查。3 月 16 日,印发《河南省森林公安局关于开展执法质量检查活动方案》,明确指导思想、工作目标、基本原则、主要内容等,旨在通过执法检查活动,发现并纠正执法中存在的突出问题,分析研究问题产生的原因,建立和完善规章制度,推进执法监管长效机制建设;查处和纠正违法办案,切实改进和提高执法质量,促进严格、公正、文明执法。主要内容包括:对

2009 年 1 月 1 日以来办理的刑事、治安、林业行政案件的卷宗进行检查；对 2008 年 1 月 1 日以来发生的尚未停访息诉的信访案件进行检查；对各级森林公安机关在执法办案过程中贯彻执行《中华人民共和国森林法》、《中华人民共和国野生动物保护法》等情况进行检查。检查的重点是刑事执法、行政执法、执法监督等情况；对网上办案情况进行监督，促进网络执法办案。被检查的 110 个森林公安单位中，有 18 个优秀、74 个良好，合格率为 94.5%。

(5) 严防执法办案过程中涉案人员的非常死亡，实施对涉案人员采取继续盘问等措施报备制度。3 月 29 日，河南省森林公安局发出《关于对涉案人员采取继续盘问等措施报警务督察部门备案的通知》(豫森公督字〔2010〕25 号)，决定自 2010 年 4 月 1 日起在全省森林公安机关实行对涉案人员采取继续盘问、刑事传唤、拘传、刑事拘留、监视居住等措施报同级警务督察部门备案制度。通知规定，森林公安机关办案单位对涉案人员采取继续盘问、刑事传唤、拘传、刑事拘留、监视居住等措施的，必须在实施后 1 小时内通过电话、传真、网上督察系统以及直接送达法律文书复印件等形式，将被采取措施涉案人员的姓名、年龄、性别、涉嫌违法犯罪的行为、实施时间、实施措施后涉案人员所在的地点及办案单位和主办民警等情况报本级森林公安机关警务督察部门备案。通知要求，有督察部门的森林公安机关，在对涉案人员采取继续盘问等措施时要报警务督察部门进行备案；没有督察部门的，要报当地公安机关督察部门。

（三）警务保障能力建设

为加强河南森林公安建设，提高警务保证能力，通过多方积极努力，全年共争取国家中西部地区森林派出所建设项目资金、中央财政森林公安政法转移支付资金和省配套资金以及省级贫困县民警服装经费等各类资金 6 000 万元以上，使长期制约河南省森林公安事业发展的瓶颈问题得到了初步解决。通过转移支付资金的使用，为基层森林公安机关购置了大批警用装备，极大地改善了各级森林公安机关办公办案条件，提升了执法办案能力。狠抓了基层森林公安派出所建设，组织开展了派出所等级评定工作。组织开展了警车、涉案车辆违规问题专项治理、执法过程涉案人员非正常死亡整治和工作，全省森林公安系统警车合格率达到了大幅度提高。

(1) 加强了项目资金的争取、使用和管理。全年共争取中西部地区森林公安派出所建设项目资金 1 980 万元，中央和省级森林公安政法转移支付资金 4 095 万元，贫困县民警服装经费 180 万元。全年共争取各类资金 6 000 万元以上，使长期制约河南省森林公安事业发展的瓶颈问题得到了初步解决。2 月 18 日，省发展和改革委员会下发《关于编报政法基础设施建设"十二五"规划和 2011 年投资计划的通知》，河南省县级及县以上森林公安局业务用房纳入了建设范围。为进一步规范森林公安转移支付资金的使用管理，与林业厅有关部门联合下发文件，明确了资金分配的"公平、奖勤罚懒和推进工作"三项原则，根据下达各地的装备资金数额，制定指导性方案，优先购置用于办案的装备和信息化设备，并"两上两下"征求意见。在此基础上，实行集中采购，以实物形式下发，一次性购置人员标准化信息采集设备 111 套、询问室设备 64 套、警用车辆 202 台，为 126 家县以上森林公安机关购置了基本的刑勘器材。

(2) 扎实推进信息化建设。在全省县级以上森林公安机关基本接入公安信息网的基础上，积极推广应用网上办公、网络执法与监督系统，研发了被装管理系统，对案件信息管理系统进行了改造；

重点加强了省局数据库平台和打击违法犯罪综合信息系统建设，完成了"警务通"项目的安装调试工作；初步解决了进入全省公安机关警综平台的机构代码。

（3）组织开展森林公安派出所等级评定工作。2009年12月至2010年2月，按照国家林业局森林公安局《森林公安派出所等级评定实施办法》和《河南省森林公安派出所等级评定办法实施细则》的相关要求，组织开展了派出所等级评定工作。经初评，参加派出所等级评定的70个森林公安派出所中卢氏县森林公安分局五里川派出所等6个派出所被评定为一级森林公安派出所，栾川县森林公安局第一派出所等24个派出所被评定为二级森林公安派出所，商丘市森林公安局梁园区派出所等24个派出所被评定为三级森林公安派出所，新乡市森林公安局直属派出所等16个派出所被评定为四级森林公安派出所。

（4）根据公安部和国家林业局森林公安局的统一部署，组织开展了警车、涉案车辆违规问题专项治理工作，使全省森林公安系统警车合格率达到了大幅度提高。为了做好此项工作，省森林公安局认真落实公安部、国家林业局森林公安局、省公安厅关于开展警车和涉案车辆（以下简称"两车"）违规问题专项治理的一系列工作部署，制定并下发了工作方案，明确了工作重点；成立了以省森林公安局局长宋全胜为组长的"两车"治理工作领导小组，全面指导、协调、督促、检查全省森林公安系统的警车治理工作。将所有O牌车辆全部转为民用牌照。突出整治警车非警管、非警开、警车违规使用等问题。实行了月排名、月通报制度。全面启动警车审验合格证发放工作，对所有警车逐一审验。制定出台了《河南省森林公安系统警车使用管理及违规责任追究暂行办法》，从警车的管理使用、外观制式、驾驶人员、行车规范、报废转移、责任追究等各个方面作出了严格的规定。为了把好警车入口关，出台了《全省森林公安机关警用车辆定编管理办法》，按人员编制核定警车数量，实行车辆定编。凡新增车辆，实行逐级审核、督察部门备案。至11月底，全省森林公安系统共清理警车287辆（其中报废144辆、转出143辆），收回外借警车42辆，完善手续89辆，有418辆警车达到了车况良好和"警管、警用、警开"标准。与专项治理活动开始时的705辆警车相比，全省森林公安系统警车"瘦身率"达到41%，合格率达到100%，初步实现了全省森林公安系统没有一辆问题警车的目标。

（四）清理涉法涉诉信访积案，抓好信访案（事）件督办

各级森林公安机关以解决群众实际问题为着力点，组织开展了集中清理涉法涉诉信访积案活动。确认重点挂牌督办信访积案40起。对照清理范围，认真摸排、梳理和汇总森林公安机关掌握的或其他部门移交的，属于森林公安机关管辖的尚未停访息诉的信访案件，按照"属地管理、分级负责"、"谁主管、谁负责"的原则，严格落实"五步工作法"，实行"四查清"、"全程问责"、"领导包案"、"定期通报"、"绩效考核"等各项规章制度，认真开展集中清理活动，有效遏制涉法涉诉信访案件发生。以解决群众实际问题为着力点，切实加大涉林信访案（事）件的办理工作。全年共受理并查处反映涉林信访案（事）件172件，其中，办理国家林业局领导批示件17件，省领导批示件8件，省林业厅领导批示件6件。上半年，查处信访举报件28件，因违纪问题调离森林公安岗位1人，处分3人。

二、纪实

组织开展森林公安派出所等级评定工作　2009年12月至2010年2月，按照国家林业局森林公安局《森林公安派出所等级评定实施办法》和《河南省森林公安派出所等级评定办法实施细则》的相关要求，省森林公安局在全省范围内组织开展了派出所等级评定工作。经初评，参加等级评定的70个森林公安派出所中，6个被评定为一级森林公安派出所，24个被评定为二级森林公安派出所，被评定为三级森林公安派出所的有24个，被评定为四级森林公安派出所的有16个。

县级以上森林公安局业务用房纳入"十二五"建设规划　2月18日，省发展和改革委员会下发《关于编报政法基础设施建设"十二五"规划和2011年投资计划的通知》，全省县级及县以上森林公安局业务用房纳入了建设范围。

开展执法质量检查　3月16日，印发《河南省森林公安局关于开展执法质量检查活动方案》，对2009年1月1日以来办理的刑事、治安、林业行政案件，2008年1月1日以来发生的尚未停访息诉的信访案件，各级森林公安机关在执法办案过程中贯彻执行中华人民共和国森林法、野生动物保护法等法律法规情况进行检查。检查的重点是刑事执法、行政执法、执法监督等。被检查的110个森林公安单位中，有18个优秀、74个良好，合格率为94.5%。

实施对涉案人员采取继续盘问等措施报备制度　3月29日，河南省林业厅森林公安局发出《关于对涉案人员采取继续盘问等措施报警务督察部门备案的通知》（豫森公督字［2010］25号），决定自2010年4月1日起，在全省森林公安机关实行对涉案人员采取继续盘问、刑事传唤、拘传、刑事拘留、监视居住等措施报同级警务督察部门备案制度。

省森林公安局作出决定嘉奖批先进单位和先进个人　5月17日，省森林公安局作出决定，对2010年在森林公安工作中作出成绩的单位和个人予以嘉奖。省森林公安局局长宋全胜签发的《关于为新郑市森林公安工作中等25个集体和郑州市森林公安局法制室民警王萍等39名民警记功的命令》（豫森公字［2010］60号），为新郑市森林公安局等25个集体记集体三等功一次，颁发奖牌；为郑州市森林公安局法制室民警王萍等39名民警记个人三等功一次，颁发奖章及证书。宋全胜局长签发的《关于给2009年度侦察办案工作突出的南阳市森林公安局等10个单位记功嘉奖的命令》（豫森公字［2010］59号），为南阳市森林公安局、三门峡市森林公安局、商丘市森林公安局、郑州市森林公安局、驻马店市森林公安局记集体三等功一次，颁发奖牌；对洛阳市森林公安局、信阳市森林公安局、漯河市森林公安局、新乡市森林公安局、开封市森林公安局通令嘉奖。

召开全省森林公安工作会议　5月19日，全省森林公安工作会议在郑州召开，各省辖市林业局局长，主管森林公安工作的林业局副局长、公安局副局长，森林公安局局长、政委参加会议。会上，传达贯彻了全国森林公安工作会议精神，回顾总结2009年度全省的森林公安工作，分析了森林公安工作面临的新形势，明确了森林公安工作的发展思路和任务，安排部署了2010年及"十二五"期间森林公安工作的任务。省林业厅厅长王照平、副厅长李军，省公安厅副厅长程德民，省林业厅党组成员、省森林公安局局长宋全胜到会并作重要讲话。

"3·13"专案组和吴刚等人获记功奖励　6月7日，为表彰在郑州市"'3·13'特大非法收购、运输、出售珍贵、濒危野生动物案"破案工作中表现突出的有关人员,省森林公安局局长宋全胜签发命令,给专案组和吴刚等7名民警记功奖励。

宋全胜获省委组织部任命　6月11日,省委组织部两次下发《关于宋全胜同志任职的通知》(豫组干〔2010〕59号、豫组干〔2010〕188号),同意宋全胜任省林业厅党组成员、省森林公安局局长(副厅级)。

开展案件评查活动　6月28日,省森林公安局印发《森林公安机关开展案件评查活动实施方案》,在全省森林公安机关组织开展了案件评查活动,对评查中发现的错案、瑕疵案等依法予以纠正;对违法违纪问题,按照有关规定分别给予了查处。

宋全胜获省政府任命　6月30日,省政府下发《关于宋全胜任职的通知》(豫政任〔2010〕7号),任命宋全胜为省森林公安局局长(副厅级)。

省林业厅发文通知任免宋全胜等人员　7月1日,省林业厅党组下发《关于宋全胜等6名同志职务任免的通知》(豫林党〔2010〕24号)、《关于王胜文等9名同志职务任免的通知》(豫林党〔2010〕29号)、《关于孔令省等10名同志职务任免的通知》(豫林党〔2010〕25号)等文件,任命宋全胜为省森林公安局党委书记,王胜文为省森林公安局党委副书记、政委,姚学让、刘宗仁、宋德才为省森林公安局党委委员、副局长,刘雪洁为省森林公安局党委委员、纪律检查委员会书记,王明付、马建平、张静满、李山林任省森林公安局调研员,孔令省为省森林公安局党委委员、政治部主任,王一品为警令部主任,冯松为刑事侦查支队政委,高继强为治安管理支队支队长,张新胜为治安管理支队政委,田野为警备保障支队支队长,王清宪为警务保障支队政委,金红俊为警务督察支队支队长,柴明清为警务督察支队政委,李辉为省森林公安局法制处处长;冯新华、刘淑华为副调研员。

省森林公安局内设机构设置及职责确定　7月13日,省森林公安局印发《河南省森林公安局内设机构设置及职责的通知》(豫森公〔2010〕78号),明确河南省森林公安局内设机构设置及职责。河南省森林公安局内设政治部、警令部、刑事侦查支队、治安管理支队、警务保障支队、警务督察支队、法制处七个内设机构。

森林公安局党委工作职责确定　7月27日,省森林公安局党委下发《关于印发〈中共河南省森林公安局党委议事规则〉的通知》(豫森公党〔2010〕2号),明确森林公安局党委工作职责是:坚持民主集中制原则,实行集体领导与个人分工负责相结合,按照集体领导、民主集中、个别酝酿、会议决定的原则,讨论决定重大问题。

成立信访工作领导小组　8月9日,省森林公安局发出《关于成立河南省森林公安局信访工作领导小组的通知》(豫森公政〔2010〕90号),决定成立河南省森林公安局信访工作领导小组,宋全胜任组长,王胜文、姚学让、刘宗仁、宋德才、刘雪洁、李山林任副组长,金红俊、柴明清、刘淑华、李辉、冯松、高继强、张新胜为成员。领导小组下设办公室,办公室设在警务督察支队,办公室主任由刘雪洁兼任。

"两车"治理工作取得成效　11月底,全省森林公安"两车"专项治理工作结束并取得显著成效。此次活动共清理警车287辆(其中报废144辆、转出143辆),收回外借警车42辆,完善手续

89 辆，有 418 辆警车达到了车况良好和"警管、警用、警开"标准。与专项治理活动开始时相比，全省森林公安系统警车"瘦身率"达到 41%，合格率达到 100%，初步实现了全省森林公安系统没有一辆问题警车的目标。

科技兴林

一、概述

2010 年，河南省林业科技工作以科学发展观为指导，坚持党的"自主创新，支撑发展，重点跨越，引领未来"的科技方针，实施"科技兴林、人才强林"战略，以提高林业生产力水平为目标，以服务全省林业建设为中心，以促进林业科技成果转化和强化林业科技推广为突破口，以建设高水平的林业科技队伍为保障，不断加强林业技术创新。全省林业科技工作紧紧围绕建设林业生态目标，进一步强化林业科学研究、科技示范与推广、林业标准化等工作，努力为河南林业生态省建设提供强有力的科技支撑。据统计，2010 年全省林业系统新争取省科技发展计划项目 30 余项，新争取 2010～2011 年国家林业局 948 项目 3 项、公益性行业研究项目 5 项，国家及省级科技项目共计经费 1 485.5 万元，为河南省争取林业科研经费最多的一年。组织厅直单位开展重点科技攻关、软科学研究等省科技计划项目 7 项。目前，全省共建立省级林业重点实验室 1 个，厅级实验室 3 个，建立省级工程技术中心 1 个。林业整体技术水平有了较大提高，对发展林业起到了重要的推动作用。

（一）林业科研取得了一批高水平的科技成果

林业科学研究坚持面向林业建设主战场，突出抓好一批生产急需的研究和攻关项目，在主要造林树种的良种选育和引进、丰产栽培技术、抗旱造林技术、林产品加工利用技术、森林保护管理技术等领域取得了一大批科研成果。结合实施《河南林业生态省建设规划》、《河南省 2020 年林业科技创新规划》和林业重点工程建设，围绕森林资源培育、保护和高效利用三个方面，狠抓林业科学研究和技术攻关，认真做好各级各类林业科研项目的申报和实施，及时解决技术难题。 10 月 11 日，河南省政府科学技术进步奖评选揭晓，全省有 8 项林业科技成果榜上有名，其中二等奖 4 项，三等奖 4 项。

（二）建设了一大批科教兴林示范工程

全省建立科教兴林示范市 1 个、国家级科技兴林示范县 3 个、省级科技兴林示范县 2 个、示范乡 50 个、示范村 170 多个、示范户 7 000 多户。省林业厅与有关省辖市合建林业科技示范园区 25 个。实施了 10 个天然林保护、退耕还林等林业重点工程科技支撑项目，有力地支撑和保障了林业重点工程建设。各地结合示范工程建设和重点林业科技推广项目的实施，共建立各类科技示范林、示范园、示范点 8 000 多处，总面积 100 多万亩。通过科教兴林示范工程的实施和示范基地建设，促进了科技成果的大面积推广应用，其中大部分基地已成为各地林业建设的精品工程、样板工程。鄢陵、西峡、荥阳被国家林业局确定为第一批"全国林业科技示范县"。

（三）林业标准化工作步入发展快车道

坚持以林业建设和林产品的质量安全效益为中心，以加快林业标准体系建设为重点，全面加强了林业标准化工作。编制了《河南省林业标准 2004～2008 年发展计划》，加快了制（修）订林业技术标准的步伐，组织审定了《河南省公益林抚育技术规程》、《河南省自然保护区总体规划技术规程》、《河南省森林公园规划设计规程》、《陆生野生动物疫源病监测技术规范》等 4 项省级地方林业标准，同时，协助组织审定 4 项国家林业行业标准。组织申报 2011 年国家林业标准 11 项，国家级林业标准化示范区 1 个。指导市、县级林业部门制定林业技术标准 21 项。组织 20 多人参加林业标准化培训班。

（四）林业科技合作与交流趋于活跃

通过系统化、规模化引进国内外先进技术和成果，缩小了与先进国家和地区的差距。2010 年，组织申报"948"项目 4 项，组织中期评估 2 项，现场查定 3 项，有 3 个"948"项目已做好验收的各项准备工作。开展了信阳林业科学研究所"河南省林业厅大别山森林生态与生物多样性重点实验室"的评审组建工作，协调指导平顶山学院"河南省林业厅低山丘陵区生态修复重点实验室"与中国林业科学研究院合作共建省部级重点实验室。

（五）广泛开展了林业科普活动

全省各级林业部门以提高林业工程建设质量和解决林业技术棚架为目标，组织开展了林业科普活动。省林业厅先后制定印发了《关于进一步加强林业科普工作的通知》、《关于开展林业科技活动周的通知》、《林业科技活动周方案》等一系列文件和工作方案。以印发文件、召开会议、举行活动等形式推动全省各地积极开展科普活动，组织科技服务队、专家小组奔赴全省各地开展"送科技下乡"、"科技送春风"等工作，传播科学思想、科技知识，解决"技术棚架"问题。同时，认真实施"科普及适用技术传播工程"项目，组织专家和工程技术人员，定期到科普基地开展科普活动。2010 年 5 月 18 日，省林业厅组织省林业科学研究院、南阳市林业工作站的 10 余名专家在淅川县上集镇举行送科技下乡活动暨丹江口库区移民林果技术培训启动仪式，举办专题讲座 1 个，展出科技版面 20 多幅，现场技术咨询 100 多人次，赠送《林业实用技术汇编》等科普书籍 1 000 多册，来自库区移民的林果种植大户 300 多人参加了此次活动。据统计，2010 年组织全省开展送科技下乡 2 000 多次，受培训林农和林业职工达到 41 万人次，发放林业科普宣传资料 100 多万份，受教育总人数达到 160 多万人次。

（六）努力为林业生态省建设提供科技支撑

组织编印了《河南省当前优先发展的优良树种》、《河南林业生态省建设山地丘陵区与平原地区主要造林模式》等生产急需的技术手册，推介适宜河南省优先发展的树种 100 个、优良品种 280 个，推介山地、丘陵、平原区造林模式 170 多个。组织编印了《林业实用技术汇编》、《河南适生树种栽培技术》等技术专著，推介的树种、造林模式、造林技术被广泛应用于林业生产之中，为河南林业生态省建设作出了积极贡献。

（七）林业建设科技含量大幅度提高

通过大力实施"科技兴林"战略，组织开展科技创新和科技成果转化，增加了林业建设中的科技含量，提高了林业生产的质量和水平。2010 年，全省平原地区主要造林树种已基本实现良种化，工程造林良种使用率达 90%以上；林业科技成果转化率达 55%，科技成果推广覆盖面达 65%，林业科技进步贡献率达 45%。全省林业科技发展水平跃居全国先进行列。

二、纪实

杨树黄叶病害病因及可持续控制技术研究成果通过专家鉴定　2009 年 12 月 29 日，省科技厅组织专家组对杨树黄叶病害病因及可持续控制技术研究进行鉴定。杨树黄叶病是河南省林业建设中长期存在的难点问题，2009 年，河南省林业科学研究院、省林业厅科技处、省森林病虫害防治检疫站组织专家组成课题组，向省科技厅申报了"河南省林木重大病虫害成灾机理及可持续控制技术研究"项目，并获准立项。经过连续 4 年的攻关研究，取得了多项创新性突破。该项研究成果对林业事业的健康发展，对河南林业生态省建设具有重要指导意义。

副省长刘满仓视察郑州泡桐研究开发中心　3 月 26 日，副省长刘满仓在省林业厅副厅长丁荣耀及省政府办公厅、省林业厅科技处负责人陪同下，莅临郑州泡桐研究开发中心视察指导工作。刘满仓副省长一行视察了郑州泡桐研究开发中心的办公区和生活区，亲切看望了职工，并与中心领导及科技人员进行了座谈，听取了郑州泡桐研究开发中心主任王玉魁所做的工作汇报，对该中心的科研队伍、实验室、科研基地建设、经费状况、产业发展、职工住房条件和收入情况等做了详细的了解，对泡桐中心过去的工作给予了充分肯定，对泡桐中心今后的工作提出了希望和要求。

林业厅"送科技春风"活动被评为河南省实施《全民科学素质纲要》优秀案例　3 月 29 日，2010 年河南省全民科学素质工作领导小组办公室下发《关于公布河南省实施全民科学素质纲要优秀案例评选结果的通知》（豫素办 [2010] 8 号），省林业厅实施的"送科技春风，促林业发展"活动被评为全省优秀案例。自《全民科学素质纲要》实施以来，河南省林业厅党组高度重视，认真组织学习、落实纲要精神。结合本省林业实际情况，立足广大林农需求，积极组织各级林业科技工作者开展送科技下乡、林业科普知识讲座等活动，取得了显著成效。

中国科学院院士唐守正一行考察指导厅重点实验室建设　4 月 11 日，中国科学院院士、国务院参事、中国林业科学研究院首席科学家唐守正在中国林业科学研究院李希菲研究员、李海奎研究员、院省共建办公室张艺华副主任的陪同下，到平顶山学院考察指导"河南省林业厅低山丘陵区生态修复重点实验室"建设。平顶山学院举行了隆重的欢迎仪式，平顶山学院院长、重点实验室主任文祯中介绍了学校及低山丘陵区生态修复重点实验室建设情况。"河南省林业厅低山丘陵区生态修复重点实验室"是 2007 年 12 月经省林业厅批准建立的厅级重点实验室，主要开展低山丘陵区可持续生态系统、生态环境规划管理与生态效应预测、生态环境及资源数据集成、生态修复等方面的研究。唐守正院士对重点实验室建设给予了充分肯定，认为实验室建设的基础和前景较好，开展的研究工作符合当地实际，对于河南林业生态省建设具有重要意义。

省林业厅组织专家赴淅川县开展送科技下乡活动 5月18日，省林业厅在淅川县上集镇举行送科技下乡活动暨丹江口库区移民林果技术培训启动仪式。省林业厅副厅长刘有富，南阳市林业局党组书记张荣山，淅川县委书记袁耀生、县长马良泉等领导和省林业科学研究院、南阳市林业工作站选派的10余名专家，以及来自库区移民的林果种植大户300多人参加了此次活动。这次活动是全国第十届科技周的系列活动之一，也是河南省开展科技特派员活动的重要举措。

开展林业科技特派员行动 5月23日，根据《国家林业局关于选派林业科技特派员的通知》（林科发〔2010〕21号）要求，林业厅科技处严格按照选派原则、条件，在基层单位推荐的基础上，向国家林业局推荐丁向阳等60人作为河南省2010年林业科技特派员，并从全省选出经济林生产、病虫害防治、林业技术推广等方面的专家29人，确定为省级林业科技特派员，组成送科技下乡服务队，深入生产第一线，为林农提供面对面的技术服务。

签订4项国家林业行业标准制（修）订项目 5月24日，国家林业局在重庆召开国家林业行业标准制（修）订项目签订会，河南省承担其中《丁香栽培技术规程》、《无花果栽培技术规程》、《柞木栽培技术规程》、《复叶槭栽培技术规程》4项标准的制定，共获国家资金补助18万元。

蒋有绪院士考察平顶山学院厅级重点实验室 6月23～25日，中国科学院院士、中国林业科学院首席科学家蒋有绪，中国林业科学院省院合作办公室常务副主任张艺华，中国林业科学院博士张炜银一行，对平顶山学院"河南省林业厅低山丘陵区生态修复重点实验室"进行考察指导。蒋有绪院士一行听取了低山丘陵区生态修复重点实验室建设情况，先后实地考察了重点实验室仪器设备，学院"长葛林木培育基地"和"金牛山林业生态工程技术试验区"，充分肯定了低山丘陵区生态修复重点实验室开展的工作，希望实验室在今后的发展中把握好环境、生态研究的大方向，瞄准全球普遍关注的生态问题、低碳问题，争取早日申报成为省级重点实验室，为区域经济社会发展作出贡献。

漯河市举办第二届优质鲜桃采摘节 6月25日，漯河市在郾城区龙城镇举行漯河市第二届优质鲜桃采摘节开幕式。市委、市政府的领导张社魁、任黎涛、库凤霞和省林业厅科技处副处长杨文立出席开幕式。来自郾城区的林果农和漯河市林业局中层干部，以及新闻媒体的记者300余人参加了开幕式。开幕式上，现场为在优质果品鉴评会上获得特等奖的3名农户代表和获得优质奖的12名农户代表进行了颁奖。活动期间，漯河市林业技术推广站的技术人员通过摆放宣传版面、发放科技资料、现场授课等形式向广大果农普及优质鲜桃栽培实用技术。省林业厅科技处邀请知名林果专家，举办专家讲座等活动，受到了广大农民朋友的热烈欢迎。本次采摘节从6月25日开始，到7月30日结束。

三课题入签国家林业局948项目 7月，《国家林业局关于下达2010年度引进国际先进林业科学技术项目、重点科研计划项目计划的通知》（林科发〔2010〕192号），省林业科学研究院承担的《生物柴油多效催化剂生产技术引进》（项目编号2010-4-10）、河南农业大学承担的《日本雪椿品种种质资源及培育技术引进》（项目编号2011-4-11）、省林业科学研究院承担的《国外优良黄连木种质资源及栽培技术引进》（项目编号2011-4-35）三项目新签订国家林业局948项目，共获国家资金补助150万。

《陆生野生动物疫源疫病监测技术规范》发布 9月1日，《陆生野生动物疫源疫病监测技术规范》通过河南省质量技术监督局审批，予以发布实施，标准号为 DB 41/T 639-2010，实施时间为2010年11月10日。该规范的发布和实施，为河南省陆生野生动物疫源疫病监测提供科技支撑，对促进经济社会发展，维护生态平衡和公共卫生安全具有重要的意义。

2010年度科技兴林项目下达 10月8日，省财政厅、省林业厅联合印发《河南省财政厅 河南省林业厅关于下达林业科技兴林经费的通知》（豫财农〔2010〕252号），共实施项目50个，分配专项经费473万元，主要用于名特优新经济林树种改良应用、林木新品种的培育推广和林业科技示范园区建设等。

8项林业科技成果获河南省科学技术进步奖 10月11日，河南省政府科学技术进步奖评选揭晓，全省有8项林业科技成果榜上有名。其中，省林业科学研究院"杨树黄叶病害病因及可持续控制技术研究"、省林业产业发展中心"中德合作河南农户造林项目综合技术应用研究与示范"、南阳宝天曼国家级自然保护区管理局"宝天曼国家级自然保护区森林生物多样性关键技术研究"、濮阳市林业科学研究所"抗硫杨树无性系选育及抗性机理研究"等4项研究成果获河南省科学技术进步二等奖；省林业科学研究院"板栗优良品种丰产特性及机理研究"、省林业调查规划院"3S集成技术在河南森林资源与生态状况监测中的应用研究"、省森林病虫害防治检疫站"草履蚧综合控制技术组装配套研究"、濮阳市林业科学研究所"美国优良杂果新品种引进"等4项研究成果获河南省科学技术进步三等奖。

《河南省丹江口库区生态安全与产业发展研究》通过鉴定 10月11日，省科技厅、林业厅组织专家组，对杨朝兴主持完成的《河南省丹江口库区生态安全与产业发展研究》项目进行了成果鉴定。认为该项目指导思想明确，技术方法先进，结构合理，内容丰富，数据资料准确，结论正确可靠，建议进一步扩大成果应用。

《河南省自然保护区总体规划技术规程》发布实施 10月18日，《河南省自然保护区总体规划技术规程》通过河南省质量技术监督局审批，予以发布，标准号为 DB41/T 644-2010，实施时间为2010年12月18日。

三项目通过2010年度国家林业科研专项项目审查 11月5日，国家林业局印发《国家林业局关于下达2010年度林业公益性行业科研专项项目计划的通知》，由河南省林业科学研究院、河南农业大学、平顶山学院等单位申报的"大叶女贞、广玉兰等华北常绿阔叶乔木树种良种选育技术研究"、"悬铃木种质资源与新品种培育研究"和"低山丘陵区林草复合模式优化及水土保持效应研究"等3个林业公益性行业科研专项项目顺利通过国家科技部、国家林业局审查，拟安排资金640万元，分两年度启动实施。

下达2010年度省级林业地方标准制（修）订项目 11月10日，省林业厅签订合同，下达7项省级林业地方标准制（修）订项目，分别是：濮阳林业科学研究所承担的《无公害柿子丰产栽培技术规程》、焦作农林业科学研究院承担的《绿色食品（A级）八月黄柿树栽培技术规程》、省林业科学研究院承担的《臭椿栽培技术规程》、省林业学校承担的《苦糖果栽培技术规程》、省林产品质量检查站承担的《食用菌产品质量监督抽查检查规范》、信阳林业科学研究所承担的《枫杨速生丰产林技术规程》、省林业调查规划院承担的《河南省级森林公园建设规范》。省林业厅将对每个项目给予资金补助 3 万元。

《河南省公益林抚育技术规程》发布实施 11 月 18 日，《河南省公益林抚育技术规程》通过河南省质量技术监督局审批，予以发布，标准号为 DB 41/T 640-2010，实施时间为 2010 年 12 月 18 日）。

《河南适生树种栽培技术》一书出版发行 11 月，由河南省林业厅组织编写的《河南适生树种栽培技术》一书出版发行。该书由中共河南省委副书记陈全国作序，省林业厅厅长王照平担任主编，丁荣耀、苏金乐、罗襄生、朱延林等担任副主编，汇集了省内数十名林业专家撰写，历时 3 年完成。

承担编制的四项全国林业行业标准通过专家审定 12 月 11 日，国家林业局科技司标准处组织专家对河南省林业科学研究院、省林业技术推广站等单位承担的《文冠果培育技术规程》、《黄连木育苗技术规程》、《森林食品 鲜酸枣》、《重阳木培育技术规程》4 个全国林业行业标准进行了认真讨论和评审，一致认为，这 4 个全国林业行业标准目标明确，技术路线合理，依据充分，数据翔实可靠，切合生产实际，可操作性强，标准编写程序和格式规范，符合有关要求，予以通过审定。

《黄连木无性系快繁与丰产栽培技术研究》通过鉴定 12 月 24 日，宋宏伟主持完成的《黄连木无性系快繁与丰产栽培技术研究》项目通过省科技厅、省林业厅组织的专家组的鉴定。专家们一直认为：该项目紧密结合林业生产实际，解决了黄连木无性系快繁及栽培中的重大技术难题。研究方法科学；实验设计合理，数据翔实，结论可靠，整体研究居国内同类研究水平。

《高速公路绿化养护技术规程》发布实施 12 月 30 日，《高速公路绿化养护技术规程》通过河南省质量技术监督局审批，予以发布，标准号为 DB41/T 656-2010，实施时间为 2011 年 3 月 1 日。

林业法制建设

一、概述

2010年,林业厅政策法规处认真贯彻落实科学发展观和厅党组的决策与部署,坚持以服务林业生态省建设和集体林权制度改革为重点,以林业法制宣传教育为依托,以规范林业行政行为为主线,不断强化执法监督,圆满完成了年度工作目标任务。

(一)围绕林业生态省建设大局,积极推进全省林业系统法制宣传教育深入开展

一是统筹部署年度全省林业系统法制宣传教育工作,印发了《2010年全省林业系统法制宣传教育工作要点》。二是组织《河南省森林资源流转管理办法》宣传、贯彻活动,印发了《河南省林业厅关于认真贯彻实施〈河南省森林资源流转管理办法〉的通知》,并会同厅宣传办公室在《河南日报》、《绿色时报》、河南电视台等新闻媒体,对《河南省森林资源流转管理办法》进行集中宣传报道,收到了良好的社会宣传效果。三是举办林业法制培训班,两期共培训林业行政执法骨干340名。四是印发《全省林业系统"12•4"全国法制宣传日活动实施方案》,部署全省林业系统"12•4"全国法制宣传日宣传工作。五是向国家林业局推荐河南省"五五"普法工作中表现突出的先进集体3个,先进个人4人,作为全国林业系统"五五"普法工作表彰对象。其中,国家林业局推荐省林业厅政策法规处作为全国"五五"普法工作先进单位表彰对象。

(二)加强林业立法,努力建立、健全林业法律法规体系

完成了《河南省森林防火条例(草案)》立法依据及参阅资料的整理工作。积极推进《河南省森林资源流转管理办法》公布实施。2010年1月14日,郭庚茂省长签署了130号政府令,《河南省森林资源流转管理办法》于2010年3月1日起施行。建议省人大对《河南省实施〈中华人民共和国野生动物保护法〉办法》、《河南省林地保护条例》、《河南省实施〈中华人民共和国森林法〉办法》3部林业地方性法规的部分条款进行相应的修订。完成了全厅规范性文件清理工作。经省政府批准,省林业厅继续有效的规范性文件155个、失效99个、废止35个,并在河南省林业信息网站上发布了公告。

（三）强化执法监督，加大了对涉林违法案件的监督力度

印发《河南省林业厅关于开展规范行政处罚裁量权工作监督检查活动的通知》，制定了《全省林业行政处罚裁量权工作检查方案》，进一步规范了林业行政执法行为。对厅机关有行政执法职能的处室和法律法规授权或依法接受委托行使林业行政执法职能的厅直单位及其工作人员执法行为进行检查，推进了林业厅依法行政工作的顺利开展。向国家林业局推荐了河南省栾川县、长葛市、商城县、灵宝市林业局作为全国林业综合行政执法示范点建设单位。

（四）注重政策调查研究，积极发挥参谋、助手作用

组织开展了全省林业系统"六五"普法规划理论与实践研究征文活动。承办国家林业局政策法规司交办的《全国林业系统"五五"普法检查验收标准》的调研工作，代拟《全国林业系统"五五"普法检查验收标准》，并在全国林业系统"五五"普法验收工作中执行。组织开展了全省林业系统综合行政执法能力建设的专项调研活动。参与完成了省人大组织的"关于农民增收情况的调研课题"，起草了调研报告，得到了省人大认可。

二、纪实

《河南省森林资源流转管理办法》发布实施　1月14日，郭庚茂省长签署130号政府令，公布《河南省森林资源流转管理办法》自3月1日起施行。《河南省森林资源流转管理办法》共6章28条，明确了流转范围与期限、流转程序与管理、流转资产评估和法律责任等。

组织开展《河南省森林资源流转管理办法》宣传、贯彻活动　2月26日，为认真学习宣传和贯彻实施《河南省森林资源流转管理办法》，规范河南省森林资源流转行为，保障流转双方的合法权益，加快推进全省集体林权制度改革和林业生态省建设，省林业厅印发《河南省林业厅关于认真贯彻实施〈河南省森林资源流转管理办法〉的通知》（豫林策〔2010〕45号），对贯彻实施办法提出明确要求，并在《河南日报》、《中国绿色时报》、河南电视台等新闻媒体，对其进行集中宣传报道，收到了良好的社会宣传效果。

开展全国林业系统"五五"普法检查验收标准调研和起草工作　3月20日~5月20日，林业厅政策法规处承办国家林业局政策法规司交办的《全国林业系统"五五"普法检查验收标准》的调研和起草工作，经过大量的调研和研究，代拟了《全国林业系统"五五"普法检查验收标准》，并在全国林业系统"五五"普法验收工作中执行。

开展"加强法制宣传教育促进社会矛盾化解"主题宣传活动　4月8日，为认真贯彻落实全国政法会议、全省政法会议精神和司法部、全国普法办有关要求，进一步发挥法制宣传教育在维护社会和谐稳定中的作用，制定了《河南省林业厅开展"加强林业法制宣传教育促进社会矛盾化解"主题宣传活动方案》（豫林策〔2010〕93号），印发各省辖市林业（农林）局贯彻落实，进一步促进了林区和谐稳定。

向省人大报送《河南省林业厅林业地方性法规清理工作报告》　4月11日，按照《河南省人大常委会地方性法规清理工作方案》的要求，对一些滞后于林业发展形势以及与上位法不一致的规定提出了清理意见，形成了《河南省林业厅林业地方性法规清理工作报告》报送省人大，建议省人大对《河南省实施〈中华人民共和国野生动物保护法〉办法》、《河南省林地保护条例》、《河南省实施〈中华人民共和国森林法〉办法》3部林业地方性法规的部分条款进行相应的修订，得到省人大采纳。

举办全省林业系统行政执法人员培训班 5月9～15日，为认真贯彻落实全省林业"五五"普法规划，加强对基层林业执法人员的法制教育和培训，不断提高其依法行政、依法治林能力，政策法规处组织在省林业学校举办两期全省林业法制人员培训班，共培训执法人员340名。

完成《河南省森林防火条例（草案）》立法前的相关准备工作 5月24日～6月20日，邀请省人大农工委、省政府法制办等有关方面领导和专家对《河南省森林防火条例（草案）》进行了进一步修改完善，并会同厅护林防火办公室完成了《河南省森林防火条例（草案）》立法依据及参阅资料的整理工作，分别报送省人大和省政府法制办。

向国家林业局推荐林业综合行政执法示范点建设单位 5月30日，为积极推进以相对集中林业行政处罚权为主要内容的林业综合行政执法工作，创新林业行政执法机制，向国家林业局推荐了河南省栾川县、长葛市、商城县、灵宝市林业局作为全国林业综合行政执法示范点建设单位。目前这4个县（市）已被国家林业局确定为全国林业综合行政执法示范点建设单位。

完成全厅规范性文件清理工作 6月18日～11月20日，根据《河南省人民政府办公厅关于认真做好规章规范性文件清理工作的通知》的要求，制定了《河南省林业厅规章规范性文件清理工作方案》，组织开展了林业厅政府规章和规范性文件的清理工作。对正在执行现行有效的4部林业规章和近400个规范性文件进行了逐件清理审核。报省政府备案，林业厅继续有效的规范性文件155个、失效99个、废止35个，并在河南省林业信息网站上发布了公告。

组织全省林业系统规范行政处罚裁量权工作监督检查 7月14日～8月25日，为切实贯彻依法治林方针，全面推进依法行政，规范执法行为，提高执法质量，在全省林业系统组织开展了执法监督检查活动，印发《河南省林业厅关于开展规范行政处罚裁量权工作监督检查活动的通知》（豫林策［2010］161号），制定《全省林业行政处罚裁量权工作检查方案》，对2009年9月1日至2010年6月市、县（市、区）林业行政执法部门执行林业处罚裁量标准、适用规则和内部制约制度情况、责罚相当和同案同罚要求落实情况、林业行政处罚案件办理情况等进行了认真检查。

完成厅机关和厅直有关单位行政执法人员综合法律知识培训和考试工作 8月25日～11月25日，按照《河南省人民政府法制办公室关于做好省直机关行政执法人员综合法律知识培训和考试工作的通知》（豫政法［2010］58号）要求，省林业厅及时安排部署行政执法人员综合法律知识培训和考试工作。印发《河南省林业系统行政执法人员培训考试方案》，并于11月25日下午，开展了林业厅行政执法人员综合法律知识考试。共114名行政执法人员参加了考试，成绩全部合格。

《林业法规政策汇编》（第23辑）出版 10月，为更好地学习、宣传、贯彻林业法律法规，促进林业行政执法人员更好的依法行政，提高执法水平，整理、编辑、出版了《林业法规政策汇编》（第23辑）。其中共收集2009年中共中央、全国人大、国务院、国务院工作部门和中共河南省委、省人大、省人民政府及其有关厅局和林业厅颁发制定的法律法规、规章、规范性文件77篇。

印发《河南省林业厅依法行政责任目标考核方案》 11月10日，为全面推进依法行政，着力规范行政行为，切实提高依法行政水平，根据《河南省人民政府办公厅关于印发依法行政工作责任目标考核方案的通知》要求，印发了《河南省林业厅依法行政责任目标考核方案》。本方案适用于本厅机关有行政执法职能的处室和法律法规授权或依法接受委托行使林业行政执法职能的厅直单位及其工作人员。

组织开展"12·4"全国法制宣传日宣传活动　11月20日～12月10日，为宣传和展示全省林业系统"五五"普法和依法治林成就，全面落实《河南省林业系统普法宣传教育第五个五年规划》确定的各项目标、任务，组织开展了全国法制宣传日宣传活动，并制定了《全省林业系统"12·4"全国法制宣传日活动实施方案》，部署了全省林业系统"12·4"全国法制宣传日宣传工作。

组织完成全省林业系统年度普法考试　12月14～30日，按照《中共中央宣传部　司法部　全国普法办关于开展2010年"12·4"全国法制宣传日系列宣传活动的通知》(司发通〔2010〕166号)和《国家林业局普法办关于开展林业系统年度普法考试的通知》(策综〔2010〕24号)要求，印发了《河南省林业厅关于开展全省林业系统年度普法考试的通知》(豫林策〔2010〕161号)，组织开展了2010年全省林业系统年度普法考试。

完成"五五"普法宣传教育和依法治理检查验收工作　12月24日，河南省依法治理工作领导小组检查组到省林业厅检查验收"五五"普法宣传教育和依法治理工作。厅政策法规处对照《全省"五五"法制宣传教育和依法治理工作省直单位检查验收评分表（省直单位）》中4大类27个小项的评分标准，对全厅"五五"普法活动以来所开展的各项工作进行了认真归类整理，并将相关资料文件收集装订成9本资料册，便于检查组检查核对。检查组对林业厅高度重视、高标准和认真细致的准备工作以及"五五"法制宣传教育和依法治理工作给予了充分肯定与高度评价。

森林防火

一、概述

2010 年，面对森林火灾爆发的严峻形势，河南各级护林防火部门狠抓宣传教育，广泛动员发动，强化组织领导，严格督促检查，细化防范措施，迅速控制灾情。全省及时、有效处置森林火灾 519 起，过火总面积 20 608.5 亩，森林火灾受害面积 7 578.75 亩。与上年度同期相比，森林火灾次数减少 77 起，过火总面积减少 9 235.95 亩，受害森林面积减少 4 578.3 亩，分别减少 12.9%、30.95%、37.66%，森林防火工作成效显著，且没有让小火酿成大灾，没有出现人员伤亡事故，没有因森林火灾影响到林区社会稳定，保障了人民群众生命财产安全和森林资源安全。

（一）强化森林防火组织领导

省委、省政府主要领导和分管领导非常关心、重视森林防火工作，省委书记卢展工亲自过问和指示搞好森林防火工作。省长郭庚茂连续在《森林防火简报》等材料上对防火工作作出批示。12 月 24 日，在省委经济工作会议上，郭庚茂省长又专门就森林防火工作作出指示："近来空气比较干燥，森林火灾隐患很大，必须引起高度重视，注意加强火险预警，严格火源管理，强化火灾处置，加大责任追究，切实做好森林防火工作。"

省政府护林防火指挥部指挥长、副省长刘满仓一贯重视支持森林防火工作，在不同场合多次对森林防火工作提出具体要求。省林业厅厅长王照平、副厅长李军亲自安排部署森林防火工作，并经常深入林区调研、检查防火工作，及时解决实际问题。按照《森林防火条例》、《河南省森林火灾应急预案》和《河南省森林防火责任追究办法》，严格落实政府行政领导负责制，进一步明确职责，强化责任，各级政府对森林火灾防控的重视程度显著增强。7 月，省林业厅在三门峡市召开全省森林防火工作会议，认真总结工作经验，查找不足，研究下一步工作措施，安排部署下年度全省森林防火工作。8 月在新密市举办了全省森林防火指挥员高级培训班，各市护林防火办公室主任和 45 个重点火险县林业局的主管局长、护林防火办公室主任参加了培训，指挥员的应急指挥和调度能力得到进一步提高。10 月 15 日，省护林防火指挥部、省气象局、省林业厅联合召开了冬春季森林火险形势会商会,气象、林业、防火等有关专家参加了会商,分析了2010年冬2011年春气象走势,探讨了森林防火面临的形势,为森林防火决策提供了科学依据。10月28日,省政府召开全省森林防火电视电话会议,刘满仓副省长作重要讲话,要求各地采取切实有效措施,坚决打好2010年冬2011年春森林防火这场硬仗,切实保障全省森林资源安全。11月3日,省护林防火办公室又召开了各市护林防火办公室主任会议,对贯彻全国和全省森林防火会议精神、做好冬春季森林防火工作再次部署。省林业厅派员跟踪检查,严格兑现奖惩。为表彰近三年来为森林防火工作作出贡献的先进单位和先进个人,12月16日,省政府护林防火指挥部同省人力资源和社会保障厅、林业厅联合下文(豫人社〔2010〕190号),拟评选表彰全省森林防火工作先进单位50个、先进个人100名,以省政府名义进行表彰,以此调动广大森林防火工作者和社会各界的护林防火积极性,推动森林防火事业的发展。对在工作中相互推诿,严重失职渎职的,将按照《河南省森林防火责任追究办法》严格追究相关人员的责任。12月10日,洛阳市汝阳县付店镇山坡发生森林火情,接到报警后,洛阳市、汝阳县两级政府迅速启动应急预案,省委常委、洛阳市委书记毛万春对做好火灾扑救作出三点批示,洛阳市委常委田金刚、汝阳县委书记侯俊义、县长马春强亲赴火场指挥扑救,组织当地专业森林消防队、群众义务扑火队、民兵预备役人员、驻洛阳武警部队、消防支队官兵等600余人,及时开展扑救工作,真正做到了"打早、打小、打了",控制和消灭了火灾,保护了森林资源,没有造成大的经济损失和人员伤亡事故。

(二)狠抓宣传教育

各地认真贯彻落实省委宣传部等7部门联合发出的《关于加强全省森林防火宣传教育工作的通知》,森林防火宣传教育广泛深入,增强了全省干群的森林防火意识。俄罗斯森林大火后,河南省召开了全省森林防火工作会议,并按照国家护林防火指挥部办公室的通知精神及时下发文件,要求各地加强宣传教育,认真汲取俄罗斯森林大火教训,进一步加强森林防火工作,确保人民群众生命财产和森林资源安全。洛阳市投入森林防火宣传资金80余万元,组织大型宣传活动20余场次,出动宣传车200余台次,印制防火年历等宣传资料100余万份,录播森林防火公益广告40余小时。洛宁县组织了森林防火大型宣传一条街活动,县委宣传部、林业局、文化局、广电局等有关部门联合组织了森林防火知识演讲竞赛活动,县电视台全程录播。许昌市投入2万元,印制3万份森林防火宣传挂历下发到林区。鹤壁市印发防火宣传年画1万份,防火紧要期市电视台在每天的天气预报节目里都播报森林火险等级,每天向市、县、区200多位指挥部成员和乡、镇长发送一次森林火险天气预报。淅川县投资50多万元,在全县5个重要路口和重点林区入口处,建立入山防火宣传检查站12个,修建永久性固定标语牌300多块,刷写大型墙体标语100多条,刷写岩石石壁标语8 000余条,在县电视台设立防火宣传专栏,还组织了森林防火专场文艺晚会。济源市印制2万份森林防火宣传年画日历,制作2万个印有森林防火标识的手提袋,在林区、景区、重要路口、人口密集场所设置搪瓷森林防火知识宣传专栏250个,安置300面标志明显的森林防火反光宣传路牌,防火紧要期,《济源日报》开设了森林防火宣传专栏。

(三)严格火源管理

一是严格用火审批,对林区生产施工用火单位,采取交纳防火抵押金、落实责任人的办法进行管理。二是强化重点人员管理，对痴、呆、憨、傻人员和中小学生一一登记造册，落实监护人员和管理责任。三是对入山路口、寺院、墓地等重点地段增兵设卡，设置防火检查站，严格控制火种入山；增加护林员，加大林区监测巡查密度。洛阳市严格落实火源管理制度，严厉打击违法用火现象，先后在林区查处违章用火生产经营单位 17 家，印发了《关于森林防火抵押金收缴及管理问题的通知》，对抵押金收缴对象、数额、管理等环节作出明确规定。信阳市商城县、新县森林公安和防火部门积极配合、及时查处、快速破案，连续破获多起森林火灾案件。商城县力除正月十五明火送灯的习俗，生产 5 万盏森林防火灯在全县推广使用。南阳市淅川县于 3 月 6 日依法逮捕 2 月 24 日马蹬镇上坟烧纸引起林火的肇事者。驻马店市大力倡导在重要民俗节日以栽种常绿树、敬献花篮、压纸、挂花等文明、环保方式开展祭祀活动能力。安阳县投资 10 万元，统一规划，对重点林区、高火险区开展计划烧除，行政交界区设置火烧隔离带 20 万米。

（四）强化督促检查

各级护林防火办公室成员单位积极履行森林防火职责，加大了对责任区森林防火工作的支持和监督检查，特别是省护林防火指挥部各成员单位，重点时段纷纷到责任区检查指导。重点林区各市、县（区）也开展了相应的督查活动，发现并堵塞了大批森林防火工作漏洞，消除了大量火灾隐患。9~10 月，按照国家护林防火办公室开展森林火险隐患大排查的活动要求，及时进行了部署，各地相继成立了由森林防火监测指挥中心主要领导为组长、各成员单位参与的隐患排查活动领导小组，制定了科学周密的排查方案，细化排查程序，明确排查任务，落实排查责任，抽调精干力量开展森林火险隐患排查活动。在防火关键期，省护林防火指挥部派出多个督导组分赴各地检查指导森林防火工作。洛阳市组织开展了各县（市、区）之间的森林防火互查活动，采用对调轮换的方式进行，由各县林业局主管局长或护林防火办公室主任任组长，率有关人员组成督查组对对应县（市、区）进行异地督查，形成了横向到边、纵向到底的督查网络，及时消除了大量火灾隐患。安阳市副市长葛爱美多次过问森林防火工作，春节和清明节期间，亲自安排并深入林区检查指导工作。三门峡市护林防火指挥部成员单位负责人组成 26 个督查组，春节前后对全市森林防火重点乡（镇）及国有林场分片包干，严格督查。平顶山市从五个工作层面，严查森林火灾隐患：第一层面，按照属地管理原则，综合排查；第二层面，组织重点乡（镇）开展自查；第三层面，组织各级专业半专业森林消防队和护林员实行 24 小时重点巡查；第四层面，市林业局、市护林防火办公室组成 8 个森林防火督查组，在重点时段每周对重要部位、区域全面督查；第五层面，市护林防火指挥部成员单位深入责任区进行检查。通过"五查"，全市发出火灾隐患整改通知书 70 余份，全部整改到位。

（五）狠抓应急值守和火灾扑救

国家林火监测中心、省气象遥感监测中心、省航空消防站、各地瞭望台密切监视森林火情，及时发现、及时通报，为提早控制、消灭森林火灾创造了条件。各地专业半专业消防队集中食宿，严阵以待；所有检查站、瞭望台工作人员全部上岗到位。省护林防火指挥部副指挥长、省林业厅厅长王照平亲自安排部署森林防火值班调度工作，省林业厅副厅长李军一直坚守森林防火带班岗位，并根据火场情况，适时调动直升飞机洒水灭火。加强森林火灾应急预案实战演练，提高森林火灾扑救应急能力。各地党委、政府主要领导对森林火灾扑救高度重视，亲自确定扑救方案，亲自组织协调扑火力量，亲自安排后勤补给。12月3日，郑州市新郑市始祖山风景区突发森林大火，并迅速向四周蔓延。接警后，新郑市紧急启动了县级预案，新郑市委书记吴忠华、市长王广国亲赴火灾现场，组织林业、消防、公安、交通、气象、卫生、电信等部门，紧急出动四五百名人员上山扑救，省委常委、郑州市委书记连维良也迅速赶赴火场一线，指挥扑救。由于预案启动及时，采取措施到位，火势得到有效控制，没有酿成大的森林火灾，没有造成人员伤亡。新乡市坚持火灾扑救、火案查处两手抓。2月22日，凤泉区与卫辉市交界处发生森林火灾，火灾扑灭后，新乡市林业局党组成员、森林公安局局长任建智迅速亲临火烧迹地召开火案查处现场办公会议，要求认真调查火灾事故，查明原因，分清责任，严肃追究有关人员的责任。1月14日，辉县市南村镇发生森林火灾，辉县市护林防火指挥部副指挥长、副市长聂长明、正县级干部范成亲临现场，坐镇指挥扑救森林火灾，将林火迅速扑灭。2月8日，南阳市人民政府发出《关于对森林火灾实施经济处罚的通知》，就森林火灾的经济处罚作出明确规定，彰显了政府抓好森林防火工作的决心和信心。

（六）狠抓森林防火基础设施建设

经过近几年的不懈努力争取，国家批复河南省森林防火基建项目区域基本覆盖了太行山、伏牛山、桐柏山、大别山等四大山系各重点林区，已经建成或将陆续启动实施。省财政对森林防火事业大力支持，森林防火专项资金继续增加。省财政首次单列300万元用于省级物资储备，建立装备了5个省级物资储备库，填补了河南省没有省级物资储备的历史空白。继续加强快速反应能力建设，在2009年统一购买110辆森林消防运兵车、30辆摩托车的基础上，再次购买森林消防运兵车50辆，并尽快装备到林区森林防火一线。继续开展航空消防业务，并在灵宝黄河中心成功救出两名被困船工，谱写了冰河救人的动人篇章。省护林防火指挥部办公室组织进行了林火信息传输演练，实现了模拟森林火灾扑救现场图像信息、音频信息的实时传输，在省护林防火监测指挥中心的指挥人员直接看到了火灾现场实时采集的图像，实现了指挥中心与扑火前线指挥部信息的双向交流。三门峡市大力推动远程视频监控建设，多方筹措资金1 000余万元支持建设森林防火视频监控和地理信息化系统，共建设40余个远程视频监控点、1个市级森林防火监控指挥中心和7个县级森林防火监控指挥中心，实现了省、市、县视频信息共享的目标。洛阳市财政投资300多万元，建成了市信息指挥中心和覆盖全市重点林区的预警监测系统，做到了火情早发现、早报告。登封市财政投入1 500万元，建成了嵩山森林火灾预警监测系统，覆盖嵩山所有重点林区，提高了火灾预警监测水平，为保护嵩山森林资源和世界文化遗产奠定了基础。新郑、新密两县高度重视防火道路建设，投资近百万元采用工程措施修建防火道路，开辟防火通道。巩义市政府一次性出资50万元，统一购买运兵车12辆。舞钢市财政投入50万元、郏县财政投资20万元为重点乡（镇）配备了森林防火喷水车。各地森林消防物资进一步充实，扑火救灾保障能力得到明显提高。

（七）扎实推进森林防火队伍建设

积极协调有关部门，着力解决困扰消防队伍发展面临的编制、经费、装备、日常训练等问题，强力推进专业、半专业森林消防队伍建设，并通过严格管理，严格训练，扑火能力明显增强。省护林防火办公室组织对全省森林消防队伍工资、福利待遇和参加意外伤害保险等情况进行了调查摸底，弄清了森林消防队员的福利待遇，为下一步政府决策提供了依据。新乡、许昌、鹤壁编委均行文将护林防火办公室编制单列，作为林业局机关内设科室。辉县市每年用于森林消防队伍建设的资金达150万元，全部纳入市财政预算。商城县面向社会公开招聘30岁以下的退伍军人20名，组建起专业森林消防队，建设资金列入县财政年度预算，实行军事化管理。沁阳市拨出39.5万元，成立首支专业森林消防突击队，队员30名，所需经费实行财政差额预算管理。随后，又投入10万元新购置2台运兵车，30台风力灭火机，1 000把2号扑火工具。洛阳市在原有森林消防队伍的基础上，新建专业队伍6支，在重点林区新组建重点乡（镇）森林防火突击队16支，使全市森林消防突击队由原来的30支增加到46支，森林防火队伍进一步壮大。驻马店市进一步巩固森林消防队伍建设，全市共建立24支森林消防纠察队伍和200余支乡村级义务扑火队伍。淅川县依托公益林项目支撑加强扑火队伍建设，共建专业半专业扑火队10支，人员扩大到320人。

（八）狠抓森林防火科学研究和岗位培训，不断提升森林防火科技水平

一是狠抓岗位培训。按照分级教育、分级培训的原则，省、市、县层层组织培训班、逐级举办教育培训活动，开展防火指挥员和火灾预防、扑救知识培训，将县（市、区）级扑火指挥员、林业局局长、乡（镇）长、森林消防队队长、林业工作站站长、林场场长及护林防火办公室工作人员全部培训一遍。二是逐步提高航空消防工作水平。全面提升调度员、观察员等专业技术人员的业务能力，开展吊桶灭火以及机降、索降训练，进一步延长消防直升机飞行半径，把全省全部纳入了飞行能力范围，消灭飞行死角。三是加强森林防火现代化建设。各省辖市和各重点县、市，都把森林防火监测指挥中心建设纳入议事日程，提高林火监测、信息分析、火情预测、火警调查、指挥调度、组织扑救等能力。偏远林区的火场通信，做到有短波电台和对讲机；有手机信号盲区的地方，配备了卫星电话。四是积极组织人员开展森林防火理论和技术研究，推广应用当前一切先进技术和防火手段，提高森林防火科技水平和防火效率。组织申报了河南省科技攻关计划项目《河南森林火灾动态监测与快速评估技术》，组织起草了河南省地方标准《森林防火总体规划规范》，参与编写了河南省地方标准《河南省生物防火林带建设技术规程》。

二、纪实

省护林防火办公室组织林火信息传输演练　1月19日，省护林防火办公室组织林火信息传输演练。省政府应急事务管理办公室主任余兴台亲临省森林防火监测指挥中心指导，省政府护林防火指挥部成员、省林业厅副厅长李军和省护林防火指挥部办公室主任汪万森在省森林防火监测指挥中心遥控指挥。本次演练，实现了远在登封森林火灾模拟扑救现场的图像信息、音频信息等的实时传输，实现了省指挥中心与扑火前线指挥部信息的双向交流，在河南省森林防火史上尚属首次。

河南省获国家护林防火办公室、国家林业局表彰　3月，国家护林防火办公室、国家林业局以国森林病虫害防治检疫［2010］5号文件作出关于表彰2007～2009年度全国森林防火工作先进单位和先进个人及颁发全国森林防火工作纪念奖章的决定，其中先进单位有3个，分别是河南省林业厅、栾川县人民政府、灵宝市人民政府；先进个人5个，分别是省人民政府护林防火指挥部办公室主任汪万森，新县人民政府县长杨明忠，新乡市人民政府护林防火指挥部办公室主任赵继红，登封市森林消防大队队长赵会军，南召县林业局护林防火指挥部办公室主任张新毅；纪念奖章获得者24个，分别是：张明勇、陈云峰、谢祥、王宏楼、李振家、李民顺、陈青云、尹荣钦、岳留彬、韩留虎、胡小文、王青龙、孙三军、郭瑞平、孙泰、李建朝、朱二勇、王新华、董来林、赵忠芳、杜合庄、张君、王国昌、季中良。

全省森林防火工作会议召开　7月26～27日，省政府召开全省森林防火工作会议，总结2009年冬2010年春全省森林防火工作经验。省政府护林防火指挥部成员、省林业厅副厅长李军到会讲话，省政府护林防火指挥部办公室主任汪万森作报告，三门峡市、南阳市、信阳市辉县、嵩县等市、县介绍了各自在森林防火责任制落实、野外火源管理、队伍建设、防火监控系统建设，以及项目资金使用等方面的措施与办法。各省辖市林业（农林）局主管领导、护林防火办公室主任和52个重点（市、区）林业局（场）主管领导参加了会议。

举办全省森林防火指挥员培训班　8月12～13日，河南省森林防火指挥员培训班在新密市举办，各省辖市护林防火指挥部办公室主任，护林防火工程项目县林业局主管副局长共70余名学员参加了培训。国家林业局护林防火指挥部办公室蒋岳新处长、省林业厅发展规划和资金管理处李桂娥副处长等有关方面专家应邀为学员授课。

河南省积极筹备防火物资，夯实护林防火基础　9月3日，针对2010年天气异常、冬季可能出现的干旱少雨情况，省林业厅积极落实《国家护林防火办公室　国家林业局关于认真汲取俄罗斯大火教训，进一步加强我国森林防火工作的紧急通知》（国森林病虫害防治检疫发〔2010〕77号）文件精神，提前谋划，科学安排，加强各级业务培训和灭火实战演练，强化基础设施建设，新购置的40辆森林防火运兵车分发装备到各重点林区，完善防扑火措施、做好各项应急准备，提高了综合防控能力和林区森林火灾的巡护能力。

冬春季森林火险形势会商会召开　10月15日，河南省林业厅、河南省气象局联合召开2010～2011年冬春季森林火险形势会商会，省林业厅副厅长李军、省气象局副局长孙景兰，省气象研究所、省气候中心、省气象科技服务中心，以及有关林业和森林防火、航空消防的专家参与会商。与会人员认真分析河南省2010年冬2011年春的森林防火形势，为省政府决策提供参考。

省政府召开全省森林防火工作电视电话会议　10月28日，省政府召开全省森林防火工作电视电话会议，省政府护林防火指挥部指挥长、副省长刘满仓，省长助理何东成，省政府副秘书长何平，省政府护林防火指挥部副指挥长、省林业厅厅长王照平，省政府护林防火指挥部成员单位、省委宣传部、农村领导工作小组办公室、省政府应急事务管理办公室负责人在主会场出席会议。会议全面安排部署了2010年冬2011年春的森林防火工作，刘满仓副省长作了重要讲话。

召开全省护林防火办公室主任会议　11月2日，河南省护林防火指挥部办公室召开省辖市护林防火办公室主任会议。13个重点火险区的省辖市护林防火办公室主任参加了会议。会议的主要目的是传达学习全省森林防火工作电视电话会议精神，充分认识2010年冬2011年春防火的严峻形势，进一步加强森林防火值班调度和火情处置工作。

召开森林航空护林协调会　11月12日，河南省2010年森林航空护林协调会在郑州召开，省林业厅党组成员、副厅长李军出席会议。会议就2010～2011年冬春航（2010年11月15日～2011年3月15日）期间飞行管制、航线调整、地空配合、发挥森林航空护林的最大效益等事宜进行了沟通和协商，并达成共识。参加会议的有军民航管、监管及保障部门和青岛直升机有限公司负责人、省政府护林防火指挥部办公室、省森林航空消防站及洛阳、南阳、三门峡、平顶山市林业局等单位负责人。

刘满仓副省长就森林防火工作作出重要批示　11月25日，省政府副省长、省护林防火指挥部指挥长刘满仓在河南省人民政府《值班快报·遂平县嵯峨山、凤鸣谷景区交界处发生森林火灾》(第211期)上，就森林防火工作作出重要批示："要会同驻马店彻底将火扑灭，并要查清起火原因。当前正值冬季，天气干燥，要高度警惕，做好工作。"

河南省首次建立省级森林消防物资储备　12月9日，河南省财政安排300万元，专门用于省级森林消防物资储备，标志着河南省首次建立了省级森林消防物资战略储备制度。

郭庚茂省长就森林防火工作作出重要指示　12月10日，针对当前森林防火严峻形势，郭庚茂省长就森林防火工作作出重要批示。在郑州市人民政府《值班快报·新密市因大风造成高压线断裂引发山火》(第44期)上，郭庚茂批示："要坚决果断及早扑灭。"在河南省人民政府《值班快报·河南省近期发生多起森林火灾，有发生重特大森林火灾的可通用性》(第219期)上，郭庚茂批示："请满仓、照平同志注意，严加防范。"

刘满仓对森林防火工作提出五点要求　12月14日，根据郭庚茂省长的批示，省政府护林防火指挥部指挥长、副省长刘满仓在全省省辖市主管农业的副市长和各县（市）长参加的会议上，针对全省气候异常，少雨、干燥，气温偏高，森林火灾不断发生的严峻形势，对森林防火工作提出五点要求：一要高度重视。二要防范到位。三要有预案。四要督查到位。五要迅速果断。

郭庚茂就森林防火工作作出重要指示　12月24日，在省委经济工作会议上，郭庚茂省长就森林防火工作强调指出："近来空气比较干燥，森林火灾隐患很大，必须引起高度重视，注意加强火险预警，严格火源管理，强化火灾处置，加大责任追究，切实做好森林防火工作。"

林业调查规划与设计

一、概述

2010年，在厅党组和主管厅长的正确领导下，河南省林业调查规划院领导班子同心同德、尽职尽责，团结带领全院职工真抓实干、开拓创新，圆满完成了林业厅党组交给的各项工作。

（一）工作开展情况

2010年，林业调查规划院在业务开展、党务建设、综合管理等方面取得了较好的成效，为推进河南林业生态省建设作了大量卓有成效的工作，发挥了重要作用。

年度目标圆满完成。完成了林业生态省建设重点工程、林业生态县省级验收、县域经济评价林木覆盖率指标调查与考评、森林生物量调查、全球森林资源评估河南省遥感样地调查、全省湿地资源调查前期工作、中德财政合作河南农户林业发展项目监测、集体林权制度改革检查、退耕还林年度核查、飞播造林、综合核查、河南省"十二五"森林采伐限额编制等工作。

配合林业科学研究院完成了2009年全省林业生态效益评估工作，积极参与《河南林业生态省建设规划》中期调整技术指导、调研、汇总，编制了《河南省级森林公园总体规划规范》等地方标准，编辑出版书籍7部。如：《现代林业技术》、《河南省林业生态工程建设探索与实践》等，配合林业厅数据中心完成了全国信息化试点单位新乡市资源数据标准化处理工作，编制了河南省森林资源数据库及应用系统建设数据库部署方案。

强化了工会建设。开展了全院职工2010年度迎新春联欢晚会、职工春季和冬季运动会等形式多样的文体活动，丰富了职工的业余生活。做好了妇联工作。计划生育工作常抓不懈，全年全院职工没有发生违犯计划生育政策现象。抓好了共青团工作，充分发挥团组织在青年和党组织之间的纽带作用，积极开展多种活动。切实落实了老干部的政治待遇和生活待遇。

（二）采取的主要措施

随着林业生态工程建设的不断实施，核查工作受到各方关注，面临着核查与被核查的"博弈"力度愈来愈大、新闻媒体和社会关注度越来越强烈、工作环境越来越复杂、工作难度越来越大的情况，针对这些实际，2010年规划院主要采取了四项措施。

把厅党组的每项决策部署化为行动来落实，注重科学。年初，根据林业厅下达的2010年责任目标，制定印发了《河南省林业调查规划院2010年度目标责任分解表》，将每项工作细化到各科室。认真传达、贯彻全省林业专项工作会议精神，将会议任务落实到相关科室。院里及时召集班子成员，研究贯彻厅长办公会的具体措施，并强化监督、认真实施。规划院每季度均召开至少一次以上院长办公会议，总结前一阶段各项工作完成情况，查找存在问题和不足，提出针对性措施，部署下一阶段工作任务，明确每项工作任务的事项、主管院领导、主要责任人、完成时限等。

把每项检查（调查）作为"战役"来打响，注重质量。林业生态省工程核查、林业生态县验收、森林资源监测工作，各地党政领导、林业部门、新闻媒体空前重视、高度关注。对每项调查（核查），院里认真研究，谨慎决策，着重把好"四关"：把好审查关。认真审查相关市、县上报的年度作业设计和自查材料、林业生态县创建自查材料，指出存在问题，提出修正意见。把好技术关。及时总结检查验收中出现的新情况、新问题，完善、修改相关检查验收办法。每次检查（调查）前，专门抽出数天时间，对所有技术人员进行专门培训。把好纪律关。核查前，根据内容，邀请厅相关处室负责人，对技术人员提出工作要求和注意事项，院领导结合历年核查实际，举事例、讲道理，要求工作人员常怀忧院之心，恪尽兴院之责。在核查中，院领导班子成员分片包干，深入各地督导、指导、协调、核查验收工作，确保外业核查顺利进行。把好汇总关。在内业汇总中，及时召开协调会议，统一时间、统一技术标准，并责令各省辖市核查组负责人认真检查、反复核对，确保了各项核查和调查工作成效。

把每项工程咨询作为"精品"来打造，注重效益。倡导"品牌"意识。调查规划院让每一位员工都认识到，每项工程咨询成果都是省林业厅相关处室、有关市、县争取和实施林业项目的依据，事关林业调查规划事业长久发展。广开学习途径。全年选派技术干部参加各类培训班12个，培训员工40余人，选派6名干部到国家林业局调查规划设计院进行上挂培训。同时，聘请专家、教授讲课，培训学员1 300余人次。凡在职职工攻读硕士、博士研究生或考上注册会计师等有关资格的，给予奖励。完善激励机制。印发了《河南省林业调查规划院制度汇编》，对于获得国家级、省级优秀工程咨询成果奖的工程咨询项目编制人员，一律给予物质奖励。实施重点突破。对影响深远、难度较大的工程咨询项目，专门成立小组，由分管院长负总责，挑选精兵强将，全力以赴攻关。强化审核把关。工程咨询项目材料先由项目负责技术人员审核，然后交分副总工程师审核，提出修改意见，最后，由分管院长审修，进一步提升了咨询成果的质量和水平。如2010年林业调查规划院先后编制完成的《永城森林城总体规划》、《登封市现代林业产业规划》等均通过项目实施单位组织的专家评审，获得专家的肯定，并受到全省林业系统和有关市、县政府的高度评价。

把各项管理工作作为"钢琴"来弹奏，注重统筹。2010年，规划院在工作安排上，及时召开会议，做到充分讨论、民主决策，注重提高各项决策的科学性和措施制定的针对性，注重处理好资源监测等公益性工作与林业工程咨询等服务性工作的关系，统筹安排技术人员、工作时间、任务分配等事宜，确保高质量按期完成；在加强党的建设中，注重处理好党的主题教育活动学习与促进业务工作开展的关系，做到党性修养提高与业务能力增强相结合；同时，要求每名职工在工作中注重处理好核查与稽查、抽样与核查、核查与被核查、管理层与操作层、质量与进度、循规与创新、中心工作与日常工作、外业与内业、工作与家务等九大关系，促进了各项工作开展。

二、纪实

获国家林业局表彰　1月1日，国家林业局发出《关于表彰第七次全国森林资源清查工作先进单位和先进个人的通报》（林资发〔2009〕312号），对在2008年全国第七次森林资源清查工作中作出突出贡献的先进单位和先进个人给予通报表彰。河南省林业调查规划院荣获先进单位称号；赵义民、赵黎明二人荣获先进个人称号。

规划院工会被评为合格职工之家　1月26日，河南省直属机关工会工作委员会下发《省直工会关于命名2009年省直机关先进职工之家和合格职工之家的决定》（豫直工〔2010〕1号），对2009年省直机关先进职工之家和合格职工之家给予表彰，林业调查规划院工会被评为合格职工之家。

县域经济评价林木覆盖率指标调查与考评　3月上旬，依据全省二类调查成果及2009年度生态工程核查成果，开展了河南省县域经济评价林木覆盖率指标考评工作，对108个县（市）"林木覆盖率"有关的森林（地）资源年度变化情况进行了调查评价，及时提交了评价成果。

林业生态省重点工程核查培训班在郑举办　4月19~22日，按照省林业厅部署，由河南省林业工程建设协会负责承办，在郑州召开了在全省林业生态省建设重点工程核查培训班。

退耕还林年度核查　4月下旬，林业调查规划院配合林业厅退耕还林和天然林保护工程办办公室完成了河南省退耕还林工程年度任务的资料审查、抽样及检查验收工作。检查验收范围为2006年、2009年度的退耕还林工程，总面积122.5万亩，涉及全省17个省辖市的89个县（市、区）。院70余名专业技术人员完成了外业检查，并于5月上旬向厅退耕还林和天然林保护工程办公室提交检查成果。

《平顶山省级森林公园总体规划》获全国优秀工程咨询奖　5月，由省林业调查规划院负责完成的《平顶山省级森林公园总体规划》荣获2009年度全国优秀工程咨询成果二等奖。（《关于公布全国优秀工程咨询成果奖2009年度获奖项目的通知》（协政字〔2010〕3号））。

河南林业生态省建设重点工程质量稽查人员培训在郑开班　5月24日，"2010年河南林业生态省建设重点工程核查验收质量稽查人员培训班"在省林业调查规划院开班。省林业厅总工程师杨朝兴，监察室主任任朴，省林业调查规划院院长曹冠武、副院长郭良出席开班仪式并发表重要讲话。参加本次培训班的稽查人员共18人，分别进行了3天的理论学习及2天的外业实习。

林业生态省建设重点工程省级核查验收　6~9月，根据省林业厅的安排，省林业调查规划院抽调组织96名工程技术人员，分三个批次，完成了全省180个单位（县、市、区、国有林场）实施的8个重点工程的核查任务，核查面积146万亩。

飞播造林　6月4日~8月30日，经过精心准备，在三门峡、洛阳等7市13个县（市、区），分19个播区，实施了飞播造林作业，作业156架次，飞行时间208小时，造林20.78万亩，是年度目标任务20万亩的104%。

《嵩山国家森林公园总体规划》等获全国林业优秀工程咨询成果奖　7月，《嵩山国家森林公园总体规划》荣获 2010 年度全国林业优秀工程咨询成果一等奖，《石漫滩国家森林公园总体规划》、《洛阳林业生态建设工程速生丰产林基地建设项目可行性研究报告》荣获 2010 年度全国林业优秀工程咨询成果三等奖。

2 项咨询成果获国家林业局优秀勘察设计项目奖 7 月，《世界银行贷款河南省林业持续发展项目造林总体设计》、《亚行贷款豫西农业综合开发（林果业）项目河南省造林总体设计》分别荣获国家林业局 2010 年局级优秀勘察设计项目二等奖、三等奖。

全国第八次森林资源连续清查年度监测 7~8 月，省林业调查规划院抽调专业技术人员 100 多名，完成了 2010 年度森林资源监测工作，范围涉及 30 个县（市），抽取固定样地 302 个，主要内容为各树种组的蓄积量、蓄积年生长量等，为全省森林生态效益价值评估工作提供了科学依据。

开展河南省森林生物量调查 8 月 9 日~9 月 20 日，在省林业调查规划院的具体组织下，完成了 2010 年河南省森林生物量的调查工作，调查侧柏 25 株、油松 10 株的生物量，成果报告顺利通过国家林业局华东林业调查规划院组织的检查验收。

中德财政合作河南农户林业发展项目监测 8 月 16 日~9 月 2 日，省林业调查规划院抽调 20 多名技术人员，对中德财政合作河南农户林业发展项目进行了实地造林监测，监测面积 12.409 万亩，并于 12 月通过了国际咨询专家弗兰德先生（Mr. Ulrich Flender）的实地造林监测评估和质量控制检查。

《河南林业生态省建设规划》中期调整 9 月 6 日，根据省林业厅的安排，省林业调查规划院遴选 50 多名工程技术人员，分 16 个工组，深入各地指导林业生态规划中期调整的技术指导、调研、汇总等工作。10 月 18 日，省质量技术监督局以 DB 41/T 645—2010 号发布并实施《河南省级森林公园总体规划规范》。该地方标准由省林业调查规划院起草、编制。

林业生态县建设检查验收 10~11 月，在完成 50 个县（市、区）资料审查的基础上，省林业调查规划院抽调 90 多名工程技术人员，对 50 个县（市、区）的林业生态县建设情况进行了全面检查验收和复查，并及时向林业厅党组提交了检查验收工作报告。

开展全球森林资源评估河南省遥感样地调查 12 月 1~31 日，省林业调查规划院组织 28 名技术人员，全面完成了 2010 年全球森林资源评估河南省遥感样地调查工作。此次调查共判读 18 个样地，1 800 平方公里，区划到每个具体小地块。

集体林权制度改革检查验收 12 月下旬，规划院抽调 55 名技术人员，对选中的 42 个县（市、区）集体林权制度改革工作进行了检查。

开展全省林权制度改革进度及检查林业目标综合核查 12 月下旬，省林业调查规划院组织专业技术人员，深入 54 个单位（县、市、区、国有林场），对森林采伐限额执行情况、年度征占用林地、林业科技示范园区等项目进行核查。

1 项科研项目获奖 12 月，《"3S"集成技术在河南森林资源与生态状况监测中的应用研究》荣获河南省科技进步三等奖。

林业科研

一、概述

2010年，河南省林业科学研究院（简称林科院）坚持以邓小平理论和"三个代表"重要思想为指导，认真贯彻落实科学发展观，深入学习中央和省委林业工作会议精神，深入开展"创先争优"活动。全院干部职工团结奋进，开拓创新，扎实工作，在科学研究、科技平台建设、科技开发等方面均有新的进展，圆满完成了全年工作目标任务。

（一）林业科研工作取得新成果

在过去的一年里，林科院全年共立项25项，其中国家成果转化资金项目1项、国家林业行业公益项目2项、"948"项目2项、国家林业行业标准2项、省科技厅基础前沿1项、科技攻关项目2项、省成果转化资金项目1项、软科学项目1项、预研项目10项、省林业行业标准2项、外专局项目1项。豫油茶8号-15号等8个油茶良种通过河南省林木品种认定，丰富了全省油茶产业发展的良种资源。

林科院承担的国家"十一五"科技支撑6个项目顺利通过了验收。"杨树黄叶病害病因及可持续控制技术研究"和"板栗良种丰产特性及机理研究"2个项目分获省科技进步奖二、三等奖。公开发表论文20余篇，出版专著1部。同时积极开展科普工作，全年共承担科普项目12项，组织科技人员下乡118人次，举办技术培训12场，发放各类技术资料5 000多册。在信阳平桥建立科普示范点1个，赠送电脑2台、投影仪1台、图书3 000册；参加林业厅组织的"科技活动周"赴漯河、淅川大型科普活动，选派专家10人次。

（二）科技开发经营工作取得新成效

一是做好郑州市石榴种质资源保护小区造林工程施工和管护工作。调运、栽植各类苗木近30万株，总造价近200万元，其中补植补造140万元，新造林60万元；嫁接石榴30多个品种，共计7 000余株；播种草坪18 000余平方米。二是完成苗木生产与销售工作。向"石榴小区工程"提供玉兰、马褂木、紫薇、栾树等各种绿化苗木十余万株，销售杨树等苗木2万余株。三是完成省政协家属院绿化工程。投资近 20 万元，栽植广玉兰、银杏等大规格苗木近 300 株，栽植红叶石楠、竹子、碧桃等灌木树种 12 000 余株，播种草坪 6 000 平方米，受到了有关领导的肯定与赞扬。

（三）林产品质检工作迈出新步伐

省林产品质量监督检测站（简称质检站）以提高检验市场竞争力为工作思路，取得了可喜的成绩。一是完成了河南省国税局对全省部分企业综合利用产品享受增值税政策的退税检验。二是根据国家工商总局《关于认真做好 2010 年流通领域商品质量监测工作的通知》要求，编制的《河南省流通领域 2010 年胶粘剂商品质量监督抽查实施方案》已被省工商局采纳并正式实施。三是完成了林产品检验工作。质检站对河南省学校课桌、凳招标项目入围产品质量检验共 25 个批次。完成郑州、新乡、安阳、鹤壁、焦作 5 个地市的商场、超市、批发市场 110 个批次的胶粘剂商品专项监督抽查任务，委托样品 42 批次，全年共完成 155 个检测批次。

（四）生态系统网络建设取得新成绩

一是由林科院编写的《河南禹州森林生态系统定位研究站建设与发展规划（2010～2020 年)》和《河南原阳黄河故道沙地生态系统定位研究站建设与发展规划（2010～2020 年)》等两个生态站规划，通过了国家林业局组织的专家论证；编写的《河南禹州森林生态系统定位研究站建设项目可行性研究报告》和《河南原阳黄河故道沙地生态系统定位研究站建设项目可行性研究报告》等两个可行性研究报告，通过了林业厅组织的专家评审，并已上报了国家林业局。二是组织召开了河南省典型生态系统定位研究网络（HNFERN）建设项目 2010 年度协作会，总结了项目建设成绩，提出了存在的问题，明确了年度目标任务。目前，荥阳生态站基础设施建设已经全部完成。三是组织召开了 2010 年森林生态系统定位站建设项目计划任务安排会议，讨论了项目开展的具体方法，安排了项目建设任务，完成了许昌生态站建设选址工作。

二、纪实

腾出试验场土地支持市政建设　1 月 30 日，林科院试验场为配合国道 107 改道工程建设，按照施工要求，克服种质资源毁坏、部分基础设施重建等困难，腾出试验场土地 32 亩用于修建道路和绿化带，有力支持了郑州市的道路建设。

国家林业局领导视察林科院　5 月 8 日，国家林业局科技司司长魏殿生一行到林科院视察指导工作。魏殿生对林科院取得的成绩予以了肯定，对林科院以后的发展和工作目标提出了希望和要求。

科普工作获得殊荣　5 月 11 日，林科院获得河南省科技厅、河南省委宣传部、河南省科学技术协会联合授予的"全省科普先进集体"荣誉称号。

重点实验室工作获得荣誉　6 月 1 日，林科院"河南省林木种质资源保护与遗传改良重点实验室"被河南省科技厅授予全省重点实验室建设工作"先进集体"荣誉称号。

林木新品种通过现场查定　8 月 10 日，由林科院研制的"全红杨"、"长叶刺槐"两个新品种通过了国家林业局林木新品种保护办公室组织的现场查定。

设立博士后科研工作站　10 月 8 日，河南省人力资源和社会保障厅批准在河南省林科院设立博士后科研工作站。该站是河南省林业系统建立的首个博士后工作站，标志着河南省林业高层次科研人才载体建设取得重要突破，将对提高全省林业科研水平，推进林业科技创新起到积极的促进作用。

组团参加农业高新科技博览会　11月5日，受河南省科技厅委托，林科院组织的河南展团参加了第十七届中国杨凌农业高新科技成果博览会，获得组委会授予的"优秀组织奖、优秀展示奖、优秀成交奖"荣誉。

林业科研项目获得省科学技术进步奖　12月6日，林科院主持的"杨树黄叶病害病因及可持续控制技术研究"、"板栗良种丰产特性及机理研究"项目分获河南省科学技术进步奖二、三等奖。

种苗、花卉和经济林建设

一、概述

2009 年，河南省经济林和林木种苗工作在省林业厅的领导下，在全体工作人员的努力下，取得了较好的成绩。全年全省完成大田育苗 38.3 万亩，是年度目标任务 30 万亩的 127.7%。采收林木种子 124 万公斤，是年度目标任务 120 万公斤的 103.3%。优质种苗培育完成 6 315 万株，是协议任务 5 472 万株的 115.4%。全省工程造林苗木受检率达 90%。办理林木种子生产许可证 439 个，林木种子经营许可证 305 个，其中林木良种种子生产许可证 10 个，林木良种种子经营许可证 14 个。全年举办林木种子检验员培训班 3 期，培训人员 156 人。全省完成种质资源建设项目 35 个。河南省林木品种审定委员会通过审定 31 个林木品种（其中乡土树种 3 个），通过认定 16 个林木品种。全省新发展经济林 18.5 万亩，是任务数 15 万亩的 123%，全省经济林总面积达 1 300 多万亩。全省新发展花卉 16.6 万。成功举办第十届中原花木交易博览会和全省首届插花员职业技能大赛，顺利完成了河南省花卉协会第五届理事会的换届工作，积极筹建 2011 年西安世界园艺博览会河南园。

（一）继续实施优质种苗培育扶持政策，稳步推进国家林木良种补贴试点工作

认真贯彻厅党组"适当集中、突出重点"精神，对 2010 年优质林木种苗培育扶持方案进行了调整，全省共扶持五大类 20 个树种，其中生态用材树种 7 个、优质经济林树种 3 个、优质生物质能源及木本油料树种 2 个、优良乡土树种 6 个、珍稀濒危树种 2 个。国家林木良种补贴试点工作稳步推进，制定了《河南省林木良种补贴试点选择方案》，编制了试点项目实施方案，明确了生产任务、质量标准，召开了苗木补贴试点现场会，加大了试点工作监督管理力度，确保了河南省林木良种补贴工作的顺利开展。

（二）加强林木良种基地管理，推进林木良种化进程

一是完成了省级林木种苗示范基地初步验收和郑州市苗木场皂荚良种基地等 8 个项目现场竣工验收；二是组织完成了国家重点林木良种基地和省级林木品种审定相关数据库的录入、上报工作；三是编制上报了国家重点林木良种基地发展规划（2010～2015 年）；四是制定了《河南省审定林木品种命名规范》(试行),完成了 47 个林木品种的现场考察和审(认)定工作;五是组织有关专家和业务骨干对各地申报的核桃良种采穗圃进行了现场查验,全省 21 处核桃采穗圃的母树品种通过认定。

(三)强化种质资源建设管理

一是按照下达的年度林木种质资源建设资金,监督项目实施单位加强资金管理,保证专款专用;二是督促项目单位按照批准的建设范围和建设内容组织项目实施;三是实行项目跟踪问效,严格落实检查验收制度,确保项目建设任务落实。

(四)开展执法宣传活动,搞好种苗信息服务

在全省组织开展了《中华人民共和国种子法》颁布实施 10 周年宣传活动。活动期间全省共出动宣传车 1 100 台次,张贴标语万余个,发放宣传材料 35 万余份。种苗信息服务渠道愈加畅通,2010 年春省、市、县三级通过多种渠道发布种苗供需信息 2 000 多期,全省共调剂苗木 7.2 亿多株,调剂种子 80 多万公斤,种根、种条 6 000 多万条。

(五)全力推进经济林及花卉工作

一是充分发挥科技支撑作用,提高经济林生产管理水平;二是加强经济林产品安全生产工作;三是发挥经济林示范园带动作用,建设一批林果示范园区;四是拓展宣传平台,提高经济林产品的社会知名度;五是调查研究,科学规划,汇编上报了《"十二五"河南省经济林发展规划纲要》;六是出台花卉产业优惠政策,吸引大批外地企业投资;七是坚持"政府引导、市场动作"的原则,大力推广"市场+基地+农户"的花卉经营模式。

二、纪实

种苗抽检 4 月 12 日,根据《河南省林业厅关于开展 2010 年林木种苗质量抽查工作的通知》(豫林种〔2010〕81 号),组成 6 个工作组,对商丘、濮阳等 9 市的重点工程造林苗木进行抽检。

国家林业局场圃总站站长考察河南油茶生产 4 月 15~17 日,国家林业局场圃总站站长、油茶产业发展办公室常务副主任郝燕湘,国家林业局场圃总站副总站长、油茶产业发展办公室副主任尹刚强等一行到河南省信阳市新县、光山等县检查指导油茶产业发展工作。郝站长在充分肯定河南省油茶发展工作的同时,对今后的工作提出了几点建议:一是发展油茶产业一定要将良种壮苗作为最基础最根本来抓;二是进一步探索发展油茶的机制模式;三是一定要加强科技支撑;四是注重新发展的同时要注重对低产林的改造。

参加 2010 年知识产权宣传周暨实施知识产权战略成果展活动 4 月 20 日,参加省委宣传部等部门组织的"2010 年知识产权宣传周暨实施知识产权战略成果展"活动,制作宣传版面,开展知识咨询。

组织开展《中华人民共和国种子法》实施 10 周年系列宣传活动 6~9 月,在全省组织开展了《中华人民共和国种子法》实施 10 周年系列宣传活动,共组织大型宣传和法规下乡活动 150 多场(次),发放宣传材料 15 万余份,接待群众咨询万余人次。通过宣传,增强了广大种苗生产、经营者的守法意识,提高了种苗管理人员执法水平。

林木良种补贴试点工作正式启动 7月6日，省林业厅转发《财政部 国家林业局关于开展2010年林木良种补贴试点工作的意见》，制定并公布河南省林木良种补贴试点选择方案，标志着林木良种补贴试点工作正式启动。

林木良种补贴试点资金 9月1日，省财政厅、林业厅以豫财农〔2010〕199号确定郏县国有林场国家侧柏良种基地、桐柏县毛集林场国家马尾松良种基地、卢氏县东湾林场国家油松良种基地、泌阳县马道林场国家火炬松良种基地、辉县市白云寺林场国家油松良种基地为2010年国家重点林木良种基地补贴试点单位，嵩县苗圃、三门峡市苗木繁育中心、济源市林木良种繁育基地、南召县苗圃场、郑州市苗木场为2010年林木良种苗木培育试点，并下达了林木良种补贴试点资金。其中国家重点林木良种基地补贴270万元，林木良种苗木培育补贴500万元。

第十届中原花木交易博览会成功举办 9月6日，由国家林业局、河南省人民政府联合主办，省林业厅、省农业厅、省旅游局、许昌市人民政府承办，第十届中原花木交易博览会在许昌市鄢陵县开幕。博览会期间，种苗站与省人力资源和社会保障厅联合举办了全省首届插花员职业技能大赛和河南省第八届中州盆景大赛及全省插花花艺大赛。河南省经济林和林木种苗工作站由于组织协调到位，工作业绩突出，被第十届中原花木交易博览会组委会授予"突出贡献奖"荣誉称号。

林木种苗工程2010年中央预算内投资计划获批复 10月，国家发展和改革委员会、国家林业局《关于下达林木种苗工程2010年中央预算内投资计划的通知》（发改投资〔2010〕2167号），批复河南省洛阳牡丹种质资源收集与保护建设项目等7个项目总投资1 441万元，其中：中央预算投资900万元，省投资162万元，市县投资379万元。

经济林和林木种苗工作站获荣誉称号 11月，河南省经济林和林木种苗工作站被国家林业局授予"全国生态建设突出贡献奖——林木种苗先进单位"荣誉称号。

2010年核桃良种采穗圃认定 12月2日，下发《关于2010年核桃良种采穗圃认定结果的通知》，对母树品种来源清楚、品种标记明确、通过河南农业大学有关专家现场认定的21处核桃采穗圃生产单位进行了公布。

河南省花卉协会第五届理事会成立（换届）大会召开 12月7日，河南省花卉协会第五届理事会成立（换届）大会在郑州召开。会议通过了修改后的协会章程，选举产生了新一届理事会。何东成当选为本届会长，丁荣耀当选常务副会长，雒魁虎、石迎军、井剑国、谭金芳当选副会长，裴海朝当选秘书长，菅根柱当选常务副秘书长，范涛、何松林、桂育谦当选副秘书长。

2010年度林木品种审定会召开 12月18日，召开2010年度林木品种审定会。对申报的47个林木品种进行了审定、核准，共通过审定31个林木品种（其中乡土树种3个），通过认定16个林木品种，是河南省林木品种审定委员会成立以来，审（认）定通过林木品种最多的一次会议。

召开全省林木种苗站长会议 12月24~25日，全省经济林和林木种苗工作站站长会议在郑州召开。会议对2010年度全省林木种苗工作进行了总结，对2011年度工作进行了部署。

森林病虫害防治与检疫

一、概述

2010 年,河南省林业有害生物防治工作在林业厅党组的高度重视和正确领导下,继续贯彻落实中央和省政府的林业工作政策,坚持"预防为主,科学防控,依法治理,促进健康"的方针,严格实行目标管理和重点工程治理,圆满完成了各项目标任务。

(一)林业有害生物发生防治及 "四率"完成情况

2010 年共发生各种林业有害生物 774.75 万亩,发生率为 11.98%;成灾面积 3.15 万亩,成灾率 0.49‰。全省杨树病虫害共计发生 474.6 万亩,均有分布。松树病虫害共计发生 39.43 万亩,主要分布于豫南桐柏、大别山区,豫西伏牛山区和豫北太行山区部分市县。栎树、刺槐食叶害虫共计发生 32.59 万亩,主要分布于豫西、豫北山区和黄河故道部分市县。美国白蛾累计发生 164.49 万亩次,防治面积累计 409.2 万亩次。松材线虫病发生面积总计为 43 759 亩,分布在信阳市新县的卡房、郭家河 2 个乡和新县国有林场 1 个林区,涉及 72 个小班,共计枯(濒)死松树 1 732 株。2010 年预测全省有害生物发生面积 810 万亩,测报准确率 95.42%。全省共完成防治面积 695.64 万亩,其中,防治杨树食叶害虫 314.55 万亩、马尾松毛虫 1.19 万亩、草履蚧 8.10 万亩、杨树病害 89.17 万亩、经济林病虫害 107.96 万亩、其他类 127.67 万亩,防治率为 90.02%;无公害防治面积为 575.66 万亩,无公害防治率为 82.77%。全省应施产地检疫面积 56.54 万亩,实施产地检疫 54.18 万亩,林木种苗产地检疫率 95.82%。圆满完成了国家林业局下达的各项目标任务,实现了"一降三提高"的总体要求。

(二)组织开展了森林病虫害防治检疫目标工作管理考核评定工作

按照林业有害生物防治目标管理工作要求,于 10 月上旬至 11 月上旬,对全省 2010 年度林业有害生物防治目标完成情况、飞机喷药防治情况、森林病虫害防治检疫宣传、社会化防治试点、省级森林网络医院建设、中心测报点运行情况、村级森林病虫害防治检疫员培训、松材线虫病和美国白蛾防治等重点工作进行了检查考核。根据考核情况综合评定,郑州、焦作、平顶山、许昌、新乡、洛阳、南阳、信阳、濮阳、济源等10个省辖市为森林病虫害防治检疫目标管理先进单位，其他省辖市为完成单位。濮阳、鹤壁、新乡、商丘、周口、许昌、驻马店、漯河、南阳等9个省辖市，台前、范县、淇县、浚县、内黄、淮阳、项城、长葛、禹州、上蔡、民权、登封、邓州、汝州、宝丰、舞阳、灵宝、新县等18个县（市、区）为飞机喷药防治工作先进单位。灵宝、舞钢、汝州、夏邑、嵩县、济源、原阳、沁阳、淮阳、禹州、罗山为2010年度先进中心测报点。郑州、平顶山、许昌、信阳、濮阳、济源、洛阳、驻马店、南阳为森林病虫害防治检疫宣传系列活动先进单位。台前、永城、平舆等3个县（市）和焦作市森林病虫害防治检疫站通过了省级标准站验收。

（三）组织开展了森林病虫害防治检疫宣传系列活动

组织开展了"森林病虫害防治检疫宣传系列活动"。各地充分利用网络、报纸、电视、广播、宣传版面、印发宣传资料等多种宣传形式，普及林业有害生物基本防治知识，宣传相关法律法规。全省组织宣传报道460次，悬挂条幅280条，制作宣传版面100多个，印发美国白蛾、松材线虫病防治知识等手册、彩页15万份；在《中国森林病虫害防治检疫信息网》上发布信息583条，在《河南省林业有害生物信息网》发布信息610条。

（四）在全省进行了林业有害生物社会化防治试点

为稳步推进社会化防治进程，于3月下发了《河南省森林病虫害防治检疫站关于开展林业有害生物社会化防治试点工作的通知》（豫林防［2010］5号），并在郑州组织召开了全省林业有害生物社会化防治试点工作会议，安排部署了全省林业有害生物社会化防治工作任务。完成了5个试点市和15个试点县（市、区）的方案审定，开始尝试进行社会化防治服务。

（五）省级网络森林医院建设初见成效

按照国家林业局森林病虫害防治检疫总站《关于完善国家网络森林医院建设的通知》有关要求，认真开展省级网络森林医院建设工作，成立了河南省网络森林医院建设工作领导组，制定了《河南省网络森林医院建设实施意见》，对网络森林医院建设工作进行了全面部署。选聘省、市、县三级网络森林医院专家230名，建立了省、市、县三级机构信息数据库；根据河南省有害生物发生情况，添加了河南省网络医院数据库250种林业有害生物信息，超额完成了总站布置的任务；与重庆科美达科技发展有限公司签订了《河南省网络森林医院软件开发及维护》合同。河南省分院经过几个月的准备与维护，已于10月15日正式开通运行。

（六）村级森林病虫害防治检疫员培训工作有序进行

按照国家林业局的要求，自2009年起在全省全面启动村级森林病虫害防治检疫员培训任务。全省各地精心组织培训、编写培训教材。2010年全省开展并完成培训任务的县级单位53个，举办培训班131期，已培训村级森林病虫害防治检疫员25 653人，共印发培训教材30 000余本，散发宣传页6万余份，散发服务卡4.6万多个。经过2年的实施，郑州、商丘、濮阳、三门峡、南阳、鹤壁、漯河、许昌、济源等9个省辖市已全部完成村级森林病虫害防治检疫员培训任务。

（七）检疫工作得到加强

举办了178人参加的检疫员培训班，组织完成了新批准的检疫员着装工作；完成了对郑州市等95个森林病虫害防治检疫站的出省调运检疫工作委托；出台了《关于切实规范林业植物检疫人员执法行为的通知》，严肃查处检疫工作中发现的违规、违纪事件；开展了松材线虫病、美国白蛾等重大检疫性林业有害生物的防治。全省应施产地检疫面积 56.54 万亩，种苗产地检疫面积为 54.18 万亩，种苗产地检疫率 95.82%。新建松材线虫病检疫临时哨卡 5 个。

组织完成了松材线虫病和美国白蛾专项调查。全省开展了春、秋两次松材线虫病普查工作。两次普查外业共踏查松林面积合计 800.06 万亩，发现枯（濒）死松树 5 664 株。春季在信阳全市开展了松材线虫病专项普查，范围涉及信阳全市有松林分布的商城、新县等 8 个县（区）以及南湾林场、鸡公山国家级自然保护区，面积 242.22 万亩。经过对样品进行 PCR 检测，确认因松材线虫枯（濒）死的新增松树共计 817 株，均分布于 2009 年秋季普查的发病小班；在全省开展的秋季普查结果显示：确认因松材线虫枯（濒）死的新增松树 314 株；新增发病小班 2 个。

8~9 月，在全省范围内开展了一次美国白蛾专项普查。此次普查面积共计 1 097.14 万亩，调查样株 190.81 万株，有虫株数 1 433 株，发生面积 39.85 万亩，其中轻度 29.63 万亩，中度 9.74 万亩，重度 0.48 万亩。疫情发生区主要分布在濮阳、安阳、鹤壁三市。其中濮阳发生面积 36.74 万亩，与 2009 年同期普查结果发生面积 25.97 万亩比较，发生面积扩大 10.77 万亩，但危害程度明显减轻；安阳发生面积 3.45 万亩，其中轻度 3.00 万亩，中度 0 万亩，重度 0.45 万亩；鹤壁发生面积 0.15 万亩，其中轻度 0.06 万亩，中度 22 亩，重度 33 亩。

（八）飞机喷药防治工作取得新突破

2010 年全省有 16 个省辖市 87 个县（市、区）采用运五、直升飞机等机型，进行飞机喷药防治，作业 3 266 架次，完成飞机喷药防治面积 172.46 万亩。防治种类涉及春尺蠖、杨小舟蛾、杨扇舟蛾、刺槐尺蠖、木橑尺蠖等杨树、刺槐、栎类食叶虫害，黄栌白粉病、杨叶锈病、杨树早期落叶病等病害。积极推广应用高效、环保的新型药剂，如噻虫啉、阿维灭幼脲、阿维除虫脲、苯氧威、苦参碱等，取得显著成效，濮阳等 9 个省辖市、内黄等 18 个县（市、区）被评为 2010 年度飞机喷药防治工作先进单位。

二、纪实

单位及个人获国家林业局表彰 4 月 25~27 日，全国森林病虫害防治检疫通讯员培训班暨宣传工作会议在福州举办，省森林病虫害防治检疫站被国家林业局森林病虫害防治检疫总站授予 2008~2009 年度全国森林病虫害防治检疫宣传工作先进集体荣誉称号；1 人被授予 2008~2009 年度全国森林病虫害防治检疫宣传工作先进工作者称号；3 人被授予 2008~2009 年度全国森林病虫害防治检疫宣传工作优秀通讯员称号。

豫鲁联合召开美国白蛾联防联治协作会议 5 月 13 日，为切实保护豫、鲁两省森林资源和林业生态安全，有效遏制美国白蛾危害，河南、山东两省在濮阳市召开了美国白蛾联防联治协作会议。两省森林病虫害防治检疫站主要负责人及分管负责人和相关技术人员，濮阳市、聊城市林业局主要负责人、分管负责人及两市疫情发生区内相邻的台前县、范县、南乐县、清丰县、阳谷县、莘县等县政府的分管副县长共计 40 余人参加了会议。濮阳市政府副秘书长李强出席会议并致辞。会上，两省代表分别介绍了本市 2009 年美国白蛾发生与防治情况及 2010 年防治计划。河南省森林病虫害防治检疫站与山东省森林病虫害防治检疫站、濮阳市林业局与聊城市林业局、台前县与阳谷县以及范县、清丰县、南乐县与莘县分别签订了联防联治合作协议。

省政府召开松材线虫病防治工作会议　8月3日，河南省人民政府在许昌市鄢陵县召开松材线虫病防治工作会议。会议的主要任务是：全面贯彻落实安徽黄山和北京召开的全国松材线虫病防治工作会议精神，认真分析松材线虫病预防和除治工作面临的形势，安排部署当前和今后一个时期的松材线虫病防治工作。省政府副秘书长何平作重要讲话，省林业厅厅长王照平对全省松材线虫病预防和除治工作进行了全面部署，省政府与郑州、信阳等12个省辖市政府签订了《2010~2012年松材线虫病防治（预防）目标责任书》。全省有松林分布的12个省辖市政府的分管副秘书长、林业局局长、森林病虫害防治检疫站站长参加了会议。

举行林业有害生物防控专用车发车仪式　10月12日，河南省森林病虫害防治检疫站在郑州举行林业有害生物防控专用车发车仪式，向鹤壁市、中牟县、舞钢市、林州市、沁阳市、禹州市、漯河市偃城区、淮阳县、桐柏县、罗山县等10个市、县（区）发放10辆专用车。此批车辆是依托《河南省杨树食叶害虫等林业有害生物监测预报体系基础设施建设项目》进行政府采购的。

鄂、豫联合召开松材线虫病联防联治协作会议　12月10日，为进一步推动联防区松材线虫病联防联治，促进毗临兄弟单位间的信息交流和技术合作，河南、湖北两省在信阳市新县召开了松材线虫病联防联治协作会议。两省森林病虫害防治检疫站主要负责人和相关技术人员、两省交界的黄冈市、孝感市、信阳市3个市和红安县、麻城市、大悟县、新县4个县（市）的林业局负责人和森林病虫害防治检疫站站长共40名代表参加了会议。与会人员交流了松材线虫病发生、预防和除治情况，两省和红安县、新县分别介绍了本行政区域2010年松材线虫病的发生与防治情况。湖北省森林病虫害防治检疫站长曾祥福和河南省森林病虫害防治检疫站长邢铁牛发表讲话。会议分析了松材线虫病发生、传播的原因，研究了预防和除治工作的对策措施，进一步讨论明确了两省松材线虫病联防联治目标、防治技术及运行机制。

林业技术推广与乡站建设

一、概述

一年来，河南省林业技术推广工作在林业厅党组的正确领导下，按照林业生态省建设规划，加大在林业技术推广、重点工程区林业工作站建设和林业行政案件稽查等方面的力度，取得明显成效，顺利完成了年度目标任务。

（一）认真做好各级各类林业科技推广项目的实施及组织管理工作

结合林业生态省建设，新争取启动 2010 年中央财政林业科技推广项目 11 项，新安排省财政林业科技推广项目 4 个。目前，全部在建的 32 个林业科技推广项目进展顺利，共完成科研任务 1 项，建立试验基地和观测点 2 个，建设示范林 1 950 多亩，建立苗木繁育基地 150 余亩。通过推广项目的实施，全省共引进、推广泡桐 9501-9504，豫刺 1-2 号等优良新品种 30 多个；推广应用了抗旱造林技术、黄连木育苗嫁接技术等新技术 20 多项；推广应用不同造林模式 10 多个，为推动林业生态省建设又好又快发展提供了有力的科技支撑。

（二）加强林业技术推广体系建设，完成国家重点林业技术推广中心站建设 2009 年的检查验收和 2010 年项目的组织实施

一是认真组织实施中央预算内林业基本建设投资计划，完成了林业科技推广中心站建设任务。2009 年国家共下达河南省中央预算内林业技术推广站基本建设项目总投资 120 万元，涉及 11 个市县，经检查，已全部完成建设任务；二是组织完成了 2010 年中央预算内林业技术推广站基本建设项目申报和实施工作，新争取 2010 国家林业技术推广站基本建设项目 10 个，目前项目实施进展顺利。

（三）加大省中试基地网络建设和新品种、新成果引进、试验示范工作力度，做好中试基地建设的指导和监督工作

加强了中试项目实施的指导监督工作，全力推进中试基地网络建设和新品种、新成果引进、试验示范工作，已完成试验林、示范林 700 余亩。在中试基地、南阳、信阳、洛阳等地营造美国长山核桃中试林 40 亩，开展了美国长山核桃的生物学特性和生态学习性的调查研究，开展了美国长山核桃抗逆性调查研究；营造"速生构树中试"项目试验林 40 亩，开展了速生构树用于纸浆材、饲料林等不同培育目标的生物量、抗逆性等调查研究工作。完成世界银行贷款项目"核桃优良品种推广与示范"的项目建设任务，建设良种核桃示范园 500 亩。开展了对河南省栎类、竹类、山杏等木本生物质能源树种的全面调查，已上报中国林业科学研究院，并配合中国林业科学研究院林研所在济源市大沟河林场设立定点栎类观测研究基地。

（四）完成国家林业局重点工程区林业工作站建设项目 2009 年度的检查验收和 2010 年项目的组织实施工作

一是加强"重点工程区林业工作站"建设。顺利完成河南省承担的"国家重点县林业工作站建设"项目，全省共完成项目建设投资 387.2 万元，项目实施情况良好。二是圆满完成了 2009 年度"标准化林业工作站"试点站建设任务，桐柏县城郊乡、延津县石婆固乡两所标准化林业工作站试点站完成站房建设面积达 783.5 平方米，完成项目投资 67.2 万元。三是根据国家林业局林业工作站管理总站的要求，开展了"重点工程区林业工作站"建设项目和"标准化林业工作站试点站"建设项目的自查和检查工作，为迎接总站的检查验收做好了各项准备工作。四是新争取国家"重点工程区林业工作站"建设项目 9 个，"标准化林业工作站"试点站建设项目 2 项，正在组织实施。

（五）完成了重大林业行政案件的督办和林业行政案件统计分析的上报工作

全年共督办领导批办、上级督办、群众来访等重大林业行政案件 10 起，其中反馈上报国家林业局 5 起，全部办结，案件办结率达 100%。圆满完成了林业行政案件统计分析系统在河南省的启用工作，承办了"全国林业行政案件统计分析系统培训班"，举办了"全省林业行政案件统计分析系统培训班"，共培训人员 150 人次。2010 年，全省共发生各类林业行政案件 1 193 起，其中违法收购、运输木材、滥伐林木、非法经营加工木材、违法征占用林地、毁坏林木苗木、盗伐林木等七类案件，依然是河南省发生的主要林业行政案件，占案发总量的 96.11%。

二、纪实

承办全国林政案件统计分析系统培训 3 月 11 日，由省林业技术推广站首次承办的全国林政案件统计分析系统培训班在郑州举办，培训时间 2 天，来自全国 30 多个省（市）的 77 名代表参加了培训。国家林业工作站管理总站副站长米海生，省林业厅副厅长王德启、丁荣耀、副巡视员谢晓涛出席培训班开班仪式。

林业技术推广站获准负责森林保险工作 9 月 3 日，王照平厅长主持第 131 次厅长办公会议，研究确定：由林业技术推广站负责森林保险工作（豫林纪办〔2010〕8 号）。

"泡桐丛枝病发生机理及防治研究"获国家科学技术进步奖 11 月 29 日，河南省林业技术推广站参与完成项目"泡桐丛枝病发生机理及防治研究"获国家科学技术进步二等奖（证书号：2010-J-202-2-04-D03）。

退耕还林和天然林保护工程管理

一、概述

2010 年，在林业厅党组的正确领导下，在厅机关各处室的支持下，河南省退耕还林和天然林保护工程管理中心全体干部职工齐心协力，真抓实干，锐意进取，较好地履行了各项职责，圆满完成了年度工作任务。

（一）顺利完成退耕还林工程年度建设任务

一是完成了 2009 年度退耕还林工程 52.5 万亩的计划任务，其中荒山荒地造林 27.5 万亩、封山育林 25 万亩，面积核实率 100％。

二是积极组织实施、巩固退耕还林成果项目。完成 2009 年度补植补造 79.524 万亩、工业原料林和特色经济林 14 万亩、低效林改造 17.784 万亩、林下种植 19.5 万亩，合格率达 96.07％。

三是认真开展退耕还林工程省级复查和阶段验收。①组织开展了退耕还林工程省级复查工作。复查结果：2009 年荒山荒地造林（封山育林）面积核实率、上报合格率分别为 99.99％、99.5％；2006 年荒山荒地造林面积保存合格率为 96.7％。②完成 2010 年到期退耕地还林全面验收工作。对 2002 年退耕地还生态林和 2005 年退耕地还经济林到期面积进行了省级全面验收，验收面积 104.6 万亩，面积保存率分别为 99.98％和 99.6％。③组织开展 2011 年到期退耕地还林阶段验收工作。2003 年退耕地还生态林到期面积达 148.96 万亩，涉及 17 个省辖市的 100 个县级单位，是验收任务最重的一年。

四是配合国家林业局做好年度造林实绩和管理实绩核查。2010 年 6 月 30 日至 8 月 4 日，配合国家林业局华东林业规划院和河南省林业调查规划院对全省 91 个县级单位的 50 多万亩补助期满退耕地还林进行了重点核查工作。核查结果为：2002 年的退耕地还生态林面积保存率 99.98％，成林率 94.4％，林权证发证率 99.4％；2005 年的退耕地还经济林面积保存率 99.6％，成林率 80.2％，林权证发证率 98.8％。

五是积极主动做好宣传工作。共向国家林业局退耕还林和天然林工程保护中心办公室信息处和省林业厅办公室报送信息 33 条，全部被国家退耕还林网和河南林业信息网采用，其中省级信息 17 条，市、县级信息 16 条。为纪念河南省退耕还林工程实施 10 周年，6 月 8 日，在《中国绿色时报》开辟"河南退耕还林专版"，完成相关宣传工作。

六是信访办理效率和质量明显提高。加强了对批转案件的指导和督促，对重点案件，中心领导亲自参与办理，提高了办案效率和质量。同时，建立了查处案件登记制度、档案制度和限时结案制度。全年共接到退耕还林信访、来访、来电 71 件，其中，国家林业局转办 4 件，群众来访 35 件、来信 28 件，来电 4 件，全部处理完毕。

（二）圆满完成生态公益林管理目标

组织开展了 1 814.87 万亩国家级公益林和省级公益林的管理工作，完成了 14 087 万元（其中中央财政补偿基金 11 687 万元、省财政补偿基金 2 400 万元）森林生态效益补偿基金的拨付与监管。新建生物防火林带 66.45 公里、垒砌防火墙 7.79 公里，维护林区道路 112.33 公里，补植补造 3.17 万亩，中幼龄林抚育 6.38 万亩，有害生物防治 19.29 万亩，修缮或新建护林房 45 处，修建护林标牌 419 座，机械围栏 26.19 公里，购置资源档案管理设备 238 部（套）。完成了年度公益林管理目标任务。截至目前，全省护林员已达 9 300 名。

一是坚决落实管护责任。把公益林管护合同细化为"两级两类"：一级合同由林业主管部门与所辖的实施单位签订；二级合同分为两类，其一是实施单位与护林员签订的护林合同，其二是实施单位与林农个人签订的管护经济补偿合同。各地普遍实行"村推荐、乡考查、县审定"的选聘制度，严格选拔护林员。

二是严密组织管理核查。共抽查县级实施单位 61 个，对制度建设、管理能力、管护成效、资金使用、管理档案、项目建设等内容进行了核查。然后对各地的管理目标完成情况进行量化评价，并书面通报了公益林建设项目核查结果，制定了整改措施，提出了整改要求。

三是规范补偿基金的使用管理。严格按照中央、省两级补偿基金管理办法的规定，协调财政部门将补偿基金及时拨付到位。国家级公益林生态效益补偿标准提高后，研究出台了《河南省〈中央财政森林生态效益补偿基金管理办法〉实施细则（暂行）》（豫财农［2010］271 号），对基层实施单位使用和管理中央财政补偿基金加以规范。

四是提升资源数据管理水平。出台了《河南省公益林抚育技术规程》，规范了全省公益林抚育管理工作。建立了河南省国家级公益林小班信息数据库，基本实现了文、图、表一致，人、地、证相符的管理要求，明晰了公益林的小班位置、面积、权属、地类、生态区位、天保工程区、公益林等级、坡度、郁闭度（或盖度）、起源、林种、优势树种（组）、龄组、蓄积、生态效益补偿实施年度等关键因子，确保了国家级公益林基础数据资料的准确性、可靠性和时效性。

（三）天然林保护工程建设扎实开展

继续实施天然林商品性禁伐。工程区认真贯彻河南省人民政府《关于在黄河中游地区全面停止天然林商品性采伐的通告》，没有安排天然林的商品材采伐计划。对人工商品林采伐按照国务院批复的"十一五"采伐限额进行管理，缓解了工程区木材供需紧张的局面，也增加了林农的经济收入。

进一步完善森林资源管护工作。在巩固完善已建立的以县、乡、村护林员三级管护网络的同时，加强对农民兼职护林员的业务技能和各种实用致富技术的培训，强化护林员管理，制定了护林员举报案件登记制度和深山区护林员修枝抚育考核制度，取得了明显的管护效果，遏制了因禁伐时间长而出现的盗伐案件增多的势头。

多渠道安置国有林业单位富余职工。通过采取发展森林旅游、发展林下产业、鼓励号召单位职工参加单位组织、职工联合和职工个人成立的造林（绿化）公司或苗圃，积极参与生态省建设造林、中幼龄林抚育和苗木培育及承揽当地绿化工程等措施，使工程区国有林业单位 2 239 名富余人员重新获得就业机会。其中从事森林管护工作 435 人、公益林建设工作 164 人、其他 1 640 人。

认真落实林业单位职工社会保障政策。截至 2010 年末，在 2 382 名应参加养老保险的在职职工中，有 2 381 人参加了地方养老保险；2 420 名应参加医疗保险的在职职工全部参加了地方医疗保险；2 382 名应参加工伤保险的在职职工全部参加了地方工伤保险；在 2 382 名应参加失业保险的在职职工中，有 2 322 人参加了地方失业保险；2 396 名应参加生育保险的在职职工全部参加了地方生育保险。

按时完成 20 万亩天然林保护工程年度封山育林建设工作。组织 10 个有关工程县（市、区）完善措施，切实把握好设计、种苗、施工、验收、报账等关键环节，按照省林业厅批复的施工设计，积极开展工程建设施工工作。

二、纪实

全省退耕还林工作会议召开 1 月 28 日，全省退耕还林工作会议在郑州召开，有退耕还林任务的 17 个省辖市林业（农林）局主管副局长、退耕还林和天然林保护工程管理办公室主任共计 30 人参加了会议。会议通报了 2010 年到期退耕地还林阶段验收的情况和 2008 年度巩固退耕还林成果任务实施的有关情况，研究了完善巩固退耕还林成果林业建设项目工作程序，安排部署了下一阶段退耕还林工作。林业厅党组成员、巡视员张胜炎出席会议并提出三点意见：一要提高认识、掌握情况、把握政策；二要正视问题、拿出办法、认真整改；三要抓紧时间、确保质量、实现目标。

国家林业局退耕还林和天然林保护工程办公室主任张鸿文来豫调研 3 月 3～4 日，国家林业局退耕还林和天然林保护工程办公室主任张鸿文一行 3 人，在河南省林业厅巡视员张胜炎、省退耕还林和天然林保护工程管理中心主任邓建钦的陪同下，对淅川县、卢氏县的退耕还林工程建设成效和拟退耕地现状进行了专题调研。张鸿文对工程建设取得的成效给予了肯定，并就做好下一步工作提出了要求。

组织完成 2009 年度退耕还林工程省级复查工作 4 月 23～30 日，省退耕还林和天然林保护工程管理中心委托省林业调查规划院派 67 名专业技术人员，对全省 2009 年度退耕还林任务完成情况和 2006 年保存情况进行了省级复查。共复查面积 116 730.9 亩，其中 2009 年面积 80 067.8 亩,占总面积的 15.3%（其中荒山荒地造林 44 606.5 亩、封山育林 35 461.3 亩）；2006 年面积 36 663.1 亩,占总面积的 5.2 %。复查结果：2009 年完成计划任务 525 000 亩，其中造林 275 000 亩，封山育林 250 000 亩。

中央财政提高非国有国家级公益林补偿标准 5 月 17 日，《财政部关于下达 2010 年中央财政森林生态效益补偿基金的通知》（财农〔2010〕104号），下达河南省森林生态效益补偿基金11 687万元。从2010年起，中央财政对集体和个人所有的国家级公益林补偿标准由过去每亩每年5元提高到每亩每年10元。

国家有关部委对河南省南水北调中线工程水源区退耕还林工作进行调研　6月22～23日，国家林业局退耕还林和天然林保护工程办公室主任张鸿文、国家发展和改革委员会西部开发司调研员唐明龙、国土资源部规划司调研员薛萍（女）、国家林业局退耕还林和天然林保护工程管理办公室副处长汪飞跃、财政部农业司林业处处长邓泽林一行5人，到河南省南水北调中线工程水源区淅川、西峡、内乡、卢氏四县进行调研。调研的主要内容为：国家"十二五"期间对重点流域、重点区域新增退耕还林面积的可行性。省退耕还林和天然林保护工程管理中心主任邓建钦陪同调研。

省财政厅、林业厅联合检查补偿基金使用管理情况　6月22日～7月10日，省财政厅与林业厅联合组成8个检查组和3个督导组，对全省2008～2009年度森林生态效益补偿基金使用管理情况进行了全面检查。8月2日，省公益林管理办公室召开森林生态效益补偿基金管理问题整改座谈会，对检查中发现的问题进行了通报，同时提出了5条整改措施：一要完善管护合同；二要加强基金管理；三要提高投资效益；四要规范会计核算；五要加大监督力度。

国家联合检查组检查河南省巩固退耕还林成果项目建设情况　8月26～30日，由农业部规划研究设计院党委书记李伟方带队的联合检查组，对河南省巩固退耕还林成果专项规划项目建设情况进行检查。省发展和改革委员会、省农业厅、省财政厅、省林业厅、省扶贫工作办公室有关人员陪同检查。检查组先后到南阳市的西峡县和内乡县、信阳市的光山县和新县实地检查了巩固退耕还林成果项目的基本口粮田、农村能源、生态移民、后续产业、退耕农民培训和补植补造等项目建设情况，与退耕户座谈了解项目建设给群众带来的实惠，详细查阅了各项目实施方案、组织施工、检查验收、资金使用等相关资料，并听取了省、市、县有关单位对项目建设情况的汇报。

全省退耕还林工作会议在郑州召开　10月13日，河南省退耕还林工作会议在郑州召开，参加会议的有18个省辖市林业（农林）局主管副局长、退耕还林和天然林保护工程办公室主任，100个县（市、区）林业局长、退耕还林和天然林保护工程办公室主任共计240余人。会上，南阳市、陕县、信阳市平桥区、嵩县4个单位作了典型发言，汇报了各地在实施退耕还林工程中取得的成绩和经验。省退耕还林和天然林保护工程管理中心主任袁其站传达了全国退耕还林工作座谈会精神，通报了2010年度退耕地还林阶段验收结果，安排部署了下一阶段退耕还林工作。省林业厅党组成员、巡视员张胜炎出席会议并讲话。

组织开展全省2011年度退耕还林阶段验收工作　10月中旬至12月下旬，省林业厅组织开展了全省2011年度退耕还林阶段验收工作，17个省辖市的103个县级单位1 435名技术人员参与检查验收，完成验收面积148.96万亩。验收结果显示，面积保存率100%。

河南省出台《中央财政森林生态效益补偿基金管理办法》实施细则　10月27日，省财政厅、省林业厅联合印发《河南省〈中央财政森林生态效益补偿基金管理办法〉实施细则（暂行）》（豫财农〔2010〕271号），对基层单位使用和管理中央财政补偿基金的程序进行了规范。

国家林业局退耕还林管理实绩核查组到河南检查工作　11月24～27日，国家林业局退耕还林和天然林保护工程管理办公室副主任吴礼军率国家退耕还林管理实绩核查组，到河南省检查退耕还林工作。省林业厅巡视员张胜炎和退耕中心主任袁其站陪同检查。核查组先后到修武县和济源市，通过实地查看、访问农户、查档案、召开座谈会等形式，对河南省退耕还林工程建设、巩固退耕还林成果林业建设项目实施以及惠农政策兑现等情况进行了全面核实和了解，对河南省的退耕还林工作给予了充分肯定。

天然林保护工程建设成效受到国家林业局肯定　12月3日，国家林业局印发《国家林业局关于2009年度天然林资源保护工程实施情况的通报》(林天发〔2010〕279号)，河南省天然林保护工程封山育林、森林管护和"四到省"考核项目均为100分。

退耕还林工作受到国家林业局通报表扬　12月17日，国家林业局印发《国家林业局办公室关于退耕还林管理工作先进单位的通报》(办退字〔2010〕190号)，河南省林业厅获得"退耕还林工程确权发证工作先进单位"荣誉称号。

林业产业及林业外资项目管理

一、概述

2010 年，河南省林业产业发展中心在林业厅党组的正确领导下，以邓小平理论和"三个代表"重要思想为指导，深入贯彻科学发展观，切实落实中央和省委、省政府保发展、促转变、保民生的各项决策部署，坚持"四个重在"实践要领，推进河南省林业产业、速丰林建设及林业外资项目管理工作的发展，圆满完成了年度目标任务，取得了明显成效。

（一）多措并举，力促林业产业发展

指导协调全省林业产业发展，全年完成林业产值 757.74 亿元，较 2009 年同期增长 24.53%。承办了全省林业产业现场观摩会。这次会议历时 5 天，参会人员共计 200 余人，先后参观了 6 市 9 个县（区）的 19 家林业产业现场，涵盖了从林纸一体化、林板、林药、家具制造到苗木花卉、林果加工、森林生态旅游的林业一、二、三产业。这次会议是林业厅近 20 年来召开的规模最大、历时最长、参加人员最多、观摩线路最长、观摩企业最多、影响最大的一次盛会。

积极落实企业服务年服务措施。推进全省林业产业化重点龙头企业认定管理工作，制定了《河南省林业产业化重点龙头企业认定监测管理办法》，审议确认好想你枣业股份有限公司等 145 家企业为第一批省级林业产业化重点龙头企业，并在《河南日报》、《河南林业信息网》上进行了发布；积极与中国银行河南省分行中小企业业务部就河南省林业中小企业信贷服务等有关问题进行磋商，为中小企业融资搭建平台，已将全省有信贷意向的 290 家林业中小企业相关资料提供给中行河南省分行，中行河南省分行计划对符合条件的林业企业给予贷款扶持。

组织完成了 2010 年全省林业产值的核查工作，完成了 2010 年上半年、2010 年全年全省林业产业报告。组织完成了《中国林业产业年鉴》(2008 年度) 河南部分的修订工作和《中国林业产业年鉴》(2009 年度) 河南部分的数据填报、文字编撰工作，共涉及 11 部分 23 章 26 万字。接待了日本三重县木材加工企业考察团，在木材加工、产品进出口等方面进行了会谈，并赴尉氏县考察了木材加工和家具制造业。配合国家发展和改革委员会、国家林业局完成了木材安全专题调研，赴商丘实

地考察了速生丰产林基地、林下经济示范区、木材加工企业等。组织全省林业企业赴山东菏泽参加了第六届中国林交会。及时回复了 2010 年度省政协《关于加快黄河滩区发展的建议》的提案。进一步规范全省木材经营加工许可证的管理工作，2010 年共发放《木材经营加工许可证》1 160 份。向全省市县林业部门和重点企业免费赠阅《中国林业产业》杂志 400 份。先后 10 多次更新充实了名优林产品介绍、林业产业工作动态、速丰林建设进展、林业企业信息等内容。

（二）以速丰林工程大径材培育项目为依托，强化速生丰产林基地建设

一是积极推进林纸、林板一体化规划项目的实施，指导全省新造以工业原料林为主的速生丰产林 32 万亩，为年度计划 31 万亩的 103%。二是积极组织实施国家林业局大径材培育试点项目，2009 年在国有延津林场、黄石庵林场、天目山林场和南湾林场新造杨树等大径材 5 000 亩，共利用中央预算内资金 150 万元；完成了 2011 年度速生丰产林工程大径材培育试点项目的申报工作。

（三）认真实施"安全生产年"活动，为林业发展保驾护航

落实平安河南建设，完成 1～7 月林业系统安全生产相关协调工作。认真贯彻落实全国、全省安全生产电视电话会议精神，制定并转发了全省林业系统"安全生产年"活动实施方案，安全生产"三项建设"、安全生产大检查、隐患排查治理督查行动的通知，及时部署了"元旦"、"春节"、"清明"、"五一"期间的全省林业安全生产工作，全面加强林业安全生产"法制体制建设"、"保障能力建设"和"监管队伍建设"（简称"三项建设"）工作，汇总各市安全生产进展情况和经验、做法，及时向省政府上报全省林业系统安全生产工作基础数据、安全生产总结、全省安全生产电视电话会议精神贯彻落实情况。1～7 月共上报文件 7 次，下发文件 7 次，林业系统未发生安全生产责任事故。

根据省政府安委办的通知要求，组织编撰并上报了《河南省安全生产年鉴（2009 年卷）》林业部分，开展了"安全生产理论研究优秀论文征集评选活动"。

（四）科学管理，认真组织实施外资造林项目

拨付日本政府贷款河南省造林项目 2009 年度报账贷款资金 1.2 亿元人民币。申请完成中德财政合作河南农户林业发展项目 2009 年度营造林赠款资金 681 万元人民币。申请并拨付日本小渊基金造林项目首期资金 340 万日元。

配合省审计厅完成了日本政府贷款河南省造林项目、中德财政合作河南农户林业发展项目和世界银行贷款林业持续发展项目 2009 年度财务决算及审计工作，督促各项目单位完成了审计意见的整改工作。

召开了全省世界银行贷款项目林受雨雪冰冻灾害债务落实工作会议。2008 年度雨雪冰冻灾害毁损了河南省部分世界银行贷款项目林，经国务院批准，中央财政对河南省"重度"损毁项目林减免债务 6 965 万元。

分别接待了德国复兴信贷银行对中德财政合作河南省农户林业发展项目的年度检查、日本国际协力机构中国事务所对日本政府贷款河南省造林项目的中期检查、三重县日中友好协会对日本小渊基金造林项目的检查验收，配合完成了中德财政合作河南省农户林业发展项目第一次营造林国际监测工作。

系统总结外资项目应用技术、管理办法和实施成效，为庆祝世界银行贷款造林项目实施 25 周年及速生丰产林基地建设 8 周年，在《中国绿色时报》刊发了"发展世界银行（速丰林）项目，促进生态文明建设"河南专版；完成的《中德合作河南农户造林项目综合技术应用研究与示范》获得 2010 年省政府科技进步二等奖；编辑出版了《河南省世界银行贷款林业持续发展项目探索与实践》一书；完成了河南省林业利用国外贷款情况及十二五外资工作思路的编制与撰写工作。

完成了中德财政合作河南农户林业发展项目 2010 年度办公设备采购的询价、评标工作，共采购各种办公设备 96 台。完成上报了日本政府贷款河南省造林项目 2009 年下半年和 2010 年上半年《项目实施进度报告》、《河南省世界银行贷款林业持续发展项目竣工报告》。

组织孟津县、开封县按照计划完成了小渊基金造林项目年度造林任务，顺利通过国家林业局组织开展的项目年度检查验收。组织完成了日元贷款河南造林项目赴日本为期 12 天的年度培训任务、中德财政合作河南省农户林业发展项目赴澳大利亚和新西兰为期 15 天的培训任务。

为比较项目区造林地实施前后的变化情况、展示项目实施成效，组织完成了日本政府贷款河南省造林项目、中德财政合作河南省农户林业发展项目造林地实施成效图片的收集和上报工作。

承办了日元贷款中国植树造林项目研讨培训会，共有 12 个省（区）财政、林业部门的 130 余人参会，组织与会人员参观了尉氏县利用日元贷款营造的防风固沙林。财政部、国家林业局、JICA 中国事务所的有关领导在会上分别对贷款支付进度、资金类别调整、项目竣工、林业利用外资状况、与中国林业领域的合作情况等内容作了专题分析。

召开了中德财政合作河南省农户林业发展项目工作座谈会。听取了各单位对项目启动以来的实施情况汇报，通报了全省项目进展及德国复兴信贷银行检查情况，针对项目实施过程中出现的新问题、新情况进行了交流，并考察了卢氏县中德项目小流域综合治理工程。

积极申报新项目，向国家发展和改革委员会、财政部上报了欧洲投资银行贷款河南清洁发展机制造林项目建议书和可行性研究，召开了项目前期准备工作会议，组织各省辖市完成了分市环境影响评价报告，商环境保护厅出具了项目立项环境影响评价意见；完成了世界银行河南省生态公益林补偿机制研究与配套政策及服务体系建设项目概念书、建议书的编制，与河南省财政厅签署了"河南省生态公益林补偿机制研究与配套政策及服务体系建设"子项目（D06-10）《转贷协议》。

二、纪实

出具欧洲投资银行贷款河南省清洁发展机制造林项目立项环保意见　2 月 3 日，商省环境保护厅出具了同意省林业厅利用欧洲投资银行贷款河南省清洁发展机制造林项目立项的环保意见。

报送欧洲投资银行贷款河南省清洁发展机制造林项目可行性研究报告　2 月 21 日，向财政部报送了欧洲投资银行贷款河南省清洁发展机制造林项目可行性研究报告。

配合国家发展和改革委员会、国家林业局完成木材安全专题调研　3 月 18～20 日，以国家林业局速生丰产林办公室副主任陈道东为组长的国家林业局木材安全专题调研组对河南省木材安全进行了专题调研。调研组听取了有关河南木材生产与需求情况的汇报，与厅有关部门进行了座谈，并实地考察了商丘的速生丰产林基地、林下经济示范区、木材加工企业，与当地政府、林场、企业代表进行了座谈交流，对河南省在速生丰产林建设和木材加工业方面取得的成效给予充分肯定。

德国复兴信贷银行对德援项目进行年度检查 3月25～31日，以 Matthias Hahl（马林海）先生为组长的德国复兴信贷银行检查组对河南省实施的中德财政合作造林项目进行了检查。检查组对嵩县、鲁山县、卢氏县、南召县以及省项目管理办公室财务状况、项目农户的种苗费、劳务费的发放情况进行了严格细致的检查，并深入到卢氏、鲁山两县实地考察了小流域治理以及项目营造的防护林、用材林、经济林、封山育林等类型。在听取了省、县项目实施情况介绍后，双方就项目实施理念、营造林技术等方面展开了充分的讨论，在造林间作、新造林管护费用、劳务费支付标准等方面达成一致协议，并要求项目县切实做好新造林防火和除草等管护工作。

全省林业产业工作座谈会在开封召开 4月8日，全省林业产业工作座谈会在开封市召开，各省辖市林业（农林）局产业工作负责人参加了会议。会议总结了2009年林业产业工作取得的成绩，分析了当前河南省林业产业面临的形势和差距，安排部署了2010年的林业产业工作，详细介绍了林产品质量监督管理相关政策及河南省林产品质检情况，讨论修改了《河南省林业产业重点龙头企业认定监测管理暂行办法》，并对2010年《中国林业产业与林产品年鉴》的编报工作进行了培训。与会人员还参观考察了开封市兰考县三环（木业）集团和中原民族乐器有限公司等林产品加工企业。

组织日本贷款造林项目管理人员和工程技术人员赴日技术培训 4月19～29日，组织日本政府贷款河南省造林项目实施单位的项目管理人员和工程技术人员赴日本开展技术培训。

日本国际协力机构中国事务所对日元贷款造林项目开展中期检查 5月5～8日，日本国际协力机构中国事务所足立佳菜子女士和所长助理张阳先生一行赴西峡县、淅川县，对日本政府贷款河南省造林项目实施情况开展中期检查。检查组对项目营造的经济林、防护林进行了实地检查，并与项目农户进行了座谈，对项目实施四年来所取得的成效给予了充分肯定，对项目的管理、培训和技术服务体系表示满意。双方还就项目的后期管理以及后续合作等事宜进行了讨论，日方表达了对河南日贷造林项目后期加强合作的愿望，对实施日贷支援项目给予大力支持。

召开林业企业代表座谈会 6月22日，省林业厅在郑州召开全省部分林业企业代表座谈会。厅有关部门和林业企业代表共20余人参加了座谈。与会企业代表就如何加快推进全省林业产业发展、优化产业结构、转变企业发展方式、改进服务环境等提出了建设性的意见和建议；对《河南省林业产业化重点龙头企业认定监测管理办法》（试行）草案进行讨论和交流。

《中国绿色时报》刊发《发展世界银行项目 建设生态河南》文章 7月2日，《中国绿色时报》庆祝世界银行项目实施25周年暨速生丰产林基地建设8周年系列专题刊发河南篇，集中反映河南省世界银行贷款造林项目和速生丰产林基地建设情况。王照平厅长发表了题为《发展世界银行项目 建设生态河南》的署名文章。

"世界银行贷款河南省林业持续发展造林项目"获得国家林业局优秀工程设计二等奖 7月，"世界银行贷款河南省林业持续发展造林项目"获得国家林业局优秀工程设计二等奖。

中德财政合作河南省农户林业发展项目工作会议召开 7月13～14日，省林业厅、省财政厅联合在卢氏县召开中德财政合作河南省农户林业发展项目工作会议，洛阳、平顶山、三门峡、南阳市林业局分管副局长、项目办公室主任，嵩县、鲁山、卢氏、南召县林业局局长、财政局局长、分管副局长、项目办公室主任参加了会议；会议还邀请了河南农业大学、省林业调查规划院、省林业科学研究院等德援项目监测协作单位的有关人员。与会人员实地考察了卢氏县中德项目小流域综合治理工程，听取了各项目单位对项目启动以来的实施情况汇报，通报了全省项目进展及德国复兴信贷银行检查情况，针对项目实施过程中出现的新问题、新情况进行了交流。

组织参加第七届中国林交会 9月，组织全省林业企业赴山东菏泽参加了第七届中国林交会。

全国日元贷款植树造林项目研讨培训会在郑州举办 10月14～16日，承办的财政部与日本国际协力机构（JICA）日元贷款植树造林项目研讨培训会在郑州举办，来自11个省（自治区）财政厅、发展和改革委员会、林业厅以及项目实施机构的110余人参加了培训。培训会上，财政部有关领导对贷款支付进度、资金类别调整、项目竣工等内容作出了具体的安排部署；国家林业局有关领导对目前中国的林业政策、林业利用外资取得的成绩进行了说明；JICA中国事务所介绍了与中国林业领域合作的情况、取得的成果以及日系企业参与中国植树造林活动的规模等内容。河南省林业厅、宁夏自治区财政厅分别就日元贷款造林项目实施情况作了典型发言。厅副巡视员谢晓涛出席培训会并致辞。会议期间，与会代表赴尉氏县参观了利用日元贷款营造的防风固沙林，并对所营造的项目林在保护基本农田和改善当地生态环境方面的作用给予了充分的肯定。中方技术人员就营造林模式、护林管护、病虫害防治、抚育施肥等措施与日方专家进行了充分的交流，并得到了日方专家的认可。会议代表还就如何提高项目良性循环、开展受援国间的项目实施经验交流、与日系企业进行合作等内容开展了讨论。

省林业厅及5市荣获国家林业局颁发的中日民间绿化合作奖 10月21日，在中日民间绿化合作实施10周年纪念大会暨中日林业合作高级研讨会上，对10年来为中日民间绿化合作作出突出贡献的优秀项目和先进个人进行了表彰，河南省林业厅荣获国家林业局颁发的中日民间绿化合作优秀组织奖，郑州、开封、洛阳、商丘、新乡5市分别实施的小渊基金造林项目荣获绿色丰碑奖。

全省林业产业现场观摩会召开 11月1～5日，为认真落实《中共河南省委 河南省人民政府关于推进产业集聚区科学规划科学发展的指导意见》（豫发〔2009〕14号）、《河南省人民政府关于进一步促进产业集聚区发展的指导意见》（豫政〔2010〕34号）、《河南省人民政府关于加快建设创新型产业集聚区的实施意见》（豫政〔2010〕70号），推动全省林业产业发展，省林业厅隆重召开全省林业产业现场观摩会。该观摩会从年初开始筹备选点，会议期间利用4天时间，行程1 200多公里，先后参观了濮阳、开封、商丘、周口、许昌、南阳6市9个县（区）的19家林业产业现场，涵盖了从林纸一体化、林板、林药、家具制造到苗木花卉、林果加工、森林生态旅游的林业一、二、三产业。省林业厅厅级干部，各省辖市林业（农林）局局长、主管副局长、产业办公室负责人，林业产业重点县（市、区）政府领导和林业局长，重点林业企业负责人，省林业厅机关各处室、厅直各单位的主要负责人，共计200余人参加了会议。大会公布了河南省第一批145家省级林业产业化重点龙头企业名单，并为重点龙头企业代表颁发了奖牌。会议认真贯彻落实了第二届全国林业产业大会精神，学习交流了各地林业产业发展经验，认真分析了林业产业发展的形势，研究部署了下一阶段的林业产业工作。王照平厅长在会上作重要讲话，强调了大力发展林业产业的重要意义，要求各级林业部门统一思想，提高认识，进一步为增强加快林业产业发展作出更大贡献。这次会议是林业厅近 20 年来召开的规模最大、历时最长、参加人员最多、观摩线路最长、观摩企业最多、影响最大的一次盛会。

三重县日中友好协会来河南省检查验收小渊基金造林项目　11 月 7~8 日，受三重县日中友好协会的指派，三重县厅伊贺农林商工环境事务所花井伦大先生对开封县 2009 年度实施的小渊基金造林项目进行了检查验收。开封县 2009 年度造林项目共计完成造林面积 649.5 亩，是计划面积 499.5 亩的 130%。其中杨树 600 亩，柿树 49.5 亩，造林保存率达 90% 以上，初植密度和造林模式均符合日方造林合作要求。

日本三重县木材加工企业考察团考察河南　11 月 9~10 日，由三重县厅伊贺农林商工环境事务所花井伦大先生率领的三重县木材加工企业考察团一行 6 人对河南省林业相关企业进行考察访问。考察团一行到尉氏县考察了胶合板、中密度板和家具生产企业，双方企业家分别就进出口关税、进出口手续、营业所得利益的纳税等内容进行了沟通，表示将就合作展开进一步接触。林业厅副巡视员谢晓涛会见了考察团成员。

完成中德财政合作河南省农户林业发展项目第一次营造林国际监测工作　11 月 11~30 日，德国 GITEC 和 DFS 咨询公司分别委派监测专家 Mr.Tobias GOEDDE（托比亚斯盖德）先生和 Mr. Ulrich FLENDER（乌尔利希弗兰德）先生来河南检查中德合作造林项目。监测专家对嵩县、鲁山、卢氏和南召县 2008 年度造林省级监测合格面积随机抽取 5% 进行了保存率监测；对项目内业资料（包括造林合同、土地承包合同、支付记录、小班记录卡）进行了查阅；与项目单位座谈了解项目实施中的经验与问题；深入项目区，走访项目农户，听取了项目乡（镇）林业技术人员和村委会负责人对项目实施情况的意见和建议，全面了解了项目实施成效；最后对造林监测数据进行汇总分析，并分别向四县反馈了监测结果。

中德财政合作河南省农户林业发展项目有关人员赴澳大利亚和新西兰培训　12 月 1~15 日，中德财政合作河南省农户林业发展项目管理人员和工程技术人员赴澳大利亚和新西兰参加培训，培训为期 15 天。

《中德合作河南农户造林项目综合技术应用研究与示范》获省科学技术进步奖　12 月 6 日，《中德合作河南农户造林项目综合技术应用研究与示范》获得河南省科学技术进步二等奖。

组织完成 2010 年度全省林业产业产值核查工作　12 月，组织完成了 2010 年度全省林业产业产值核查工作。

《中国林业产业与林产品年鉴》(2008 年) 河南部分编撰完成　4~12 月，按照国家林业局要求，组织完成了《中国林业产业年鉴》(2008 年度) 河南部分的修订工作和《中国林业产业年鉴》（2009 年度）河南部分的数据填报、文字编撰工作，共涉及 11 部分 23 章 26 万字。

发展规划与资金管理

一、概述

2010 年，发展规划与资金管理工作紧紧围绕年度工作责任目标，服从和服务于林业生态省建设，充分发挥计财工作的组织、协调、服务、监督四大职能，争取政策，落实投入，加强监管，保证各项资金安全高效运行，取得了较为显著的成绩。

（一）完成 8 项基建项目的竣工验收工作

2010 年 3~6 月，组织完成信阳市油茶良种基地建设项目、郑州市苗木场皂荚良种基地建设项目、信阳市南湾实验林场枫香采种基地建设项目、新县檫木采种基地建设项目、伊川县林木采种基地、濮阳市大枣良种基地建设项目、登封市侧柏采种基地建设项目、偃师市城市绿化树种采种基地建设项目等 8 个基建项目的竣工验收。

（二）召开全省林业计划财务工作会议

2010 年 3 月 29 日，在安阳市召开了全省林业计划财务工作会议，刘有富副厅长出席会议并做了工作报告，会议传达了全国林业厅局长会议精神和全国计划财务会议精神，总结了 2009 年全省林业计财工作，对 2010 年度计财工作做了全面部署。

（三）编制河南省"十二五"林业发展规划

按照国家林业局和河南省政府关于"十二五"规划编制工作的有关要求，2010 年 4 月 30 日，省林业厅组织了专门班子，在调研的基础上提出了规划的基本思路和重点内容，起草了规划提纲，编制了规划草案。根据规划，"十二五"河南省林业发展的目标是：全省完成造林 1 300 万亩，森林覆盖率达到 23.61%，森林蓄积量达到 1.59 亿立方米，林业年产值达到 1 300 亿元，林业资源综合效益价值达到 5 740 亿元，所有的县（市、区）实现林业生态县目标。

（四）出台《河南省育林基金征收使用管理实施意见》

2010 年 6 月，省林业厅联合省财政厅以豫财综［2010］62 号文正式印发了《河南省育林基金征收使用管理实施意见》（简称《意见》）。《意见》降低了育林基金的征收比例，规范了育林基金的征收使用管理。《意见》的出台对减轻林业生产经营者负担、促进林业可持续发展、保护森林资源起到一定的促进作用。

（五）下达中央预算内投资 3.05 亿元

2010 年 6~12 月，完成了天然林保护工程、退耕还林工程、防护林、棚户区改造、种苗、湿地保护、公安派出所、自然保护区、有害生物防治等基础设施建设项目中央财政预算内专项投资计划的下达工作，共计下达中央投资 3.05 亿元。

（六）完成 15 项基建项目的审查批复工作

2010 年 7~12 月，组织完成了伏牛山国家级自然保护区 4 个管理局基础设施建设项目、太行山猕猴自然保护区 3 个管理局基础设施建设项目、丹江湿地自然保护区基础设施建设项目、鹤壁黄连木良种繁育基地建设项目等 7 个种苗项目共计 15 个项目的初步设计审查和批复。

（七）完成河南林业生态省建设规划中期调整

为了认真实施《河南林业生态省建设规划》（以下简称《规划》），确保实现《规划》的各项目标，2010 年 8 月 5 日，省林业厅印发了《〈河南林业生态省建设规划〉中期调整方案》（豫林计[2010]178 号），对《规划》调整的必要性、调整的依据、调整的目标、技术方案等作了明确规定和要求。2011 年 1 月 31 日，省林业厅以豫林计[2011]27 号印发了调整结果。本次调整后，2011~2015 年《规划》造林总规模为 976.748 万亩。其中，新造林 615.763 万亩，更新造林 309.674 万亩，能源林改培 51.311 万亩。森林抚育和改造 2 314.051 万亩，其中：中幼林抚育 1 599.732 万亩，低质低效林改造 714.319 万亩。调整后造林面积比《规划》增加 105.418 万亩，森林抚育和改造比《规划》增加 102.111 万亩，不仅可以确保《规划》目标的全面实现，而且布局更加合理，更加符合实际。

（八）首次下达了育林基金减收补助资金

2010 年 11 月，下达了中央财政育林基金减收补助资金 5 028 万元，其中 2009 年 1 676 万元、2010 年 3 352 万元，在一定程度上弥补了基层林业部门行政事业经费的不足。

（九）获得各项表彰

2010 年 9 月，第二届中国绿化博览会组委会下发通知，对在第二届绿化博览会中成绩突出的单位和个人予以表彰，厅发展规划与资金管理处被第二届中国绿化博览会组委会评为先进工作单位；赵海林、张梦林被评为先进工作者。

2010 年 9 月 15 日，国家林业局印发通知，对国家林业重点工程社会经济效益监测工作先进单位和个人予以表彰，省林业厅和光增云、张梦林、崔文杰等三人由于在国家林业重点工程社会经济效益监测工作中表现突出，受到国家林业局通报表彰。

2010 年 10 月 15 日，国家林业局发展规划与资金管理司通报 2009 年度全国林业行业会计决算报表评比结果，省林业厅获一等奖。

2010 年 12 月 8 日省财政厅下发文件对 2009 年度省直部门决算编审工作先进单位进行表彰，省林业厅被省财政厅评为先进单位。

二、纪实

《2010 年河南林业生态省建设实施意见》出台　2 月 1 日，省政府办公厅印发《2010 年河南林业生态省建设实施意见》(豫政办〔2010〕10 号)，对 2010 年度林业生态省建设的指导思想、建设任务、安排原则、建设重点和工作措施等作了明确规定和要求。意见提出：2010 年全省安排造林任务 403.3 万亩，森林抚育和改造工程任务 24.98 万亩。全省安排育苗计划 30 万亩，其中：择优扶持优质种苗基地 2 万亩，培育优质苗木 5 300 万株。

召开全省林业计划财务工作会议　3 月 29 日，全省林业计划财务工作会议在安阳市召开，刘有富副厅长出席会议并作工作报告。会议传达了全国林业厅局长会议精神和全国计划财务会议精神，总结了 2009 年全省林业计财工作，对 2010 年度计财工作做了全面部署。

完成 8 项基建项目的竣工验收工作　3~6 月，组织完成信阳市油茶良种基地建设项目、郑州市苗木场皂荚良种基地建设项目、信阳市南湾实验林场枫香采种基地建设项目、新县檫木采种基地建设项目、伊川县林木采种基地建设项目、濮阳市大枣良种基地建设项目、登封市侧柏采种基地建设项目、偃师市城市绿化树种采种基地建设项目等 8 个基建项目的竣工验收。

编制河南省"十二五"林业发展规划　4 月 30 日，按照国家林业局和河南省政府关于"十二五"规划编制工作的有关要求，省林业厅组织专门班子，在调研的基础上提出了河南省"十二五"林业发展规划的基本思路和重点内容，起草了《河南省"十二五"林业发展规划提纲》，编制了《河南省"十二五"林业发展规划》(草案)。根据规划，"十二五"河南省林业发展的目标是：全省完成造林 1 300 万亩，森林覆盖率达到 23.61%，森林蓄积量达到 1.59 亿立方米，林业年产值达到 1 300 亿元，林业资源综合效益价值达到 5 740 亿元，所有的县（市、区）实现林业生态县目标。

出台《河南省育林基金征收使用管理实施意见》　6 月，省林业厅联合省财政厅以豫财综〔2010〕62 号文正式印发了《河南省育林基金征收使用管理实施意见》。该意见降低了育林基金的征收比例，规范了育林基金的征收使用管理。

下达中央预算内投资　6~12 月，完成了天然林保护工程、退耕还林工程、防护林、棚户区改造、种苗、湿地保护、公安派出所、自然保护区、有害生物防治等基础设施建设项目中央财政预算内专项投资计划的下达工作，共计下达中央投资 3.05 亿元。

完成 15 项基建项目的审查批复工作　7~12 月，组织完成了伏牛山国家级自然保护区 4 个管理局基础设施建设项目、太行山猕猴自然保护区 3 个管理局基础设施建设项目、丹江湿地自然保护区基础设施建设项目、鹤壁黄连木良种繁育基地建设项目等 7 个种苗项目共计 15 个项目的初步设计审查和批复。

完成河南林业生态省建设规划中期调整　8 月 5 日，省林业厅印发《〈河南林业生态省建设规划〉中期调整方案》(豫林计〔2010〕178 号)，对《河南林业生态省建设规划》调整的必要性、调整的依据、调整的目标、技术方案等作了明确规定和要求。本次调整后，2011~2015 年规划造林总规模为 976.748 万亩。其中，新造林 615.763 万亩，更新造林 309.674 万亩，能源林改培 51.311 万亩。森林抚育和改造 2 314.051 万亩，其中：中幼林抚育 1 599.732 万亩，低质低效林改造 714.319 万亩。调整后造林面积比原规划增加 105.418 万亩，森林抚育和改造比原规划增加 102.111 万亩，不仅可以确保规划目标的全面实现，而且布局更加合理，更加符合实际。

厅发展规划与资金管理处获第二届中国绿化博览会组委会表彰 9 月，第二届中国绿化博览会组委会下发通知，对在第二届绿化博览会中成绩突出的单位和个人予以表彰，厅发展规划与资金管理处被第二届中国绿化博览会组委会评为先进工作单位；赵海林、张梦林被评为先进工作者。

省林业厅及光增云等人受到国家林业局通报表彰 9 月 15 日，国家林业局印发通知，对国家林业重点工程社会经济效益监测工作先进单位和个人予以表彰，省林业厅和光增云、张梦林、崔文杰受到通报表彰。

省林业厅获全国林业行业会计决算报表评比一等奖 10 月 15 日，国家林业局发展规划与资金管理司通报 2009 年度全国林业行业会计决算报表评比结果，河南省林业厅获一等奖。

下达育林基金减收补助资金 11 月，首次下达了中央财政育林基金减收补助资金 5 028 万元，其中 2009 年 1 676 万元、2010 年 3 352 万元，在一定程度上弥补了基层林业部门行政事业经费的不足。

林业厅被省财政厅评为省直先进财务决算编审工作单位 12 月 8 日，省财政厅下发文件，对 2009 年度省直部门决算编审工作先进单位进行表彰，河南省林业厅被评为先进单位。

人事教育

一、概述

2010年，人事教育工作始终坚持以人为本，坚持科学发展观和科学人才观，按照"把握重点，突破薄弱点，紧扣敏感点，攻克难点，抓住关键点，统筹兼顾，全面建设，整体提高"的工作思路，认真落实林业厅党组的决定，紧密围绕服务于河南林业生态省建设这一主题，进一步加强干部队伍教育培训及管理，努力搞好对外交流与合作，继续深化干部人事制度改革，强化了人事干部队伍自身建设，不断提高工作效率和服务质量，促进了各项工作任务的顺利完成，为实现中原经济区建设规划提供了强有力的组织保证和智力支持。

二、纪实

完成处级干部轮岗和干部调整工作　7~12月，完成了全厅机关事业单位处级干部轮岗和干部调整工作，有21名处级干部轮岗，52名干部获得提拔。

完成面向社会公开招聘厅属事业单位工作人员工作　面向社会公开招聘7名工作人员，其中省林业调查规划院4名，省森林航空消防站3名，已经全部报到。

完成林业厅"555人才工程"省级人选推荐工作　10月，在厅直有关事业单位推荐的基础上，林业厅人事教育处组织有关专家召开了省级学术技术带头人推荐评审会议，经研究，决定推荐翟晓巧、陈涛二人为林业厅"555人才工程"省级人选。

组织开展职称评审工作　10~12月，组织了2010年林业工程专业高、中级专业技术职务任职资格评审工作和中专教师中级专业技术职务任职资格评审工作，全省共有89名专业技术人员获得高级工程师任职资格。

林业厅副巡视员万运龙退休　11月，省委组织部印发《关于万运龙同志退休的通知》（豫组干[2010]389号），省委同意林业厅副巡视员万运龙退休。

举办重点县（市、区）林业局长培训班　12月，省林业厅人事教育处在郑州市举办了2010年度重点县（市、区）林业局长培训班，为期3天。

机关党的建设

一、概述

2010年，河南省林业厅机关党的工作在省直工委和厅党组的正确领导下，坚持以科学发展观为指导，深入贯彻落实党的十七届四中、五中全会精神，紧紧围绕林业改革与发展大局，以开展创先争优活动为载体、以建设学习型党组织活动为抓手，坚持四个重在，按照"三具两基一抓手"和"两转两提"的要求，积极探索新形势下机关党建工作的新方法、新路子，充分发挥党组织的战斗堡垒和党员的先锋模范作用，围绕中心，服务大局，在加强党的思想、组织、作风、制度和反腐倡廉建设等方面想新招、用实招、办实事，取得了明显成效。

（一）开展争创"五好"基层党组织活动

经评选推荐，厅党组书记、厅长王照平于2010年2月被省直工委表彰为优秀机关党建第一责任人，乔大伟被省直工委表彰为2009年度优秀机关党委书记，冯慰冬被省直工委表彰为2010年度优秀机关党委专职副书记，林业厅厅直党委被省直工委表彰为2009年度先进机关党委；2010年9月17日至21日，组织全厅44名优秀共产党员和优秀党务工作者赴上海参观世博会，感受改革开放成果，体验世界顶尖建筑风格。2010年10月，省林业厅被省直工委表彰为"2008～2009年度省直机关党内统计优秀报表单位"。

（二）开展创先争优活动

自2010年4月下旬开始，在全厅各级党组织和党员中深入开展了以"做科学发展先锋队，当生态建设排头兵"为主题的创先争优活动。全厅制定下发了《中共河南省林业厅党组关于在全厅基层党组织和共产党员中深入开展创先争优活动的实施方案的通知》和《中共河南省林业厅党组关于成立河南省林业厅创先争优活动领导小组的通知》，实行了公开承诺，建立了领导干部联系点制度，开展了党员干部大走访活动，召开了领导班子专题民主生活会，开展了创先争优理论研讨活动。目前，整个活动正按时间进度，分步骤稳步推进，取得了预期效果。

（三）工会工作成绩突出

一是广泛开展送温暖活动。元旦春节期间，对帮扶对象、困难职工、困难党员进行了走访慰问。

据统计，2010 年，全厅各级工会组织共慰问困难职工、困难党员及农民工 28 人，慰问钱物约 40 400 余元，让困难群体在节日期间感受到了组织的温暖。二是积极开展向玉树灾区爱心捐助活动。全厅 21 个总支、支部的 575 名干部职工参加了捐助活动，累计捐款 73 500 元，为灾区群众送了温暖，献了爱心。三是按照省直工会的要求，开展了基层工会年报统计和工会干部培训工作，有效提高了全厅工会干部的参政议政水平和业务工作能力。四是完成了 2008～2009 年省直机关"五一劳动奖状"获得单位评选推荐工作。经评选推荐，省林业调查规划院工会获得了省直工委颁发的 2008～2009 年度省直机关"五一劳动奖状"。五是完成了省直机关重大疾病医疗救助工作的调查问卷、大病普查和会员入会工作。目前全厅已有 537 名党员和职工参加了医疗互助活动，合计交款 32 220 元。

（四）积极开展共青团工作

2010 年，按照省直团工委的要求，以"创建五四红旗团委"为载体，在全厅基层团组织中深入开展创先争优活动，全厅有 5 名团员青年被省直团工委授予"省直青年岗位能手"称号，省林业科学研究院湿地与野生动植物研究所被省直团工委授予"省直青年文明号"称号。

（五）认真做好妇女工作

2010 年，厅计划生育和妇女工作认真落实全省计划生育电视电话会议精神，全面执行国家计划生育政策，大力宣传并遵守计划生育法律法规，切实宣传、维护和保障女职工及儿童的法律权益，加强对女职工的教育。同时强化了对流动人口和家属院、门面房人员的计划生育管理，管理率达到 100%，圆满完成了计划生育和妇女工作各项任务。张静满被省妇联评为河南省维护妇女儿童合法权益先进个人。

（六）深入推进精神文明建设工作

一是圆满完成了省直精神文明建设指导委员会对林业厅的省级文明单位复查工作。在厅领导和相关处室、单位的密切配合下，林业厅精神文明建设办公室加班加点、精心准备，先后印制了《河南省林业厅精神建设资料汇编》上、下两册共 754 页；制作精神文明建设宣传展板 2 块；编发精神文明建设简报 20 余期，通过共同努力，圆满完成了本次复查任务，为维护单位形象和广大职工的切身利益作出了积极的贡献。二是组织开展了文明礼仪和灾难防范知识答卷活动。按照省直精神文明建设办公室要求，林业厅精神文明建设办公室利用为期一周的时间，在全厅范围内组织开展了一次文明礼仪和灾难防范知识答卷活动。全厅 14 个处室、11 个厅直单位的 400 余名干部职工以不同形式，参加了活动，收到答卷 200 余份。活动有效提高了广大干部职工自我保护、自救互救、防灾减灾的安全意识，对于推动全厅精神文明建设、构建和谐机关起到了积极的促进作用。三是积极开展丰富多彩的文体活动，陶冶干部职工情操。2 月 8 日，厅直党委成功举办了"绿满中原"——河南省林业厅纪念中华人民共和国成立 60 周年暨 2010 年迎新春联欢会。联欢会以纪念新中国成立 60 周年和学习贯彻省委林业工作会议精神为主线，以自娱自乐、自编自演为主要形式，演出非常成功，共评出一等奖 3 个、二等奖 8 个、三等奖 6 个、优秀奖 5 个、优秀组织奖 5 个。组队参加了河南省第十一届运动会成年组（省直）比赛。经过近 5 天的激烈角逐，林业厅代表队最终夺得 2 个团体二等奖、1 个团体三等奖、1 个团体四等奖、12 个个人一等奖、8 个个人二等奖、9 个个人三等奖的好成绩，林业厅被被河南省第十一届运动会组委会授予优秀组织奖。组队参加了全国林业系统第十一届乒乓球赛。林业厅选手参加了厅处级组、普通组等3个团体、5个单项的比赛，与来自国家林业局和全国13个省（区、市）的15支代表队、150余名选手同台竞技。经过近3天激烈角逐，河南省林业厅代表队一举夺得厅处级团体冠军，厅级单、双打亚军，处级单打第三、第五名的优异成绩，创造了河南省厅代表队自参加该赛事以来的最好成绩。由于群众性体育活动的卓有成效，2010年12月31日，河南省林业厅被国家体育总局授予2010年度全民健身活动先进单位称号，省林业调查规划院也同时被授予2010年度全民健身活动优秀组织奖。

二、纪实

王照平等获省直工委表彰　2月，省直工委发出《通知》，表彰在党委工作中作出突出贡献的领导人。王照平被省直工委表彰为优秀机关党建第一责任人，乔大伟被省直工委表彰为2009年度优秀机关党委书记，冯慰冬被省直工委表彰为2010年度优秀机关党委专职副书记。

举办"绿满中原"迎新春联欢会　2月8日，林业厅直属党委成功举办了"绿满中原"——河南省林业厅纪念中华人民共和国成立60周年暨2010年迎新春联欢会。联欢会以纪念新中国成立六十周年和学习贯彻省委林业工作会议精神为主线，以自娱自乐、自编自演为主要形式，来自全省林业系统的单位参加联欢，当场评出一等奖3个、二等奖8个、三等奖6个、优秀奖5个、优秀组织奖5个。

组织优秀党员及党务工作者参观世博园　9月17～21日，林业厅直属党委组织全厅44名优秀共产党员和优秀党务工作者赴上海参观世博会。

组队参加河南省第十一届运动会成年组（省直）比赛　9月，组队参加了由省政府主办，省体育局、省教育厅承办，郑州大学体育学院协办的"河南省十一届运动会（成年组·省直）"大众广播体操、太极拳、羽毛球、乒乓球、网球等五项比赛，经过近5天的激烈角逐，省林业厅代表队最终夺得2个团体二等奖、1个团体等奖、1个团体四等奖、12个个人一等奖、8个个人二等奖、9个个人三等奖的好成绩，省林业厅被被河南省第十一届运动会组委会授予优秀组织奖。

组队参加了全国林业系统第十一届乒乓球赛　10月11日，由中国林业体育协会主办、遵义市承办的全国林业行业第十一届乒乓球比赛于10月11日在遵义市汇川体育馆举行。林业厅代表队选手参加了厅处级组、普通组等三个团体、五个单项的比赛，与来自国家林业局和全国13个省（区、市）的15支代表队、150余名选手同台竞技，一举夺得厅处级团体冠军，厅级单、双打亚军，处级单打第三、第五名的优异成绩，创造了我厅代表队自参加该赛事以来的最好成绩。

省林业厅等单位获国家体育总局表彰　12月31日，国家体育总局下发通知，河南省林业厅被国家体育总局授予2010年度全民健身活动先进单位称号，省林业调查规划院也同时被授予2010年度全民健身活动优秀组织奖。

老干部工作

一、概述

2010年，林业厅离退休干部工作紧紧围绕贯彻落实全省老干部工作会议精神和林业厅中心工作，认真组织老干部党支部和党员开展"创先争优"活动，切实加强老干部思想政治建设和党支部建设；认真落实老干部政治、生活待遇，深入开展为老干部"献爱心、送温暖"活动；积极引导老干部在"两个文明"建设中发挥作用，不断强化老干部工作队伍素质建设，促进了全厅老干部工作和谐发展。

（一）积极开展"创先争优"活动

厅机关及直属单位老干部党支部、老干部党员和老干部工作者根据省委组织部、省委老干部局的统一部署，以学习贯彻党的十七届三中、四中、五中全会精神为主线，深入开展"创先争优"活动，进一步完善和落实离退休干部党支部组织教育、学习、活动、管理的相关制度，激励广大离退休干部围绕中心、服务大局、发挥作用、促进发展。充分发挥离退休干部党支部的阵地作用和老干部党员的表率作用，坚持把组织教育与自我教育结合起来，把开展思想政治工作与解决实际问题结合起来，把发扬优良传统与积极改革创新结合起来，切实把大家的思想和行动统一到中央和省委对当前形势与任务的科学分析和重要决策上来，进一步增强了老干部党支部的凝聚力和党员队伍活力。

（二）全力抓好老干部政治、生活待遇落实

顺应形势发展和老同志的需求，进一步完善和落实离退休干部政治、生活待遇的各项制度。认真学习贯彻中组部、人力资源社会保障部《关于进一步加强新形势下离退休干部工作的意见》（中组发〔2008〕10号），不断健全完善老干部阅读文件、参加会议、参观考察、通报工作、节日慰问、生病探视、困难救助、订阅报刊、医疗保障等项制度，在全厅深入开展为老干部"献爱心、送温暖"活动，发动党团员和青年职工积极主动为老干部做好事、办实事、解难事。以庆祝中国共产党成立90周年为契机，在全厅范围内广泛开展走访慰问离退休老干部、老党员活动，使广大老干部深切感受到党组织和单位职工的关怀与温暖，为老干部老有所养、老有所医、安享晚年创造了舒心环境。

（三）积极引导老干部在建设林业生态省中发挥余热

在全厅老干部当中开展"为河南林业谋发展、为绿色中原添光彩"活动，充分挖掘和利用老干部这一群体的智力财富和独特优势，支持老干部代表参与林业生态省建设和集体林权制度改革工作，发挥他们在普及林业科学知识、宣传依法治林、完善民主监督、培养年轻干部、弘扬先进文化和构建社会主义和谐社会中的推动作用和示范作用。组织厅机关离退休干部参观上海世博会和中国第二届绿化博览会，就地就近参观考察工农业生产和林业工作，使老同志亲身感受国家经济社会发展和林业生态省建设取得的巨大成就，进一步激发广大老干部支持和参与全面建设小康社会、促进中原崛起的热情。厅机关及直属单位的一些老干部、老专家坚持深入基层，发挥一技之长，指导和带动周围群众大力发展林果业，为当地农民增收致富铺路架桥，深受地方政府和干部群众好评。

（四）大力加强老干部活动阵地建设

在全厅离退休干部中开展"共建文明、共享和谐、科学生活"系列活动。重视老干部活动场地设施建设，改善活动条件。厅离退休干部工作处会同厅老年体育协会制定老干部文体活动计划，整修了老干部活动室和门球场，增添了部分器材设施；举办了第14届"康乐杯"老年门球赛，组织老干部体育运动队参加省直机关老年体育协会组织的各项体育比赛。在厅机关和直属单位开展"关爱老干部健康"活动，开展"健康杯"征文和"健康老干部"评选活动，组织老干部参加健康知识讲座；组织老干部合唱队排练节目，参加全厅职工春节联欢会，丰富了老干部的晚年生活，促进了老干部的身心健康。

（五）持续加强老干部工作队伍建设

在全厅老干部工作部门中开展"做老干部的贴心人"主题实践活动，大力加强老干部工作队伍素质建设。通过召开全厅老干部工作会议，认真总结工作，交流经验，强化培训，完善制度。按照"政治强、业务精、作风实、服务优"的标准，深入开展老干部工作"争先创优"活动，不断加强老干部工作队伍能力、素质建设，创新工作方式，丰富服务内容。要求全体老干部工作者深入到老干部当中，从解决老干部最关心、最迫切、最现实的问题入手，全面落实老干部政治、生活待遇，努力把老干部工作部门建设成为让党放心、让老干部满意的老干部之家。同时，充分发挥老干部工作部门的参谋助手作用和桥梁纽带作用，促进老干部工作经常化、制度化、全员化、具体化，形成老干部工作齐抓共管的工作格局。

二、纪实

持续开展爱老助老活动　元旦、春节、重阳节和"七·一"期间，林业厅机关及直属单位领导分头走访慰问离退休干部，全厅持续开展为老干部"献爱心、送温暖"活动。年内，各单位领导共走访慰问老干部、老党员、老模范、老专家326人次，为老干部办实事、做好事273件，订阅报刊杂志815份，代办老年乘车证、优待证、活动证186份，申办重症慢性病例17件，帮扶老干部困难家庭及遗属25户，增进了在职干部与老干部之间的情感交流，促进了和谐机关建设。

召开全厅老干部工作会议　3月9日，林业厅召开老干部工作会议，厅党组书记、厅长王照平对老干部工作提出新要求，厅党组成员、纪检组长乔大伟总结和部署工作。

组织离退休干部开展纪念建党 90 周年活动　6 月下旬，"七·一"前夕，厅机关及直属单位以"永远跟党走"为主题，通过组织形势报告、专题座谈、就近参观、邀请老同志讲党史、参加纪念中国共产党成立 90 周年活动和开展"与党同呼吸、共命运、心连心"征文活动等，让老同志充分感受我国改革开放和现代化建设取得的巨大成就，抒发对党、对祖国、对社会主义的热爱之情，教育和引导广大干部职工继承和发扬老一辈的优良传统和作风，在全厅营造尊重、关心、爱护老干部的深厚氛围。

积极开展关爱老干部健康活动　7 月，结合庆祝建党 90 周年，厅机关及直属单位组织开展形式多样的老年文娱健身活动，举办健康知识讲座，倡导科学养生理念；组织健康检查，评选健康家庭，改善生活环境，丰富老干部精神文化生活，促进老干部身心健康。

离退休干部参观上海世博会　10 月 9～13 日，组织厅机关离退休干部赴上海参观世博会，让老干部们亲眼目睹国家经济社会发展和科技进步取得的丰硕成果，切身感受我国改革开放和现代化建设带来的巨大变化。

野生动物救护

一、概述

2010 年，河南省野生动物救护中心在林业厅党组的正确领导下，以科学发展观为指导，认真贯彻落实省委林业工作会议精神，紧紧围绕《河南林业生态省建设规划》，进一步解放思想、转变作风、开拓创新，扎实工作，圆满地完成了各项工作任务。

（一）认真做好野生动物救护和伤病残野生动物治疗工作

全年共外出救护野生动物 150 次，救护、收容野生动物活体、死体 1 150 只（头、条），其中国家一级保护动物蜂猴、大鸨等 15 只，国家二级保护动物灰鹤、隼、天鹅等 40 只。对救护的伤病残野生动物及时治疗，精心护理，有效提高患病受伤动物的治愈效果，治愈率达 85%以上；对治愈的动物及时组织放生，分别在云南西双版纳、郑州黄河湿地、登封等地组织大型放生活动 4 次，特别是 2010 年 10 月 4 日救护新乡市森林公安局查获的国家一级重点保护野生动物 11 只（其中蜂猴 7 只、倭蜂猴 4 只），经救护中心全力救治，并经国家林业局批准，6 只具备野外放生条件的蜂猴在其适生地云南省西双版纳地区得到放生，这是河南省野生动物救护史上的第一次，也是经国家林业局批准的全国首例，为全国跨省放生野生动物提供了经验。

（二）科学饲养管理场馆内现有的野生动物

根据场馆内现有的 100 余只野生动物的生活习性，科学饲养管理，合理配置饲料，按时定量投食，每天打扫卫生，定期进行防疫、消毒、驱虫，保证动物健康生长。同时，积极开展动物交配、受孕、繁育规律研究，提高动物繁育水平，成功繁育梅花鹿 14 只（其中代养动物繁育 8 只），成活率达 100%。2007 年以来，经有关部门批准，洛阳石化集团、郑煤集团等单位先后代养救护中心梅花鹿、猕猴等 50 多只，为加强代养野生动物的管理工作，6 月举办了野生动物饲养技术经验交流会，到会代表 30 余人，11 位代表从不同侧面进行了发言，会议达到了总结交流、共同提高的目的。

（三）认真做好全省野生动物疫源疫病监测工作，不断提高监测水平

高度重视疫源疫病监测工作，采取多种措施，确保工作正常开展。一是认真做好疫源疫病信息

收集及上报工作。全年共接收全省各地疫情信息报告单 17 202 份，上报省高致病性禽流感办公室、国家野生动物疫源疫病监测总站疫情信息 732 份，参与处理或指导处理 3 起野生动物异常死亡情况；二是加强疫源疫病监测值班工作。坚持 24 小时值班制度，密切关注全省各地疫情动态，并配合林业厅野生动植物保护与自然保护区管理处对全省监测站值班情况进行电话抽查，督促各监测站做好值班工作；三是制定的《河南省陆生野生动物疫源疫病监测技术规范》由河南省质量技术监督局发布，2010 年 11 月 10 日开始实施；四是组织有关人员参加了国家林业局野生动物疫源疫病监测总站在沈阳举办的全国野生动物疫源疫病监测信息网络直报系统应用培训班，并与林业厅野生动植物保护与自然保护区管理处联合举办了全省野生动物疫源疫病监测信息网络直报系统应用培训班，为河南省野生动物疫源疫病监测信息网络直报工作顺利开展奠定了基础；五是组织绘制了全省候鸟迁徙路线及监测站点分布示意图。

（四）扎实推进伏牛山、太行山国家级自然保护区管理总站工作

积极履行保护区管理总站职责，做好伏牛山、太行山两个国家级自然保护区的管理工作，并于 8 月初顺利通过了环保部等七部委对两个自然保护区的管理评估；完成了《河南省自然保护区科研监测工作方案》的制定工作，为全省自然保护区管理工作规范化、科学化奠定了基础；对全省 25 个自然保护区基本数据、信息进行收集汇总并上报国家林业局；完成了《河南林业自然保护区》编写大纲的制定工作。

二、纪实

《河南省野生动物疫源疫病监测技术规范》通过评审　3 月 20 日，省质量技术监督局组织专家对由河南省野生动物疫源疫病监测中心主持制定的《河南省野生动物疫源疫病监测技术规范》进行了评审。专家组一致认为，该标准规范的技术要求科学合理，符合实际，达到国内先进水平，对于河南省陆生野生动物疫源疫病监测工作更加科学化、规范化、制度化有着重要的意义。

《河南省自然保护区科研监测方案》通过论证　4 月 8 日，省林业厅组织专家对由河南省伏牛山、太行山自然保护区管理总站完成的《河南省自然保护区科研监测方案》进行论证。与会专家一致认为，该方案符合实际、可操作性强，走在全国前列，建议尽快组织实施。

完成林业厅造林稽查工作　6 月 12 日～9 月 7 日，河南省野生动物救护中心副主任段艳芳、规划室科长张万钦参加林业厅造林稽查工作，先后完成了固始、商城、卢氏、嵩县等 9 个县（市、区）的造林稽查任务。

中央电视台来河南拍摄《巨鸟之谜》专题片　6 月 23～25 日，中央电视台社教中心王卫华等来到河南省野生动物救护中心，拍摄《巨鸟之谜》专题片。该专题片于 7 月 12 日在中央电视台《走进科学》栏目播出。

举办全省野生动物疫源疫病监测信息网络直报系统应用培训班　6 月 30 日～7 月 2 日，河南省野生动物救护中心与林业厅野生动物保护处联合在洛阳举办全省野生动物疫源疫病监测信息网络直报系统应用培训班，来自全省野生动物保护部门的有关人员参加了培训。

河南丹江湿地野生动植物栖息地恢复工程项目可行性研究报告编制完成　7 月 6 日，完成河南丹江湿地野生动植物栖息地恢复工程项目可行性研究报告的编制工作，并于 7 月 30 日通过专家评审。

环境保护部等七部委考察河南伏牛山、太行山等国家级自然保护区　8 月 6～10 日，环境保护部等七部委有关人员组成联合评估组，对河南伏牛山、太行山等国家级自然保护区的管理工作进行了评估。

《河南省野生动物疫源疫病监测技术规范》发布实施　9 月 1 日，河南省质量技术监督局发布《河南省野生动物疫源疫病监测技术规范》，该规范于 2010 年 11 月 10 日正式实施。

救护并放生国家一级重点保护野生动物　10 月 4 日，救护新乡市森林公安局查获的国家一级重点保护野生动物 11 只（其中蜂猴 7 只、倭蜂猴 4 只），11 月 10 日，经救护中心全力救治，并经国家林业局批准，6 只具备野外放生条件的蜂猴在其适生地云南省西双版纳地区得到放生，这是河南省野生动物救护史上的第一次，也是经国家林业局批准的全国首例，为全国跨省放生野生动物提供了经验。

中央电视台记者来豫专访蜂猴救护放生行动　12 月 17～21 日，中央电视台社教中心胡文、王俊彪二位记者来到河南省野生动物救护中心，对中心查获、全力救治并放生国家一级重点保护动物蜂猴的行动进行专访，该专访在中央电视台科教频道《纪实》栏目以《蜂猴行动》为题播出。

举行河南省生态文明教育基地授牌仪式　12 月 24 日，河南省生态文明教育基地授牌仪式在郑州举行，省野生动物救护中心作为全国生态文明教育基地代表进行了典型发言。

森林航空消防与森林资源数据管理

一、概述

2010 年，河南省森林航空消防站、森林资源数据管理中心在林业厅党组的正确领导下，深入贯彻落实科学发展观，认真、全面、系统地学习了党的十七届四中、五中全会，中纪委五次全会、中央和省委林业工作会议、《中国共产党党员领导干部廉洁从政若干准则》等，牢固树立建设河南林业生态省的责任感意识，发扬艰苦奋斗、团结协作的精神，顺利完成了各项工作，作出了应有贡献。

（一）积极协调配合，科学开展航护

认真落实《森林火灾应急预案》，启用了洛阳机场、南阳机场。签订了航空护林的保障协议，标志着河南省实现了大别山、桐柏山及伏牛山、太行山重点林区航空护林的全覆盖。主要巡护豫西、豫南和豫东北部，覆盖河南省洛阳、三门峡、南阳、信阳、焦作、济源、安阳等地区。在严峻的森林防火形势下，根据全省防火大局的需要，做好协同配合，安全高效飞行，形成卫星林火监测、航空巡护消防、地面扑火力量三位一体的防扑火体系，充分发挥航空消防护林的优势，及时有效地处置了接连发生的森林火灾，为实现森林火灾"打早、打小、打了"的目标，最大限度减小森林火灾损失提供了强有力的支持和保证。截至 12 月 31 日，2010 年航空护林历时 128 天，累计飞行 56 架次，计 171 小时 41 分钟，其中巡护 40 架次，火场侦察、吊桶灭火 15 架次，实施救援 1 架次。

（二）科学合理规划，推进信息工作

2010 年，河南林业信息网共发布信息 1 335 条，办理咨询 37 条；共接受国家林业局信息、简报 205 份，发送各类公文、信息 1 091 份；共接受省政府公文 574 份，发送各类公文、信息 119 份；河南省林业政务专网共发送公文、简报 186 份；省政府门户网站上报信息 85 条，被采用 41 条；受理网上咨询 23 件；受理依申请公开 3 件。

保证了机房网络设备及全厅办公系统的正常运转，全年未发生安全事故；保障了视频会议系统的正常运行，全年共召开视频会议 15 次（含国家局视频会议，不包括各省辖市单独召开的视频会议）；制定了河南林业信息化中长期发展规划及一期建设方案，为信息化建设科学长远发展奠定了基础；全省森林资源数据库建设项目顺利通过阶段验收；就办公自动化系统的工作原理、公文及协同的处理、与各部门业务相关的各模块功能等，举办了三期 OA 办公自动化系统应用培训班；完成网站群项目建设工作，2 月在洛阳和郑州举办了两期网站群管理培训班，共培训人员 102 名；3 月 23 日召开项目验收会，顺利通过验收；拟定了河南省林业信息化建设工作绩效考核办法，为规范全省林业信息化管理工作打下了良好的基础。

二、纪实

利用直升机成功营救被困船员 1 月 2 日，森林航空消防站工作人员，与机组人员克服种种困难，利用直升机经过三次空中悬停作业，成功营救了被困在黄河冰凌中的两位船员。此次营救活动得到了省护林防火指挥部和省林业厅领导的充分肯定，受到了灵宝市人民政府和有关部门以及新闻媒体的一致好评。

信息中心举办网站群应用培训班 2 月 15~18 日，省森林资源数据管理中心在洛阳组织举办了两期网站群应用管理培训班。各省辖市林业局及厅直事业单位部分人员共 64 人参加了培训。

河南省林业厅网站群建设项目竣工 3 月 23 日，省森林资源数据管理中心组织有关专家对河南省林业厅网站群项目进行了验收，验收结果合格，该项目顺利竣工。

举办 OA 办公自动化培训班 6 月 7~11 日，省林业厅人事教育处、省森林资源数据管理中心在省直广播电视大学组织举办了两期 OA 办公自动化系统应用培训班，厅机关全体公务员及厅直事业单位部分人员共 110 人参加了培训。

2010~2011 年冬春航协调会召开 11 月 12 日，河南省 2010~2011 年冬春航森林航空消防协调会在郑州召开，空十九师、96521 部队司令部、民航河南空管分局、民航河南安全监督管理局、南航南阳基地、洛阳分院机场、青岛直升机航空有限公司、青岛直升机航空有限公司驻济南办事处、三门峡市林业局、平顶山市林业局、洛阳市林业局、南阳市林业局等单位参加了此次会议，并就航线审批、军方管制、机场保障、地方配合等航空护林工作相关事宜达成共识。

2010~2011 年冬春航正式开航 11 月 15 日，青岛直升机航空有限公司 7834 直升机由加尔达斯调入洛阳机场，标志着 2010~2011 年冬春航正式开航。

河南省森林资源数据库通过验收 11 月 18 日，河南省林业厅组织省内有关专家对河南省森林资源数据库项目进行阶段验收会议，林业厅有关处室、厅直有关单位以及南阳、新乡、濮阳市林业局及所辖西峡、辉县、范县的相关负责人参加了会议，厅党组成员，副厅长刘有富参加会议并对阶段验收工作提出了具体要求。专家组专家一致同意通过阶段验收，同时提出许多意见并对下一阶段的开发作出了指导。

正式启用南阳机场开展航空护林工作 12 月 2 日，在省森林航空消防站与青岛直升机航空有限公司的共同努力下，正式与南阳机场签订航空护林保障协议，标志着河南省实现了大别山、桐柏山及伏牛山、太行山重点林区航空护林的全覆盖。

林业厅网站被评为"优秀网站" 12 月 20 日，河南省林业厅网站在 2010 年全国林业网站绩效评估中被国家林业局办公室评为"优秀网站"。

2010 年航护工作圆满结束　12 月 31 日，2010 年航空护林工作圆满结束。该项工作历时 128 天，累计飞行 56 架次，计 171 小时 41 分钟，其中巡护 40 架次，火场侦察、吊桶训练、吊桶灭火 15 架次，实施救援 1 架次。

林业厅网站获"中国政府网站优秀奖"　12 月 31 日，河南省林业厅门户网站在 2010 年中国优秀政府网站推荐及综合影响力评估活动中，被中国信息化研究与促进网、工业和信息化部电子科学技术情报研究所信息化研究与促进中心、中国优秀政府网站推荐及综合影响力评估组评为 2010 年度"中国政府网站优秀奖"。

林业信息网荣获"中国农业网站百强"　12 月 31 日，河南省林业信息网在 2010 年第七届中国农业网站百强评选活动中，被中国电子商务协会、中国互联网协会评为"中国农业网站百强（园艺林业类 10 强)"。

郑州市

一、概述

2010 年是"十一五"计划的收官之年，是第二届中国绿化博览会在郑州市成功举办之年。一年来，全市各级林业部门在市委、市政府的正确领导下，以科学发展观为统领，团结拼搏，锐意进取，奋力推进林业生态建设，取得了可喜的成绩，实现了新的跨越，全市林业发展呈现又好又快的良好局面。

（一）第二届中国绿化博览会成功举办

经过一年多的精心筹备，2010 年 9 月 26 日至 10 月 5 日，第二届中国绿化博览会在郑州市成功举办，达到了圆满、精彩、一流的预期效果，受到社会各界的广泛关注和一致好评。本届博览会共有 94 个省、区、市、行业（系统）和港、澳、台地区，国际友好城市及国内、外企业参展，有 129 个代表团参加，正式代表和非正式代表达 2 000 多人。作为第二届中国绿化博览会核心成果的郑州绿化博览园如期建成开园，总面积 2 939 亩，总投资概算约 14 亿元，由 99 个各具特色的展园组成，被誉为"百园之园"。园内主要建筑有观光塔、展览馆、综合服务中心、连栋温室等主体建筑和一些配套建筑；湖面、湿地等水系面积 320 亩；各类绿化面积 130 万平方米，栽植各类乔灌木 70 余万株，地被花草 80 多万平方米，各类植物 1 000 余种。

第二届中国绿化博览会的举办和绿化博览园的建设，对郑州市生态建设具有里程碑意义，使全市的生态文明建设迈入一个全新阶段，同时也对全市经济社会产生了深远影响。

（二）年度造林绿化工作目标圆满完成

全市完成林业生态建设规模 20.83 万亩，占年度建设任务 20.76 万亩的 100.3%；其中，完成重点工程造林 19.13 万亩，森林抚育和改造工程 1.7 万亩。建成 12 个林业生态乡（镇）、100 个林业生态村。全市以各种形式参加义务植树的公民达 355.6 万人次，占应尽责人数的 95.6%，义务植树 1 458.3 万株，新建市级义务植树基地 2 个。

（三）绿化博览园管理经营开局良好

第二届中国绿化博览会结束后，迅速组织展开了绿化博览园后续管理经营工作。一是组建管理机构和队伍。积极与市编制办公室沟通协调，成立了绿化博览园管理中心，全供事业单位，副县级规格，编制 20 人；另外，根据管理需要，向社会招聘人员 160 余人，初步建立了管理机构与队伍。二是加强园区管理。为确保园区植物顺利越冬，对珍贵植物进行了统计，共有 60 多个品种 2 000 多株植物被移植到温室，对难以移植的高大乔木，采取了就地搭建防冻大棚的措施。对园区 99 个展园和公共区域实行了划片包干，每天不间断巡查。针对展会期间出现的入厕难、配套少等突出问题，新增生态型公厕 15 座、休闲座椅 300 个、垃圾箱 300 个、指示标牌 300 块。成立了郑州市森林公安第三派出所，维护园区秩序与安全。制定了商户管理有关规定和制度，加强日常管理，规范经营行为。三是探索研究经营发展模式。邀请了沈阳世界园艺博览园、南京绿化博览园、开封清明上河园等园区负责人和国内知名专家来郑座谈，组织有关管理人员外出到同类景区进行现场考察调研，学习管理经营经验。积极与大专院校、科研院所合作，初步编制了《郑州绿化博览园旅游功能开发总体规划》，为今后管理经营提供基本思路。四是加强内部管理。建立了员工考勤、绩效考核等基本规章制度，编印了《绿化博览园员工手册》。组织开展"一周一课"培训活动，对员工进行了礼仪、服务等方面的培训，统一着装、持证上岗，增强员工素质，提高服务水平。五是加强对外宣传。设计开通了绿化博览园网站，与河南电视台联合，在绿化博览园举行了"幸福一条龙"万人相亲大会，元旦期间组织了文艺演出，春节期间组织了大型灯展。

（四）集体林权制度改革稳步推进

2010 年 9 月底，省政府对郑州市的林权制度改革任务进行了调整，林权制度改革面积增加为 185.51 万亩。截至目前，通过分山到户、联户承包、股份制、期权分山等多种形式，对自留山、家庭承包经营、集体统一经营等方式经营的集体林地落实产权面积 146.24 万亩，占任务 185.51 万亩的 79%；发证面积 103.69 万亩，占已确权面积 146.24 万亩的 71%。已经录入、打印林权证 8.14 万本。

（五）森林资源保护工作扎实开展

林业行政执法队伍与森林公安机关密切配合，不断提高自身建设，通过专项打击行动与日常执法相结合，对全市乱砍滥伐林木、乱侵滥占林地、乱捕滥猎野生动物等违法犯罪行为进行了严厉打击。全市林业执法机关共查处各类案件 613 起，查结 531 起。收缴野生动物 6 500 余只（头），全年共检查过境运输木材车辆 4 000 余台次。森林防火工作在严格火源管理的同时，重点加强了基础建设和队伍建设，严格落实行政领导负责制，有效增强了森林火灾的预防和扑救能力。通过不断拓展和加大森林防火宣传的广度、深度和力度，社会各界和林区群众森林防火的意识逐步增强。2010 年，郑州市共发生森林火灾 7 起，其中一般火灾 5 起，较大火灾 2 起，受害林地面积 76 亩，无人员伤亡，受害率控制在 0.1‰ 以下，远低于省定 1‰ 的控制目标。同时，及时准确做好林业有害生物预测预报工作，通过飞机喷药防治和机防，共防治林业有害生物 47.3 万亩，有效地遏制了森林病虫害的蔓延，保护了生态建设成果。

（六）黄河湿地保护工作积极推进

累计树立界桩 365 个、界碑 25 个、警示标牌 60 个、大型宣传标示牌 4 个。对 17 块原生态湿地和 7 块候鸟栖息地进行了抢救性保护。救护、环志放飞了国家一级重点保护动物大鸨 1 只、国家二级保护动物灰鹤 9 只。通过组织"湿地日"、座谈会、印发科普宣传页、观鸟摄鸟等活动，不断提高湿地周边群众保护湿地的意识，呼吁社会各界更多的人认识湿地，保护鸟类，形成良好的舆论氛围，取得了良好的宣传效果。各有关县（市、区）通过完善基础设施、加强日常管护和加大宣传力度，湿地保护工作也取得了较好的进展。

（七）林业产业日益发展壮大

按照"近期得利，长期得林，以短养长，长短协调发展"的良性循环模式，全市各地大力发展林下种植、养殖业，有力地推进了新农村建设，实现了农民增收。以林果业为依托的森林旅游也逐渐成为一种品牌，有效促进了林区第三产业的蓬勃发展。全市有 5 家林业企业被评为河南省林业产业化重点龙头企业。全市完成林业总产值 20.4 亿元，圆满完成省林业厅下达的年度目标任务。其中第一产业产值 10.1 亿元，第二产业产值 5.8 亿元，第三产业产值 4.5 亿元。

（八）林业科技服务水平进一步提高

制定了《杨小舟蛾无公害防治技术规程》，对无公害防治杨小舟蛾、保障郑州市杨树健康成长、避免出现"夏树冬景"现象、维护生态环境安全发挥了重要作用。新建省级林业科技示范园区 1 个。不断加强林业新品种引进推广，搞好科技服务，开展送科技下乡活动，全市组织参与科技下乡活动的林业专家和技术人员共计 307 人次，举办各种培训班和技术讲座 75 场，培训林业职工 1 453 余人次，组织林农赶科技大集 11 场，服务咨询群众 12 861 人次，发放技术资料 3 万余份，通过各种媒体发布林业科技信息 200 余条，为郑州市林业快速、健康、可持续发展和新农村建设作出了贡献。

（九）林业宣传工作有声有色

一是宣传工作的机制更加健全。市林业局已连续 5 年召开全市林业宣传工作会议，并不定期召开林业宣传工作座谈会、培训班。全市各级林业主管部门先后成立了宣传工作领导小组，有些地方还成立了专门的宣传办公室，各类宣传设备也逐步完善。局机关和巩义市、登封市、中牟县、新密市、荥阳市、市林业工作站建立了宣传信息工作激励机制，根据稿件采用情况分别给予撰稿人一定的奖励，激发了干部职工的宣传热情。二是宣传面更加广泛。以承办第二届中国绿化博览会为契机，在中央电视台、人民日报等国内主流媒体开展了广泛的宣传，在国家、省、市各级媒体宣传报道达 500 余条，其中国家级媒体 94 条，不断提高了宣传的层次和水平。三是《郑州林业志》正式出版。《郑州林业志》编撰工作于 2008 年正式启动，经过两年来的不懈努力，近 150 万字共 8 卷的《郑州林业志》于第二届中国绿化博览会开幕前夕正式出版，给郑州市林业生态建设留下了宝贵的历史资料。

二、纪实

省森林防火演习活动在登封举办 1 月 19 日，省森林防火演习活动在登封市少林办事处耿庄村熬子岭开展。本次演练活动首次通过卫星传输，将扑火演习现场画面直接传至省森林防火指挥中心，省林业厅巡视员李键庭、省政府应急事务管理办公室主任余兴台、省护林防火指挥部办公室主任汪万森在省林业厅通过卫星系统对演练进行遥控指挥。

龙树枫叶首次在河南省引种成功 1月25日，郑州市苗木场的智能温室内，台湾金奖蝴蝶兰"龙树枫叶"成批开放，标志着"龙树枫叶"这一名贵蝴蝶兰品种首次在河南省引种成功。

开展世界湿地日系列宣传活动 2月2日，为迎接第十四个世界湿地日，做好湿地日宣传工作，郑州黄河湿地自然保护区在湿地日期间开展了系列宣传活动。

西黄刘木材检查站等单位获省政府行风评议奖 2月2日，省政府召开2009年全省政风行风评议工作表彰大会，郑州市西黄刘木材检查站代表全省木材检查系统获奖单位上台领奖。

国家林业局、河北省林业厅领导来郑州黄河湿地自然保护区调研 2月18日，国家林业局保护司副司长陈建伟、河北省林业厅保护处处长武明录博士等一行四人，在郑州黄河湿地自然保护区管理中心主任王恒瑞陪同下，到郑州黄河湿地自然保护区视察调研。

林业局召开局长办公会扩大会议 2月20日，郑州市林业局召开了局长办公会扩大会议，传达、贯彻、落实全省林业局长会议精神，进一步明确林业生态建设任务。

召开郑州黄河湿地保护工作会议 3月4日，2010年郑州黄河湿地保护工作会议在郑州黄河湿地自然保护区管理中心召开。会议对保护区2009年的工作进行了总结回顾，并就2010年湿地保护工作的任务进行了安排。

市政府召开2010年省会郑州全民义务植树暨造林绿化动员大会 3月5日，郑州市政府在青少年宫召开2010年省会郑州全民义务植树暨造林绿化动员大会。市领导王文超、马懿、王璋、栗培青、王跃华、张建慧、陈西川出席会议，省林业厅厅长王照平、省机关事务管理局副局长贾清吉应邀出席大会。会议对2009年全民义务植树和造林绿化工作进行了全面总结，动员部署了郑州市2010年全民义务植树、造林绿化和第二届中国绿化博览会的筹办等工作。

召开2010年全市集体林权制度改革工作会议 3月8日，郑州市林业局召开2010年全市集体林权制度改革工作会议。会议总结了2009年的集体林权制度改革工作，安排部署了2010年的林权制度改革工作的重点和方向。

举行"争创巾帼文明岗 优质服务迎绿博"活动启动仪式 3月9日，郑州市"争创巾帼文明岗 优质服务迎绿博"活动启动仪式在距第二届中国绿化博览会倒计时200天之际，在郑州市绿城广场隆重举行。市领导马懿、王跃华、陈西川出席活动仪式。

省市领导参加义务植树活动 3月11日，省委常委、组织部部长叶冬松，省林业厅厅长王照平，市委常务副书记马懿，市委常委、组织部部长姚待献，副市长王跃华等来到国有中牟林场西林区，与700多名干部群众一起参加义务植树活动，为绿城再添新绿。

马懿等市领导视察绿化博览园施工情况 3月11日，市委常务副书记马懿、副市长王跃华一行来绿化博览园施工现场，察看绿化情况、了解工程进度。

河南省"保护母亲河行动"春季活动启动仪式举行 3月12日，由共青团河南省委、河南省林业厅等主办，共青团郑州市委、郑州市林业局、二七区委、区政府承办的河南省"保护母亲河行动"春季活动启动仪式在二七区樱桃沟隆重举行。省委常委、省委组织部部长叶冬松，省委常委、市委书记王文超，省长助理何东成，省林业厅厅长王照平，市林业局局长史广敏，区委书记朱是西、区长王鹏等领导参加了启动仪式。

省市四大班子领导参加绿化博览园义务植树活动　3月18日，省市党政军领导和机关干部、部队官兵，来到郑州绿化博览园参加义务植树活动，用实际行动号召全省人民积极参加义务植树造林，绿化美化中原大地，建设生态文明，为中原崛起创造可持续发展生态环境。省市党政军领导卢展工、郭庚茂、李克、叶冬松、李新民、曹维新、王文超、刘怀廉、颜纪雄、李柏拴、张程锋、铁代生、储亚平、史济春、张大卫、刘满仓、王训智、靳绥东、邓永俭、李英杰、赵建才、马懿、白红战、李秀奇、李柳身、王璋、姚待献、胡荃、王林贺、高方斌等省市党政军领导参加植树活动。

谢晓涛到巩义督察春季造林工作　3月22日，河南省林业厅党组成员、副厅级巡视员谢晓涛、正处级调研员王明付和郑州市林业局副局长曹萍等一行七人在巩义市市长张春阳，正县级领导干部刘振修的陪同下，先后到巩义市站街镇巴沟村、北山口镇老井沟村督察春季造林工作。

省森林病虫害防治检疫站领导检查指导绿化博览园植物检疫工作　3月23日，省森林病虫害防治检疫站副站长孔令省一行到郑州绿化博览园检查指导森林植物检疫工作。

省森林病虫害防治检疫总站考察郑州市林业有害生物应急防控工作　3月29日，省森林病虫害防治检疫站站长邢铁牛带领全省林业有害生物社会化防治试点单位的60余位代表到郑州市考察林业有害生物应急防控工作，代表们详细了解了郑州市林业有害生物防控情况及绿化博览园建设，并参观了郑州市应急防治设备及演练。

李育材等领导到绿化博览园施工现场调研　3月30日，国家林业局副局长李育材，国家林业局造林司巡视员张柏涛、国家林业局宣传办公室副主任李金华等一行4人来到绿化博览园施工现场，对园区重点工程进行调研。省林业厅厅长王照平、郑州市政府副市长王跃华、郑州市政府副秘书长姜现钊、郑州市林业局局长史广敏等陪同考察调研。

郑州黄河湿地自然保护区在河流健康与环境流量研讨会上作专题报告　3月30日，由黄河水利委员会、国际水资源中心联合举办的河流健康与环境流量研讨会在郑州市召开。郑州黄河湿地自然保护区出席会议并作了题为《郑州黄河湿地保护》的专题报告。

澳门民政总署绿化部部长潘永华考察郑州市苗木场北基地　3月30日，澳门民政总署绿化部部长潘永华等一行2人在省、市外事侨务办公室和郑州市林业局有关领导的陪同下，到郑州市苗木场北基地考察，并为第二届中国绿化博览园澳门园的建设选择合适的植物配置。

马懿等市领导考察绿化博览园施工现场　4月2日，市委常务副书记马懿、副市长王跃华一行来到绿化博览园施工现场，了解工程进度，现场解决问题。

郑州市在"首届中国大鸨保护国际研讨会"上作专题报告　4月10~11日，由北京林业大学主办，河北省林业局、全国鸟类环志中心、内蒙古图牧吉国家级自然保护区管理局、河南郑州黄河湿地自然保护区管理中心协办的"首届中国大鸨保护国际研讨会"在北京林业大学召开。来自俄罗斯、西班牙、匈牙利、英国、蒙古等国的18名大鸨研究方面的资深专家和来自国内大鸨繁殖地、越冬地保护区的100多位代表参加会议。郑州黄河湿地自然保护区管理中心王恒瑞主任在大会上作了关于"郑州黄河湿地大鸨越冬情况和濒危问题"的专题报告。

市森林公安局召开联席会议部署"两车"专项整治工作　4月12日，郑州市森林公安局召开联席会议对下一阶段组织开展警车和涉案车辆违规问题专项治理工作进行再部署。

国家林业局及省林业厅领导调研陈寨花卉市场 4月13日，国家林业局造林司花卉处刘道平处长在省经济林和林木种苗工作站刘增喜副站长、市林业工作站高巨虎站长以及金水区农经委有关领导的陪同下，到金水区陈寨花卉市场进行调研。

召开全市森林病虫害防治检疫站长会议 4月14日，郑州市林业工作总站召开由各县（市、区）森林病虫害防治检疫站长参加的全市森林病虫害防治检疫站站长会议。会议听取了各县（市、区）2010年林业有害生物发生、预测以及防治准备情况汇报，分析了2010年林业有害生物发生趋势，传达了全省林业有害生物社会化防治工作会议精神，讨论修改了《郑州市2010年重大林业有害生物灾害应急防控演练方案》。

召开全市野生动植物保护管理工作会议 4月15日，郑州市林业局召开全市野生动植物保护管理工作会议。各县（市、区）林业部门主管野生动植物保护工作的副局长和业务科长参加了会议。会议分析了当前全市野生动植物保护工作的形势，指出了工作中存在的问题，明确要求各县（市、区）林业部门加大野生动植物保护的宣传和巡视检查力度，并组织与会人员系统学习了《中华人民共和国野生动物保护法》、《中华人民共和国野生动物保护条例》等相关法律法规。

市林业局举行向青海玉树地震灾区捐款仪式 4月19日，郑州市林业局举行向青海玉树地震灾区捐款仪式。全局212名干部职工为灾区人民捐款17 450元。

召开郑州市林业局创建省级文明单位动员大会 4月22日，市林业局在六楼会议室召开郑州市林业局创建省级文明单位动员大会，对2010年创建省级文明单位进行动员部署。会议号召全体干部职工统一思想，提高认识，切实增强创建文明单位工作的紧迫感和责任感，齐心协力，务求实效，使全局创建工作再上新台阶。

举行重大林业有害生物灾害应急防控演练 4月22日，郑州市森林病虫害防治检疫总站在中牟县进行重大林业有害生物灾害应急防控演练。

举行第二十九届"爱鸟周"科普宣传活动 4月24日，河南省野生动植物保护协会、河南省野生动物救护中心、郑州市林业局在郑州自然博物馆联合举行了第二十九届"爱鸟周"科普宣传活动。

第二届中国绿化博览会绿化博览园建设工作会议召开 5月6日，第二届中国绿化博览会绿化博览园建设工作会议在郑州市召开。全国绿化委员会委员、国家林业局党组副书记、副局长李育才，全国绿化委员会办公室秘书长、国家林业局造林绿化管理司司长王祝雄，省长助理何东成，省林业厅厅长王照平，市领导马懿、王跃华及全国各地的省、市绿化委员会办公室主任出席会议。

国家林业局造林绿化管理司领导到郑州黄河湿地自然保护区指导工作 5月8日，国家林业局造林绿化管理司部门绿化处处长杨淑艳到郑州黄河湿地自然保护区视察指导工作。

国家林业局"十二五"规划调研组调研新郑大枣产业化发展情况 5月16日，国家林业局"十二五"规划调研组赴新郑市调研大枣产业化发展情况。

市政协委员考察绿化博览园建设进展情况 5月20日，市政协主席李秀奇带领部分市政协委员，对绿化博览园建设进展情况进行考察。副市长王跃华陪同。

市人大领导到郑州黄河湿地自然保护区调研 5月27日，郑州市人大民侨外工委主任岳德常、市人大常委会副秘书长柴清玉等领导到郑州黄河湿地自然保护区调研，并就郑州黄河湿地保护和郑州黄河国家湿地公园建设等问题进行了座谈。

举办林政稽查和木材检查行政执法法律培训班 6月28~30日，郑州市林政稽查大队在新郑市举办了郑州市林政稽查和木材检查行政执法法律培训班，来自全市林政稽查和木材检查行政执法部门的有关人员参加了培训。

市领导实地察看绿化博览园工程建设进展情况 6月30日，市委常务副书记马懿、副市长王跃华来到绿化博览园，深入部分展园和配套服务工程施工现场，实地察看绿化博览园工程建设进展情况。市领导强调，要在保证质量的前提下，加快工程进度，确保在8月底前完成建设任务，为9月1日试开园做好准备。

召集第二届中国绿化博览会执委会第七次主任会议 7月15日，第二届中国绿化博览会执委会主任、市委副书记、市长赵建才召集第二届中国绿化博览会执委会第七次主任会议，全面听取绿化博览园建设进展情况和第二届中国绿化博览会会务筹备工作汇报，并研究部署下一阶段工作。

市委市政府领导视察绿化博览园 7月15日，郑州市委常委、市委宣传部部长丁世显带领市旅游、城市管理、交通等相关部门负责人及省市部分新闻媒体的记者，冒雨视察了绿化博览园。郑州市副市长王跃华、市政府副秘书长姜现钊、市林业局常务副局长王凤枝、市林业局副局长周铭陪同视察。

召开畅通工程动员会 7月19日，郑州市林业局召开全局机关党员大会，对开展"服务畅通工程、争当文明表率"活动进行了广泛的动员。

市人大常委会领导对绿化博览园建设情况进行调研 7月22日，郑州市人大常委会党组书记、主任白红战带领市人大常委会领导对绿化博览园建设情况进行调研。副市长王跃华、市政府副秘书长姜现钊，市林业局常务副局长王凤枝、副局长周铭陪同调研。

连维良察看绿化博览会园区建设和会务筹备情况 7月24日，市委书记连维良带领有关部门负责人到绿化博览园实地察看了解第二届中国绿化博览会园区建设和会务筹备情况，并要求要加快工程建设进度，保证工程质量，加快推进各项筹备工作的落实，齐心协力高水平办好第二届中国绿化博览会。市领导马懿、孙金献、王跃华，市长助理赵武安等领导陪同察看。

举办全省护林防火指挥员培训班 8月13日，河南省护林防火指挥部在新密市举办全省护林防火指挥员培训班。来自全省13个省辖市的护林防火办公室主任和护林防火工程项目县林业局主管副局长100余人参加培训班。

卢展工到绿化博览园视察 8月18日，河南省委书记卢展工到绿化博览园视察，他要求第二届中国绿化博览会执委会在剩下的一个月时间里，加快施工进度，保证施工质量，加强安全管理，把绿化博览园建好，为河南人民留下一笔永久的财富。陪同视察的领导有省委常委、郑州市委书记连维良，市委副书记马懿，副市长王跃华，市政府副秘书长姜现钊等。

刘满仓到绿化博览园调研 8月21日，河南省副省长刘满仓冒着酷暑到绿化博览园调研。省政府副秘书长何平、省林业厅厅长王照平等陪同。

第六届郑州葡萄文化节开幕 8月22日，第六届郑州葡萄文化节在二七区侯寨乡万亩葡萄基地隆重开幕。

召开第二届中国绿化博览会执委会第八次主任会议 9月3日,第二届中国绿化博览会执委会主任、郑州市委副书记、市长赵建才召开第二届中国绿化博览会执委会第八次主任会议,研究绿化博览园建设和第二届中国绿化博览会会务,全面部署下一阶段筹备工作。

国家林业局副局长张永利到绿化博览园视察 9月6日,国家林业局副局长张永利冒雨到绿化博览园视察,陪同视察的领导有国家林业局造林绿化管理司司长王祝雄、经济林与花卉处调研员易哲、河南省林业厅副厅长张胜炎、河南省林业厅造林绿化管理处处长师永全、郑州市市委副书记马懿、市政府副秘书长姜现钊、市林业局局长史广敏等。

郑州市获第十届中原花木交易博览会综合奖金奖 9月6日,在由国家林业局和河南省人民政府主办的第十届中原花木交易博览会上,郑州市获综合奖金奖。

召开深化落实跨越式发展行动计划暨"一会两节"动员大会 9月12日,郑州市召开深化落实跨越式发展行动计划暨"一会两节"动员大会,动员全市上下抢抓中原经济区建设的历史性机遇,深化落实跨越式发展行动计划,高水平高质量办好第二届中国绿化博览会、2010河南台湾月暨郑州台湾产品节和第八届中国·郑州国际少林武术节。

荥阳市第六届河阴石榴文化节开幕 9月17日,荥阳市第六届河阴石榴文化节在高村乡刘沟村文化广场隆重开幕。

召开第二届全国绿化博览会、2010河南台湾月暨郑州台湾产品节安全保卫工作动员会 9月19日,郑州市在中牟县公安局召开第二届全国绿化博览会、2010河南台湾月暨郑州台湾产品节安全保卫工作动员会。市公安局副局长周廷欣出席会议并讲话,郑州市森林公安局局长王海林主持会议。市公安局治安支队、交警支队、消防支队、中牟县公安局、河南省司法警察学校及各区公安分局负责人参加会议。

郭庚茂到绿化博览园视察 9月20日,河南省省长郭庚茂到绿化博览园视察,省委常委、郑州市委书记连维良,河南省副省长刘满仓,省林业厅厅长王照平,郑州市市长赵建才、常务副书记马懿、副市长王跃华陪同视察。

第二届中国绿化博览会开幕 9月26日,有着"绿化领域的奥运会"之称的第二届中国绿化博览会在郑州盛大开幕。

市人大领导视察郑黄河湿地保护工程财政投资完成情况 10月9日,郑州市人大常务副主任王平带领市人大常委会各工作委员会领导及人大代表一行30余人,视察了郑州黄河湿地保护工程财政投资完成情况。市财政局局长王春山、市林业局局长史广敏陪同视察。

全国、省、市三级人大代表视察绿化博览园建设及管理工作 10月12日,全国、省、市三级人大代表对绿化博览园建设及管理工作进行视察,代表们提出,树种、物种保护和园区管理是第二届中国绿化博览会结束后绿化博览园建设工作的重点。市人大常委会副主任栗培青参加视察。

郑州黄河湿地保护管理工作会议召开 10月29日,郑州黄河湿地保护管理工作会议在保护区管理中心召开。市林业局局长史广敏出席会议并讲话,市林业局相关处室负责人和各有关县(市)、区林业局局长、主管副局长和湿地管理站站长参加会议。

国家林业局领导和专家考察郑州黄河湿地自然保护区 10月30~31日,国家林业局科技发展中心副主任王伟、北京林业大学大鸨研究专家郭玉民教授到郑州黄河湿地自然保护区考察。

举办护林防火指挥员培训 11月18日，郑州市护林防火指挥部在新密市举办护林防火指挥员培训会。各县（市、区）主管领导和护林防火办公室主任60余人参加会议。新密市人民政府副市长桑萌莉主持会议并致欢迎词。

李育材到郑州调研绿化博览园后续管理工作 11月24日，全国绿化委员会委员、第二届中国绿化博览会组委会副主任、国家林业局原副局长李育材到郑州调研绿化博览园后续管理工作，副市长王哲、省林业厅副厅长张胜炎陪同调研。

李育材等领导视察郑州黄河湿地自然保护区 11月24日，国家林业局原副局长李育材、国家林业局造林司副司长丁付林、全国绿化委员会办公室部门绿化处处长杨淑艳一行4人在省林业厅厅长王照平和市林业局局长史广敏的陪同下视察了郑州黄河湿地自然保护区。

市林业局被命名为省级文明单位 12月12日，市林业局被河南省委、省政府命名为省级文明单位，这是郑州市林业局继2005～2010年省级文明单位届满后再次喜获此项殊荣。

召开郑州市森林防火现场会 12月21日，郑州市人民政府在登封市召开了郑州市森林防火现场会。

举办2011年元旦暨春节联欢会 12月30日，郑州市林业局举办2011年元旦暨春节联欢会，全市林业系统干部职工欢聚一堂，载歌载舞迎接新年的到来。

开封市

一、综述

2010年是开封市林业持续发展的一年，各级党委、政府精心组织，林业生态市建设稳步推进，森林资源培育、森林资源管理和林业产业协调发展，各项林业工作目标圆满完成，为生态环境改善、县域经济发展、农民增收作出了新的贡献。

森林资源持续增长。全市完成造林面积14.1万亩，是省下达目标任务的136%，平原绿化水平得到进一步完善。

以林地、集体林权制度改革为重点，加强森林资源管理。2010年全市林业行政案件发生2 351起，查处2 135起，查处率为91%，行政处罚2 230人。

以市场为导向，以科技为依托，以效益为中心，巩固和发展第一产业，推进和带动第二、三产业发展，提高林业产业化水平，2010年林业产值达29.69亿元，较上年增长29.42%。

（一）林业生态建设成效显著

全市完成造林面积14.1万亩，是省下达目标任务的136%。林业育苗1.16万亩，是省下达目标任务的144%。194万人履行了植树义务，植树692万株。完成了一批国家和省重点生态工程，其中，农田防护林工程2.56万亩，生态廊道工程4.36万亩，治沙工程1.68万亩，任务完成率均达100%。2010年全国利用日元贷款植树造林项目研讨会与会代表到尉氏县参观考察，对项目建设成效给予高度评价。通许县成功创建河南省林业生态县，杞县创建河南省绿化模范县，兰考县葡萄架乡、开封县西姜寨荣获河南省绿化模范乡称号。

（二）民生工程进展顺利

2010年全市共绿化村镇457个，造林面积1.04万亩，是省下达目标任务0.86万亩的121%。至此，经过三年时间的努力，全市村镇绿化任务已经全面完成，有效地改善了村容村貌，提高了群众的生活质量。同时，加强退耕还林管理，落实各项政策，切实巩固了退耕还林成果。在2010年国家林业局进行的阶段验收工作中，开封市面积保存率达到100%，工程涉及的兰考县、开封县、鼓楼区、禹王台区等县（区）面积保存率均达 100%。全市 2010 年实施的巩固退耕还林成果林业项目完成任务合格率达到 100%，是全省仅有的 6 个省辖市之一。

（三）第二届中国绿化博览会、第十届中原花木交易博览会参展获殊荣

开封市高度重视第二届中国绿化博览会、第十届花博会参展工作，把它作为展示开封林业成就、提升城市形象的大好机遇和宽广平台，科学规划，精心实施，保障有力，及时圆满地完成了建设任务。由于领导重视、行动迅速、建园质量高，市绿化委员会荣获第二届中国绿化博览会组织奖，市农林局荣获第二届中国绿化博览会先进单位称号，市农林局局长郭勇荣获第二届中国绿化博览会先进工作者称号，开封市"谈宋园"获最具特色奖。在第十届中原花木交易博览会举办的河南省插花员职业技能竞赛中，开封市选派的三名选手经过理论知识和实际技能综合考核评比，分别获得一等奖和三等奖，较好地展示了开封市插花员的精湛才艺和古都文化的深厚底蕴。通过两项会展活动，达到了广交朋友、展示形象、锻炼队伍、促进工作的预期目的。

（四）林下经济发展迅速

2010 年是开封市发展林下经济的试点年。各地以国有林场、造林大户为依托，开展了形式多样的试点活动，市新闻媒体对涌现出来的先进典型进行了专题报道，营造了浓厚的舆论氛围，炒热了群众发展林下经济的热情。全市呈现出了"典型引路，全面推进"的可喜局面。尉氏县借助贾鲁河两岸的森林资源优势，沿河滩建成了长江以北我国最大的鱼鸭混养基地，基地内有养殖户 2 600 多户，养鸭 450 万只，年产鸭蛋 6.3 万吨，年产值超过两亿元，带动相关产值 6 亿元。兰考县在林下种植板蓝根、金银花、甜叶菊等中药材 1 000 余亩，发展食用菌大棚 1 000 多座，效益十分显著。通过林粮、林菜、林药、林牧、林菌等种植养殖模式，全市共发展林下经济 16 万亩，提高了林业生产综合效益，优化了农村产业结构，扩展了农村劳动力就业渠道，成为农民增收的新亮点。

（五）科技兴林取得新进展

以科技示范户、林业专业户为重点，采取举办培训班、印发技术资料、开展技术咨询、送科技下乡等形式，开展了形式多样的林业实用技术宣传活动，造就了一支有文化、懂技术、善经营的农民林业技术骨干队伍。2010 年全市共举办培训班和技术讲座 20 场次，培训林农 3 000 人次，发放技术资料 6 000 余份、图书 300 册，在开封农林信息网站编发实用技术 120 期。全市共引进中华红杨、豫大籽石榴、突尼斯软籽石榴、薄壳核桃等林果新品种 10 余个，推广应用林下食用菌栽培、果树无公害栽培等新技术 12 个。完成了突尼斯软籽石榴栽培推广示范项目、黄连木种质资源收集圃、优质苗木繁育等林业科技推广示范项目技术任务。

（六）资源管理得到加强

以柳园口湿地保护区为重点开展疫源疫病监测，制定监测防控计划，平时定时巡查与紧急时期 24 小时监测相结合。全市共救助各种动物 300 多只，收缴野生鸟类 800 余只。

加强病虫害监测和防治工作。2010 年全市产地检疫苗木 1.13 万亩，种苗产地检疫率达到 98%。防治面积 15.6 万亩，无公害防治率为 80%。

森林公安部门开展了三次"专项"行动，受理各类破坏森林和野生动植物案件 154 起，其中行政案件 136 起，刑事案件 17 起，治安案件 1 起；打击处理违法犯罪人员 428 人，其中刑事拘留 52

人，逮捕 55 人。2010 年全市林业行政案件发生 2 351 起，查处 2 135 起，查处率为 91％，行政处罚 2 230 人。

（七）林业产业取得新成效

2010 年全市林业产值达 29.69 亿元，较上年增长 29.42％。已建成木材交易市场 76 个，年交易额 5 亿元以上。年森林旅游达 92 万人次，林下经济规模达到 16 万亩，成为农民增收的新亮点。全市有登记注册的林木加工企业 418 家，年加工木材 50 万立方米。开封浙商人造板有限公司、兰考富源蚕业有限公司、兰考三环铜材有限公司、兰考丰利木业有限公司等 4 家企业被省林业厅评为"河南省林业产业化重点龙头企业"。

二、纪实

召开全市春季造林暨义务植树动员大会　3 月 5 日，开封市委市政府召开春季造林暨义务植树动员大会，贯彻落实中央和省委林业工作会议精神，全面总结近年来的林业工作，安排部署当前和今后一个时期林业改革发展任务。市委副书记蒋益民、副市长王载飞等市领导出席会议并作重要讲话。各县（区）委副书记，副县（区）长，林业局长，市直有关部门负责人，市大中型企业负责人共 200 多人参加会议。会议由市委副秘书长申建立主持，市委副书记蒋益民作重要讲话。会上，市政府印发了《2010 年开封市林业生态市建设实施意见》和《开封市林下经济发展实施意见》；县（区）政府向市政府递交了 2010 年林业生态市建设目标责任书；市委市政府依照《开封市林业生态市建设奖惩办法》，对为林业生态市建设作出贡献的县（区）兑现了 600 万元的奖励资金。副市长王载飞在讲话中全面总结了近年来全市的林业工作，安排部署了当前和今后一个时期林业改革发展任务。

各级领导积极参加全民义务植树活动　3 月 9~12 日，市四大班子领导刘长春、李艳萍、顾俊等带领市农林局和金明区干部职工 2 000 余人到黄河大堤参加义务植树活动，共植树 6 000 多棵。同日，杞县县长李明哲等四大班子领导率领县直干部职工 200 多人到东风渠参加义务植树，植树 1 200 多株。3 月 12 日，尉氏县县长范付中、县委副书记韩顺风，副县长陈国际等领导率领县直机关单位 2 000 多名干部职工，到贾鲁河东大堤上参加义务植树活动，共植树 6 000 余棵。当天，通许县县长高宏勋带领县四大班子领导到国有通许林场参加义务植树活动，为生机盎然的通许大地增添上一抹新绿。

市人大代表实地调研林业生态建设进展情况　3 月 24~25 日，市人大常委会副主任曹法英率市人大代表、市人大农工委委员深入尉氏县和开封县，对林业生态建设进展情况进行了实地调研。

开封市人大常委会审议林业生态建设工作　4 月 22~23 日，开封市第十三届人大常委会第八次会议审议林业生态建设工作。市人大常委会主任李艳萍，副主任刘春生、王宝贵、宗家邦、任文生、曹法英、李兵纪，副市长王载飞，市人大常委，部分省市人大代表，市直有关部门负责人参加了会议。市农林局局长郭勇汇报了全市近年来林业生态建设开展的主要工作、取得的成绩、存在的问题和今后的工作设想。之后，与会人员分两组进行了认真的审议。会议要求各级政府进一步加强对林业生态建设的领导，加大财政投入；广泛宣传，提高全民生态文明意识；精心组织，提高义务植树尽责率；加强管理，提高植树造林的成效。

尉氏县荣获"全国绿化模范单位"称号　5月，全国绿化委员会作出《关于表彰"全国绿化模范单位"的决定》，开封市尉氏县被授予"全国绿化模范单位"荣誉称号。　尉氏县委县政府高度重视林业工作，广大群众积极参与林业建设，在全市率先实现了平原绿化高级标准示范县和林业生态县，平原绿化、治沙造林等项工作跨入了全省乃至全国的先进行列。目前全县有林地面积达到27.43万亩，树木总量4 500多万株，活立木蓄积170万立方米，林网间作控制率98.3%，路河沟渠绿化率100%，林木覆盖率达到26.1%，全县呈现出"村庄鸟语花香，路河绿色长廊，城区绿地花园，城郊森林景观，田间林带纵横，沙岗绿色海洋"的新气象。

洛阳市

一、概述

2010 年，全市完成造林 44.5 万亩，完成森林抚育和改造工程 3.78 万亩，完成飞播造林 6 万亩，新发展核桃 11.6 万亩，完成品种改良 11.4 万亩。完成林业育苗 2.78 万亩，防治林业有害生物 18.48 万亩，森林火灾受害率不足 0.01‰，查处各类案件 1 692 起。洛阳市林业局以综合成绩第一名的成绩被省林业厅评为"目标管理优秀单位"，林业生态建设、园林绿化、农田水利基本建设、惠民实事办理、新农村建设、政风行风建设等工作受到洛阳市委、市政府表彰。组织参加由国家林业局与河南省政府联合主办的第十届中原花木交易博览会荣获综合类金奖，代表洛阳市参加全国第二届中国绿化博览会获得室外展园金奖，是河南省 6 个室外展园唯一夺金单位。全市森林覆盖率达到 45%。创建国家森林城市通过验收。

（一）林业生态建设

2010 年洛阳市林业生态建设任务 39.82 万亩，为确保任务完成，春节刚过洛阳市就召开春季林业生态建设现场会，对造林工作进行部署和动员。按照"突出重点、形成亮点、以点带面、示范带动"的工作思路，高标准建成市级示范工程六大类 16 处，在栾川、宜阳、伊川、新安、孟津、偃师建成 6 个、总面积 1.4 万亩的城郊森林建设工程，实现"身边增绿"；在新安县建成 1 500 亩生态能源林示范工程；在洛宁、宜阳、汝阳建成 4 个、总面积 3 518 亩的生态经济兼用林示范基地；对嵩县天城路、汝阳县恐龙旅游专线、偃师市玄奘故里旅游专线实施高标准绿化美化，建成多树种搭配、层次丰富的绿色廊道；实施洛栾快速通道嵩县段沿线荒山绿化 2 500 亩；紧邻洛栾快速通道高标准绿化美化 30 个村庄，成效十分显著。6 月，省林业厅召开村镇绿化和林下经济现场会，推广洛阳市村镇绿化方面的经验。在造林过程中，组成督查组分赴县（市、区）进行督查，加快造林进度。为保证建设成效，洛阳市安排了 8 个检查组对全市造林情况进行了市级检查验收。经过努力，全年实际完成造林 44.5 万亩，是目标任务的 111.7%。新安、宜阳县省级林业生态县创建工作通过验收，目前，全市已有 6 个县成功创建省级林业生态县。

（二）创建国家森林城市工作和省级生态县建设

2008年洛阳市开展创建国家森林城市以来，在各级党委和政府高度重视下，在全市林业部门同志们辛勤努力下，取得了明显成效，得到了国家林业局的认可，在激烈竞争中赢得先机，纳入授牌序列。2010年1月，洛阳市创建国家森林城市工作通过了国家林业局验收，2010年11月，国家林业局领导再次对洛阳市一年来的森林城市建设工作进行了检查，给予了充分肯定。

2010年初，洛阳市明确了新安县确保成功创建、宜阳县争取成功创建省级林业生态县的目标。一年来，两县在基础条件较差的情况下，全力推进各项创建工作，顺利通过省政府验收，实现了省级林业生态县建设保一争二的目标。

（三）林业产业

进一步巩固偃师市邙岭黄杨等七大苗木花卉基地建设水平，制定了"十二五"环市区苗木花卉林果产业发展规划，明确了到2015年全市要建成50万亩的目标。完成核桃基地建设11.6万亩，完成品种改良11.4万亩，是历年来经济林面积发展最快的一年。15个省级以上森林公园和1个省级生态旅游区接待游客总人数194万人，森林公园门票收入2 800余万元，均创"十一五"年度接待游客总人数和门票收入的新高。全市建成40个林下经济示范区，25个林下养殖示范工程。13家企业被评为省级林业产业化重点龙头企业，弥补了洛阳市无省级林业产业龙头企业的空白。全年实现林业产值45亿元，同比增长32%。

（四）林业育苗

全年完成林业育苗2.78万亩，可供当年用苗1.79亿株。30家育苗单位与省林业厅签订育苗协议，完成优质苗木培育799万株，完成任务数为全省第一。嵩县苗圃被确定为全省5个实施国家林木良种苗木补贴试点项目单位之一。

（五）集体林权制度改革

全市集体林地已落实明晰产权面积1 029.17万亩，占全市集体林地总面积1 037.81万亩的99.2%，已发证面积1 020.19万亩，占全市集体林地总面积的98.3%，超额完成省定94%的目标任务。组织栾川、汝阳、嵩县开展飞播林抚育间伐试点工作，11月，成功召开了飞播林抚育间伐作业设计评审会，这是全省林业系统第一次抚育间伐作业设计评审，为全省森林抚育间伐规范了作业设计标准，对推动全省森林抚育管理工作起到了良好的示范带动作用。

（六）森林防火

2010年，洛阳市森林防火工作深入贯彻"预防为主，积极消灭"的方针，狠抓森林防火行政领导责任制、火源管理、基础设施建设、防火物资储备等各项防范措施的落实，在防火形势极度严峻的情况下，仍然取得了无重大森林火灾和人员伤亡事故发生的好成绩，确保了全市森林防火形势基本平稳。全年共发生森林火灾34起，受害森林面积61.5亩，森林火灾受害率不足0.01‰，远低于1‰的省定目标。12月8日，市委、市政府《洛阳市森林防火责任追究暂行办法》正式发布实施，从制度上规范森林防火工作，建立了森林防火工作的长效机制。

（七）林业有害生物防治

2010年初，洛阳市开展了林业有害生物的越冬前、后情况调查，发布了林业有害生物发生趋势预报，针对各类病虫害分别制定了防治计划和预案。认真组织开展草履蚧、落叶松鞘蛾、杨树食叶害虫等林业有害生物的预测、监测和防治工作，组织专业队对连霍高速、二广高速洛阳段、310 国道等路段的杨树食叶害虫进行了重点防治，全市累计防治林业有害生物 18.45 万亩，防治率达到 90.7%，全年未发生严重森林病虫灾害。

（八）林业执法

全年共办理各类案件 1 692 起，其中林业行政案件 1 469 起，涉林刑事案件 119 起，治安案件 104 起；行政处理 1 624 人次，治安拘留 151 人、刑事拘留 155 人，逮捕 27 人。关闭炭窑 23 处，收缴木材 956 立方米。林木采伐凭证率 95%，比省定指标 90% 高出 5 个百分点，各项采伐指标执行良好，没有突破林木采伐限额。办证合格率 97%，比省定目标 90% 高出 7 个百分点。全市共审核各项工程建设使用林地材料 45 起，涉及林地面积 6 455 亩，征占用林地审核率达 100%。

（九）基础设施建设

完成全市森林公安系统政法专项编制过渡工作，274 人被核定为政法编制，森林公安队伍建设实现了历史性跨越，走上了正规化序列。争取市级森林公安编制 40 人，城市区执法力量得到了空前加强。洛宁县吕村、嵩县陶村、栾川老君山、汝阳大虎岭 4 个国有林场 366 户危（旧）房改造工作启动。洛阳市森林防火监控预警指挥系统项目开工建设，实施了嵋山森林火险区综合治理工程。黄河湿地国家级自然保护区基础设施二期工程基本完工。黄河湿地生态旅游规划通过专家评审。

（十）国家牡丹园建设

投资 500 余万元建成了洛阳国家牡丹园四季展览馆，实现了牡丹全年赏花，填补了国内在牡丹观赏方面的空白。整个花会期间，洛阳国家牡丹园累计接待政府领导及国内外游客 37 万人次，成为洛阳牡丹花会的热点和亮点。

（十一）退耕还林、天然林和野生动物植物资源保护工作

完成退耕还林配套荒山造林 13.95 万亩。15.11 万亩到期退耕地经过国家阶段性验收，合格面积保存率 100%。完成补植补造 8.11 万亩。全年完成国家投资 10 584.62 万元，向农户发放各种补贴 8 834.62 万元。对 56.5 万亩退耕地造林进行了软件数字录入，实现了退耕还林数据的电子化管理。

完成封山育林 3 万亩，落实护林员 2 056 人，对 934.27 万亩森林资源进行了有效管护。为 1 975 名在职职工缴纳各项社会保险 330.94 万元，全年完成投资 2 516.84 万元。

组织开展了第二十九届"爱鸟周"、"野生动物保护宣传月"宣传活动。依法做好野生动物驯养繁殖和经营利用等相关行政审批项目办理工作，依照法定程序审核运输、驯养繁殖申请材料 27 份。组织开展野生动物经营市场专项整治行动，没收非法经营野生动物 1 936 只（头），有效遏制了非法来源野生动物进入流通领域。积极做好伤困野生动物救护工作，救助野生动物 150 余只。扎实做好野生动物疫源疫病疫情的防控工作，切实做好节假日值班，应对突发疫情发生。

（十二）公益林管理和古树名木保护

落实护林员 1 709 人，对 133.28 万亩的国家公益林和 94.9 万亩的省级公益林进行了有效管护，护林员劳务开支 1 206.37 万元。全年完成公共管护支出（省级支出）公益林建设项目 5 个，总投资

50 万元，完成基层公益林建设项目 27 个，总投资 250.13 万元。完成了 394.69 万亩国家公益林软件数据的录入上报。

全市共建档并挂牌保护古树名木 10 419 株，其中古树群 27 个，5 241 株；名木 29 株；散生古树 5 149 株。散生古树中一级古树（500 年以上）934 株，二级古树（300～499 年）1 318 株，三级古树（100～299）2 897 株，涉及 34 科 61 属 84 种。

（十三）林业科技推广

在林业建设中，各地高度重视提高科技含量，新建和改扩建林业科技示范园 11 个，引进推广新品种 28 个，推广新技术 20 多项。制定了洛阳市地方标准《杨树速生丰产栽培技术规程》并发布实施。全市举办各种类型的林业技术培训班和技术讲座 148 次，培训林业职工和林农 16 268 人次。全市安排 22 名林业科技特派员到基层进行科技服务。

二、纪实

洛阳市创建国家森林城市工作通过验收 1 月 20～21 日，以国家林业局宣传办公室副主任、中国森林城市论坛组委会副秘书长叶智为组长的国家森林城市建设综合考察组，对洛阳市创建国家森林城市工作进行考察验收。省林业厅副厅长刘有富参加考察。洛阳市领导连维良、郭洪昌、常振义、周宗良、尚朝阳、田金钢、石海钦、王亦丁等陪同考察或出席工作汇报会、意见反馈会。洛阳市委副书记、市长郭洪昌向考察组汇报了洛阳市创建国家森林城市的工作情况。考察组专家阐述了对洛阳市创建森林城市工作的看法、意见和建议。洛阳市委书记连维良对考察组专家指出的问题提出了整改要求。

市政府召开常务会议学习《河南省森林资源流转管理办法》 2 月 24 日，洛阳市召开政府常务会议，听取市法制局关于《河南省森林资源流转管理办法》的介绍与分析，了解森林资源流转的重要意义和管理办法出台的必要性。会议要求市林业部门要认真组织好学习和宣传，切实推进省森林资源流转管理办法的有效贯彻落实。

洛阳市召开春季林业生态建设现场会 3 月 8 日，洛阳市政府在伊川县召开全市春季林业生态建设现场会。会议组织参观了伊川县城关镇邑涧等村庄绿化和双泉山核桃基地造林现场；通报了春季林业生态建设进展情况；各县（市、区）政府向市政府递交了 2010 年林业生态建设目标责任书；市委常委田金钢作重要讲话，并提出 8 点要求。

河南民盟生态林洛宁基地建设正式启动 3 月 20 日，民盟河南省委、民盟洛阳市委"参与绿色行动，共建生态河南"洛宁基地建设启动仪式在洛宁县马店乡正式举行。民盟省委常务副主委、省政协副秘书长毛德富，民盟省委副巡视员兼办公室主任白协潮，民盟河南省委副主委、洛阳市政协副主席师清翔等民盟河南省委、民盟洛阳市委的领导和成员参加了启动仪式。

洛阳建成牡丹四季展览馆开馆 4 月 6 日，洛阳国家牡丹园牡丹四季展览馆建成开馆。牡丹四季展览馆位于洛阳国家牡丹园南园内，占地面积 1 200 平方米。四季牡丹主展区将常年保持 40 多个品种，500 余株精品牡丹，满足了游客四季赏花需要，对促进洛阳牡丹产业发展，拓宽旅游市场有重要作用。

省牡丹芍药协会年会在洛召开 4月16日，河南省牡丹芍药协会2010年年会在洛阳国家牡丹园召开，省花卉协会领导、牡丹专家及协会理事单位代表共70余人参加了会议。本届年会的议题是：总结河南参展"七博会"经验，研讨牡丹文化和牡丹产业化。省牡丹芍药协会会长陈树国教授总结了协会工作，国家牡丹园、神州牡丹园等单位作了典型发言，省文化产业发展研究院戴松成院长讲解了"兴建国花坛和国花牡丹博物馆"方案，与会专家、学者、代表进行了研讨。

全省村镇绿化和林下经济现场观摩会在洛阳市召开 6月8~10日，省林业厅在洛阳市召开全省村镇绿化和林下经济现场观摩会，全省各省辖市绿化办公室主任、造林科科长参加会议；省林业厅党组成员、巡视员张胜炎，洛阳市委常委田金钢出席。与会人员实地参观了嵩县、栾川县部分示范村的村庄绿化现场；洛阳市在会上作了典型发言。

市委常委田金钢视察第二届中国绿化博览会洛阳园 7月23日，洛阳市委常委田金钢视察第二届中国绿化博览会洛阳园建设工地，洛阳市林业局局长张玉琪、园区建设领导小组组长董清河，郑州市广播电视局、郑州绿化博览园项目部负责人以及郑州市政府三处领导陪同视察。

市政府通知要求抓紧做好林权制度改革工作 8月2日，洛阳市人民政府办公室发出《关于抓紧做好集体林权制度改革工作的通知》(洛政办明电 [2010] 140号)，要求加强组织领导，落实责任目标；加大资金投入，充实林权制度改革队伍；强化督导检查，加快工作进度；认真检查验收，保证林权制度改革质量；切实加强管理，确保林区稳定。

洛阳市2011~2020年特色经济林产业规划编制完成 9月1日，《洛阳市2011~2020年特色经济林产业规划》编制完成。根据规划，到2020年末，全市新发展经济林面积60万亩，改造现有低产低效经济林面积26万亩，经济林面积从目前的180万亩增加到240万亩，其中核桃产业基地面积达到80万亩。在全市形成以核桃，洛宁苹果，栾川、嵩县板栗，新安、西工大樱桃，孟津梨，偃师葡萄，汝阳杜仲，嵩县、汝阳山茱萸为重点的八大特色经济林基地。

洛阳市获第十届中原花木交易博览会综合类金奖 9月6~7日，第十届中原花木交易博览会在许昌市鄢陵县举办，洛阳市代表团再次获得省辖市综合奖金奖。在本届花博会举行的大型招商引资项目签约活动中，洛阳市共有15个项目签约，签约合同金额达6.4亿元，其中有4个项目在现场签约，签约金额共1.82亿元。

刘满仓视察第二届中国绿化博览会洛阳园 9月14日，副省长刘满仓在林业厅厅长王照平以及郑州项目部领导陪同下，参观了第二届中国绿化博览会洛阳园。刘省长一行先后参观了洛阳园天子驾六广场、龙门山色、牡丹花溪、造型榆树、白马寺亭、洛阳桥等景点。对洛阳园建设给予了充分肯定，并为洛阳园赠言：锦绣洛阳。

全省集体林权制度改革档案管理工作现场会在栾川召开 9月16日，河南省集体林权制度改革档案管理工作现场会在栾川召开，18个省辖市林业局、档案局相关负责人参加会议。省林业厅副巡视员谢晓涛、省档案局副局长李河桥、洛阳市市长助理罗慧、省政府参事赵体顺等出席会议。与会人员实地参观了栾川县国家综合档案馆以及县、乡、村三级林权制度改革档案室建设和林权制度改革档案管理情况，洛阳市档案局、栾川县档案局、栾川县林业局、嵩县林业局分别在会上作典型发言。罗慧在会上致辞并介绍洛阳林权制度改革档案工作。谢晓涛就如何加快推进和切实做好林权制度改革档案管理工作提出了要求。

《洛阳古树名木录》出版发行 9月，洛阳市林业局组织编写的《洛阳古树名木录》经河南大学出版社出版发行。本书共收录了50幅高清古树图片，集中展示了洛阳市最珍贵的古树名木的风貌。这50株是洛阳市已建档的10 419株古树名木中的精华部分。文字部分由古树群、散生古树、名木5 207个条目组成，每个古树名木条目信息包括统一编号、树种、树龄、树高、树围、平均冠幅、生长势、位置、GPS坐标、管护人或管护单位。该书是目前洛阳市最全面、最完整介绍洛阳古树名木的工具书。

洛阳市林业地方标准《杨树速生丰产栽培技术规程》发布实施 9月28日，市林业局和市质量技术监督局聘请有关专家，组成林业技术标准专家评审组，对洛阳市制定的《杨树速生丰产栽培技术规程》地方标准进行审定。目前，该技术标准已被洛阳市技术监督局批准并在全市各县（市、区）林业部门发布实施。

洛阳园获第二届中国绿化博览会室外展园金奖 10月5日，第二届中国绿化博览会闭幕，洛阳园获本届绿化博览会室外展园金奖，是河南省6个室外展园中唯一金奖获得者，同时被评为单项奖最佳质量奖。洛阳市绿化委员会被授予"第二届中国绿化博览会优秀组织奖"，洛阳市林业局被授予"第二届中国绿化博览会先进工作单位"称号。

洛阳市召开全市森林防火工作会议 10月28日，全省森林防火工作电视电话会议之后，洛阳市及时召开了全市森林防火工作会议。市委常委、市委农工委书记田金钢在会上发表讲话，对贯彻落实全省森林防火会议精神和做好2010年冬2011年春森林防火工作作了全面安排部署。

洛阳市飞播林抚育间伐作业设计评审会召开 10月29～30日，洛阳市飞播林抚育间伐作业设计评审会召开。河南省林业厅计财处处长赵海林，造林绿化管理处处长师永全和省林业调查规划院院长、评审委员会主任曹冠武参加评审会。评审委员们听取了市林业局局长张玉琪关于洛阳30年来的飞播造林成绩和目前飞播林生长状况的介绍及栾川、嵩县、汝阳三县飞播林抚育间伐作业设计介绍，结合有关资料和图片查阅、相关情况咨询和充分讨论，一致同意通过《飞播林抚育间伐作业设计》的评审。

市委常委田金钢视察环市区花卉苗木林果产业基地建设 11月8日，市委常委、市委农工委书记田金钢在市林业局张玉琪局长等陪同下，赴洛龙区、孟津县视察环市区花卉苗木林果产业基地建设工作。田书记一行先后到洛龙区李楼乡的红提葡萄种植基地、白马寺镇的牡丹种植基地和孟津县平乐镇的黄杨、核桃种植基地实地察看了整地、挖穴和栽植情况，要求各县（区）要搞好服务，认真做好土地流转、水利配套等相关工作，全力支持环市区花卉苗木林果产业基地。

市政协调研洛阳市核桃产业发展 11月9～11日，市政协调研洛阳市核桃产业发展。政协委员先后到伊川双泉山核桃基地、嵩县阎庄西庙岭核桃基地和饭坡乡沙坡村核桃基地、栾川三川镇核桃基地现场调研核桃基地建设，并在伊川和嵩县召开了核桃产业发展座谈会。政协会员对洛阳市核桃产业发展给予了充分肯定，并对核桃产业品牌建设和产业发展提出了宝贵意见。

国家林业局领导检查洛阳市创建森林城市工作 11月20～21日，国家林业局宣传办公室主任程红率领检查组，对洛阳市创建国家森林城市相关工作进行检查，省林业厅副厅长刘有富等陪同检查。洛阳市委副书记、市长郭洪昌会见检查组一行，市领导田金钢、石海钦、王亦丁、李雪峰等参加检查组在洛期间有关活动。检查组先后深入偃师、孟津、高新区、宜阳、嵩县、伊川等地，实地查看了偃师市首阳山森林公园、邙岭乡黄杨基地，孟津县平乐镇凤凰山薄皮核桃基地，高新区城市绿化、洛河湿地公园，宜阳县香鹿山森林公园、滨河公园，嵩县万安村和库区绿化，伊川城郊森林公园、双泉山核桃基地等重点和特色造林成果，详细询问各单位在巩固国家森林城市创建成果中的具体做法和经验，听取了洛阳市创建国家森林城市工作汇报，对洛阳市巩固创建成果所开展的工作给予了肯定。

洛阳市召开冬季农业生产现场会　11月24日，洛阳市政府在孟津县召开全市冬季农业生产现场会，各县（市、区）主管县（市、区）长，9县（市）林业局局长和洛龙区农林局局长参加会议。与会人员参观了孟津县凤凰山千亩核桃基地，市委常委田金钢通报了前一阶段全市冬季整地造林进度，安排部署了全市冬季林业工作。

市委常委田金钢督查汝阳森林防火工作　11月30日，洛阳市委常委、农工委书记田金钢到汝阳督查森林防火工作。洛阳市林业局局长张玉琪，汝阳县委书记侯俊义，县委常委、纪委书记黄玉琢等陪同督查。督查组一行先后到汝阳县林业局森林防火监控中心、森林防火物资储备库、大虎岭林场、付店镇苇园村和西泰山风景区等实地察看，听取了有关部门森林防火工作汇报，肯定了汝阳森林防火工作所取得的成绩，并对继续做好森林防火工作提出了要求。

洛阳市出台森林防火责任追究暂行办法　12月，为进一步落实森林防火责任制，有效防范和遏制森林火灾，保护森林资源和人民生命财产安全，根据《中华人民共和国森林法》、《中华人民共和国森林防火条例》等有关规定，洛阳市政府出台了《洛阳市森林防火责任追究暂行办法》，本办法自2010年12月8日起执行。

安阳市

一、概述

2010年，安阳市林业工作紧紧围绕全年25万亩造林任务，以河南省绿化模范城市和林业生态县创建为抓手，突出抓好"两岭、三片、五园、六线、千村、一网络"等精品工程，创成3个林业生态县，在第二届中国绿化博览会上安阳园荣获优秀奖、安阳市林业局获得"先进单位"荣誉称号，成功创建了河南省绿化模范城市，圆满完成了林业各项工作，在全省林业年度综合考评中安阳市名列第三。2010年，全市共完成营造林28.45万亩，是省下达任务25万亩的114%；组织参加义务植树253.37万人次，植树1 186.5万株。

（一）精品工程建设

安阳市严格实施以生态建设为主的林业生态市建设规划，不断夯实林业资源基础。其中，突出了"两岭、三片、五园、六线、千村、一网络"等六项林业精品工程，不断提升林业建设档次。一是"两岭"增绿。针对位于城市近郊的南北两岭绿化薄弱问题，采取土地流转、大户承包、政府奖补的办法，成功绿化两岭3万亩。二是"三片"开发。依托三大产业基地，采取增一、强二、活三的发展战略。培育资源，夯实一产基础；扶持龙头企业，做强第二产业；包装提升，盘活第三产业，努力打造三大产业集聚区。三是"五园"建设。为了增添城市绿量，提高城市绿化水平，在全市继续推进五个城郊型森林公园建设，新造林1.04万亩。四是"六线"打造。逐步打造京珠高速、安南高速、安姚公路、S303线、安林高速、107国道6条贯穿性精品廊道。完成了省道303线17公里高标准绿化和安姚公路两侧绿化工作。五是"千村"绿化。2010年是安阳市村镇绿化工程实施的第三年，全市剩余的1 000多个村全部实施了村镇绿化工程。六是"一网络"构建。通过绿化农村沟河路渠和建设农田林网，构建农村绿化大网络。2010年实施农田林网工程造林2.5万亩，完善沟河路渠绿化2 000公里。

（二）林业产业发展

安阳市始终坚持用发展工业的理念发展林业，大力推进三大产业基地、四大产业链条开发，不断加强林业专业合作社培育，努力打造基地＋主导产业＋专业合作社的产业集聚区，带动林农增收致富。截至 2010 年年底，三大产业基地已形成规模，西部山区生态能源林、经济林基地达 30 余万亩；城市近郊花卉苗木小杂果生产、观光产业基地达 2 万亩；东部平原速生林基地达 45 万亩、经济林基地达 60 余万亩。四大产业链条快速推进，林木加工产业链已基本形成，尚品木业、建泰木业、文峰家具生产园区、河南艾迪嘉家具有限公司等龙头企业已具规模，初级加工企业 1 000 余家；林果、花木、森林生态旅游产业正在快速形成，林果年产量 40 万吨，具有国家二级资质的绿化企业 24 家，森林旅游年接待游客 121 万人次，综合年收入 1.8 亿元。全市林农专业合作社 177 家，其中，重点培育的 20 余家林农专业合作社，注册资金 712 余万元，参加会员 617 人，总资产 1 700 余万元，销售总收入达 1.2 亿元，带动农户 5 万户。2010 年全市林业总产值达 30.5 亿元，全市农民来自林业的人均年收入达 726 元。

（三）深化两大改革

稳步推进集体林权制度改革。全市成立市、县、乡、村四级林权制度改革领导机构 925 个，制定改革方案 907 个，培训林权制度改革技术骨干 491 人次，抽调 260 多名林业干部深入开展基层林权制度改革工作。市委书记张广智、市长张笑东联名给各县（市）委书记、县（市）长写信，要求一定要做好林权制度改革工作，有力确保了林权制度改革工作顺利推进。2010 年，全市共完成确权勘界、输入微机面积 265 万亩。通过林权制度改革，将林业生产资料直接交到了群众手中，激发了群众发展林业的积极性。同时，加强了林权制度改革纠纷调处工作，全市没有发生一起因林权制度改革引发的群体上访或社会不稳定事件。

扎实推进"四荒"拍卖造林体制改革。在总结"四荒"拍卖造林 38 万亩成功经验的基础上，2010 年启动两岭开发市级重点林业工程，通过土地流转、大户承包、50 亩以上示范性绿化南北两岭 3 万亩，市政府实行每亩 300 元的奖补标准，安阳县政府实行每亩 300 元的奖补标准，汤阴县、龙安区实行每亩 200 元的奖补标准。在政府奖补政策的调动下，涌现出了承包南岭 2 600 亩建设凤凰岗森林公园的大户李集强，承包南岭 5 700 亩建设琵琶寺生态农林园的佳多科工贸有限责任公司等，拉动社会资金投入林业 1.5 亿元。市四大班子领导多次带队深入两岭造林现场视察，对大户承包造林、政府配套奖补的模式给予了充分肯定。

（四）加强资源保护

切实抓好森林防火工作。按照省委宣传部等 7 部门《关于加强森林防火宣传的通知》，加强森林防火宣传教育工作，组织开展多次防火大检查，搞好林区火险隐患排查，实行了森林防火督查和日常值班调度工作。全年发生森林火灾 25 起，森林火灾受害率为 0.38‰，低于省定目标。

抓好森林病虫害防治工作。邀请气象、高校等部门进行虫情预测联合会商，对全市主要有害生物发生趋势进行预测；对春尺蠖、草履蚧、杨扇舟蛾等主要害虫，通过涂毒环、地面喷药防治、飞机喷药防治等多种手段防治作业面积 19.58 万亩；对美国白蛾进行重点监测，对发生虫害的危害区域周围农作物 200 余亩、行道树 10 公里进行了封闭式防治。

抓好依法治林工作。深入开展民警轮训教育、队伍管理教育、装备设施管理和警务督察工作，强化森林公安队伍规范化建设；开展严打专项行动，侦破"3·17 盗伐林木案"、"11·16 非法运输收购野生动物案"等重大案件，曝光警示，震慑犯罪。全市全年共查处各类涉林案件 320 起。其中，刑事案件 28 起，行政案件 292 起，处理违法犯罪人员 370 人，有效打击了破坏林业资源行为。

（五）优化队伍建设

优化队伍结构。调整了 21 名正科级干部的工作岗位，其中 14 名干部得到了提拔，7 名更换了工作岗位，新录用公务员 2 名；积极做好事业单位机构改革和职称申报聘任工作，新聘任高级职称 5 人、中级 11 人，调整续聘 14 人，申报高级 1 人，中级 4 人；推荐市管专家 6 名，科学技术带头人 2 名，队伍建设得到进一步增强。

做好党建工作。认真开展学习《廉政准则》活动，制定下发《党员干部理论学习制度》，通过领导干部带头学、依托党支部组织学、营造氛围推动学、组织考试督导学，搞好政治理论学习；与各单位签订了《党风廉政建设目标管理责任书》，中层以上干部实行廉洁从政承诺制；机关党委修订完善下发四大类 20 项制度，逐步建立党建长效机制。

狠抓作风建设。完善机关考勤制度，定期不定期抽查签到；制定《关于"争先创优"百分考核和排序奖惩意见》，激励全局各单位每个人强化作风、争先创优的积极性，以队伍作风转变促进工作争创一流。

二、纪实

市委召开林业工作会议　2 月 26 日，安阳市在中原宾馆会议室召开了市委林业工作会议，各县（市、区）委书记、县（市、区）长、副书记、分管副县（市、区）长，安阳军分区、71352 部队负责同志，市直机关各单位主要负责人等 300 余人参加了会议。市委书记张广智，市委副书记、市长张笑东，市委副书记李卫民，市委常委、副市长葛爱美，市人大副主任史东林，市政协副主席黄平等出席了会议。会议由市委副书记李卫民主持，会上，各县（市、区）政府向市政府递交了 2010 年林业生态市建设目标责任书，市委副书记、市长张笑东作了重要讲话。

安阳市召开全市林业生态建设现场会　3 月 16 日，安阳市在汤阴县召开了全市林业生态建设现场会。市委副书记李卫民，市委常委、统战部长、副市长葛爱美，市人大副主任史东林，市政协副主席黄平等领导出席会议，各县（市、区）副书记、副县（市、区）主管副县长、林业局局长参加了会议。会上，汤阴县、安阳县、龙安区领导分别作典型发言。葛爱美回顾了前一阶段全市春季林业生态建设工作的成绩，充分肯定了汤阴县、安阳县及龙安区的先进经验，指出了当前存在问题，并对下一步工作进行了安排部署。

安阳市委书记张广智视察林业工作　3 月 20 日，市委书记张广智，市委副书记李卫民，市委常委、秘书长彭治安，市委常委、统战部部长、副市长葛爱美在有关部门负责人陪同下，先后深入到龙安区马投涧乡李家安村和汤阴县琵琶寺森林公园视察了安阳市林业生态市建设情况。张广智书记对林业生态市建设取得的成绩给予了充分肯定，并鼓励造林大户在科技、管理方面要不断创新，努力创造更多更好的发展经验，在壮大自己的同时造福一方百姓。

全省林业计划财务工作会议在安阳召开　3 月 29 日，全省林业计划财务工作会议在安阳市召开。会议回顾了 2009 年的林业计划财务工作，对 2010 年林业计财工作进行了安排部署。省林业厅副厅长刘有富，市委常委、统战部部长、副市长葛爱美出席会议。全省各省辖市、计划单列（县）市主管林业计划财务工作的负责人及计财科科长参加了会议。

安阳市大型林业专著《太行山树木志》出版发行　4 月 14 日，由安阳市林业局副局长、市管专家郭玉生主编的大型林业专著《太行山树木志》一书由天津科学技术出版社出版发行。书中共收录在太行山区分布的 86 科 235 属 778 种木本植物（含亚灌木树种），以及引种成功能露天栽培的树种 174 种 29 变种 21 变型及部分栽培品种。该书是郭玉生和数位专家 10 余年调查研究的成果，通过对太行山区木本植物进行的实地调查、标本采集、资料收集整理等阶段专门系统的研究，总结记录了太行山区木本植物资源数据，对于科、亚科、属、种均有分科、分亚科、分属、分种检索表；科、属、种、亚种均有形态描述、分布、生境和用途介绍。

市长张笑东考察林业工作　4 月 17 日，市委副书记、市长张笑东带领市政府秘书长师华山及市政府办公室有关人员，在市林业局局长李博文、汤阴县县长唐献泰等人的陪同下，深入汤阴县宜沟镇南岭造林绿化现场专题考察林业建设。张笑东市长认真听取了汤阴县宜沟镇林业建设和琵琶寺农林生态园建设概况汇报，对这种创新机制、群众企业共赢的发展模式给予了高度评价和充分肯定，强调一定要用发展工业的理念发展林业。

市四大班子领导视察指导林业工作　6 月 1 日，安阳市委书记张广智，市委副书记、市长张笑东，人大主任李发军，政协主席赵微，组织部部长崔振亭，市委秘书长彭治安，统战部部长、副市长葛爱美等领导带领各县（市、区）县委书记、县长及市直有关部门的负责人，分两路深入林州市、安阳县、内黄县、汤阴县、滑县视察指导林业工作。

国家林业局林权制度改革办公室主任黄建兴莅临滑县调研　6 月 5 日，国家林业局林权制度改革办主任黄建兴、河南省林业厅厅长王照平一行在滑县县长董良鸿、安阳市林业局副局长郭玉生等陪同下，深入滑县调研集体林权制度改革工作。黄建兴主任、王照平厅长认真听取了该县相关负责人有关林权制度改革的情况汇报，充分肯定了滑县在集体林权制度改革工作上创造的经验和取得的成果。

高规格名贵花木精品园——安阳市桂花园建成　6 月，高规格名贵花木精品园——安阳市桂花园在安阳落成。该园区由安阳市绿美园林生态科技有限责任公司投资建设，位于龙安区西部浅山丘陵区龙泉花木之乡——龙泉镇西上庄村省道 303 旁边，一期规划种植传统名贵树桂花树，生态稀有树朴树、五角枫、皂荚、银杏，名贵观赏树广玉兰、海棠等。园区规划占地总面积 140 亩，投资 352.2 万元，目前已定植 6 个品种 50 亩 1 000 余株，包括桂花、海棠、朴树、紫薇、银杏、木瓜等。园区采取树体输液等大树移植、栽培新技术，树木生长势强，树型优美，是豫北地区少见的上品，经济价值极高。

市人大代表视察指导林业工作　7 月 13～14 日，安阳市人大常委会主任李发军、副主任史东林，市委常委、统战部长、副市长葛爱美等领导带领人大代表一行共 16 人，先后深入到安阳县北岭、马鞍山森林公园、林州市红旗渠森林公园、林州姚村水河生态村、龙安区龙泉森林公园、内黄森林公园、豆公乡林果间作、高堤乡老塔坡治沙工程、汤阴县汤河水库生态经济林等地视察指导林业工作。视察中，各位代表充分肯定了近几年林业生态市建设取得的成绩，特别是对2010年林业生态市建设通过打造"两岭、三片、五园、六线、千村、一网络"等六项精品工程，继续深化集体林权制度改革，为构建国家森林城市框架打下坚实基础的做法给予了高度评价。

市人大常委会主任会议专题听取林业生态市建设情况汇报　7月23日，市第十二届人大常委会召开第十八次主任会议，专门听取安阳市林业工作及林业生态市建设情况汇报。市人大常委会主任李发军主持会议，副主任吴水和、周晓春、王希社、聂孟磊、李苏庆、史东林，秘书长刘希军和委员共23人出席了会议，市政府副秘书长高用文、市林业局局长李博文列席会议。会上，人大主任们积极发言，为全市林业又好又快发展提出了建议和意见。

安阳市召开集体林权制度改革推进会　8月11日，安阳市召开集体林权制度改革工作推进会，主要传达贯彻河南省政府林业改革会议的主要精神，总结前一阶段的工作，查找存在的问题，研究下一步的工作措施。市政府办公室调研员杨旺学主持会议，市林业局局长李博文通报了全市集体林权制度改革进展情况，市委常委、副市长葛爱美作了重要讲话。

安阳市委书记、市长联名写信促林权制度改革　9月1日，为进一步加大全市深化集体林权制度改革工作力度，继安阳市人民政府召开"安阳市集体林权制度改革工作推进会"后，安阳市委书记张广智、市长张笑东联名分别向有改革任务的县（市）的县（市）委书记、县（市）长写信，亲自贯彻省会议精神，安排部署全市改革工作，督促改革扎实推进。

安阳市荣获第十届中原花木交易博览会银奖　9月6日，由国家林业局、河南省人民政府主办，河南省林业厅、许昌市人民政府承办的第十届中原花木交易博览会在许昌市鄢陵县隆重开幕。经评奖委员会评审，安阳市荣获第十届中原花木交易博览会综合奖银奖。同时，在本届花博会上举行的河南省首届插花员职业技能竞赛中，安阳市两名选手荣获个人作品创意奖。

安阳园在第二届中国绿化博览会上获奖　10月5日，第二届中国绿化博览会胜利闭幕，安阳市室外展区——安阳园荣获优秀奖，安阳市绿化委员会荣获室外展优秀组织奖，安阳市林业局、施工单位——北京山水之光园林工程公司分别荣获先进工作单位称号，侯丽红等4人荣获第二届中国绿化博览会书画摄影作品大赛优秀奖。安阳展园以世界文化遗产——殷墟和人工天河——红旗渠为主线，通过植物配置和浮雕墙，向来自全国各地的游客，展现中国文字博物馆、马氏庄园、曹操高陵、岳飞故里等诸多历史文化积淀和内黄大枣基地、龙泉花卉苗木基地等林业产业和生态建设成就。

安阳市召开创建省绿化模范城市迎检大会　10月9日，安阳市召开创建省绿化模范城市迎检大会。市委常委、副市长葛爱美，市政府办公室调研员杨旺学，市林业局局长李博文等领导出席会议。市林业局局长李博文通报了创建省绿化模范城市的工作进展情况及迎检工作安排，市委常委、副市长葛爱美作重要讲话。

安阳市林州临淇镇白泉村荣获"全国生态文化村"称号　10月16日，在第二批"全国生态文化村"建设评比中，荣获"全国生态文化村"称号的安阳市林州临淇镇白泉村党支部书记张福根赴河北唐山参加授牌仪式。据悉，该村是安阳市第一个荣获该项荣誉的村庄。

安阳市完成太行山绿化三期工程规划编制工作　10~12月，按照省林业厅太行山绿化三期工程规划技术方案，安阳市组织工程区域内的林州市、安阳县、汤阴县、龙安区4个县（市、区）

启动了太行山绿化三期工程规划编制工作。规划期限为 10 年（2011～2020 年），涉及营造林、低效林权制度改造、监测体系建设、科技推广体系建设等方面的内容。全市规划营造林 445 218 亩，其中人工造林 248 756 亩，封山育林 196 462 亩。按林种分别为：防护林 319 728 亩，特用林 20 415 亩，经济林 15 990亩，薪炭林 80 745 亩，用材林 8 340 亩。规划低效林权制度改革造林 565 350 亩。同时规划推广林业科技成果和适用技术 16 项。预计规划实施后，太行山区绿化水平和林业科技水平将进一步明显提高，全市森林覆盖率将提高 4 个百分点，治理水土流失 118.5 万亩，新增农村劳动力就业岗位 1.2 万个，具有显著的生态效益、社会效益和经济效益。

鹤壁市

一、概述

2010年，鹤壁以建设林业生态示范市、争创全省、全市一流工作为目标，开展了大规模的植树造林活动，深入推进了集体林权制度改革，加强了营造林质量管理，圆满和超额完成了年度责任目标任务，全市的林业生态建设和林业各项工作实现了又好又快发展。鹤壁市林业局荣获"2010年度全省林业工作目标管理优秀单位"称号，全省共有6个省辖市获此殊荣。2010年12月，浚县成功创建为林业生态县，并获得省政府表彰和奖励。鹤壁市经过5年努力，淇滨区2006年、鹤山区2007年、山城区2008年、淇县2009年、浚县2010年分别达到了林业生态县目标。到2010年底，鹤壁市所有县（区）都成功创建为河南省林业生态县（区），提前5年时间实现省政府提出的目标。被省政府命名为"河南省林业生态县建设先进市"。目前，全市林地面积达到96万亩，保存林木资源面积81.17万亩，主要包括生态防护林面积48.97万亩（其中水土保持林面积12.5万亩），用材林面积4.9万亩，经济林面积27.3万亩；保存农田林网和农林间作126万亩，林木蓄积量113万立方米，森林覆盖率达到24.8%，林木覆盖率达到27.2%。林业产值达到了7亿元。

（一）加强林业工作组织领导

鹤壁市委、市政府把林业生态建设作为一项重点工作来抓，多次召开会议进行安排部署。2010年1月8日，市委召开林业工作会议，安排部署了2010年以及今后一个时期全市林业发展改革工作。省林业厅与市政府签订了合作建设林业生态示范市的框架协议。协议规定，双方将合作重点推进退耕还林、太行山绿化、防沙治沙等国家林业重点工程，全面实施山区生态体系建设、农田防护体系改扩建、森林公园以及湿地保护与恢复等省级林业生态工程建设，巩固完善高效的农业生产生态防护体系，基本建成城乡宜居的森林生态环境体系，初步建成持续稳定的国土生态安全体系；双方着力推进速生丰产用材林及工业原材料、经济林、园林绿化苗木花卉和森林生态旅游等林业产业工程建设，抓好速生丰产林基地、林纸林板一体化、名特优新经济林等原料基地建设，着力培育木材加工业、经济林产品加工业、林下资源采集与加工业等产业集群，重点扶持一批骨干龙头企业，推动全市林业产业加速转型升级。协议还对双方加强对云梦山森林公园和淇河"一河五园"等以观光、休闲度假为主的森林生态旅游区建设以及创新林业经营管理机制、林地利用和保障机制、林业投融资机制等方面进行了规定。市委、市政府主要领导多次视察林业生态建设工作，并作出重要指示。市委书记郭迎光带领市四大班子有关领导对林业生态建设进行考察，研究确定冬春造林绿化的主要任务和重点工程。市长丁巍，市委副书记李连庆，市委常委、副市长徐合民等领导多次深入县（区）和造林现场听取汇报，安排工作。各县（区）普遍推行了副县级以上领导分包乡（镇）和重点工程，乡（镇）干部和林业技术人员包村制度，各级领导干部既是指挥员又是战斗员，把办公地点由机关搬到乡（镇），由乡（镇）搬到山脚路旁，发现问题及时解决。同时，各县（区）还建立了四大班子领导一天一"碰头"制度和县（区）、乡（镇）和部门领导联席会议制度，一天一汇报，两天一汇总，三天一通报，确保了全市林业生态建设的顺利进行。

（二）创新机制，多方造林

采取 "政府租地，工程竞标，专业栽植"的办法，加快林业生态建设步伐。具体有以下五种造林模式：一是采取义务植树的办法进行造林；二是公开向社会招标，中标单位按照林业部门规划的要求进行造林；三是政府出资对造林成果予以购买；四是对荒山、荒沟、荒坡地进行拍卖承包或返租承包；五是选择专业队和造林公司进行造林。在解决造林绿化用地方面，山城区进行了大胆创新，提前签订绿化租地合同，相关村秋收结束后，就把土地预留下来不再耕作，从根本上解决了绿化用地问题。

各县（区）政府和市、县林业部门紧紧围绕林业生态建设目标，以淇河绿化、宝山循环经济产业集聚区绿化、通道绿化等绿化工程为重点，一手抓发展，一手抓提升，迅速在全市掀起了植树造林高潮，植树造林工作取得了阶段性成果。鹤壁市圆满或超额完成了 2010 年责任目标任务。全市共完成造林绿化 20.09 万亩，为市政府下达任务 19.6 万亩的 102%。其中浚县完成 4.39 万亩，淇县完成 4.5 万亩，淇滨区完成 6.4 万亩，山城区完成 2 万亩，鹤山区完成 2.8 万亩。完成通道绿化 263公里，"四旁"植树 213 万株。完成年度林业育苗任务 0.9 万亩，为任务 0.8 万亩的 112.5%。较好地完成了全市造林绿化和林业生态建设目标任务。

2010 年淇河湿地公园绿化完成造林 698 亩，其中淇县 188 亩，淇滨区 510 亩，栽植各类苗木9.8 万株。主要包括桃园、杏园、梨园、火炬岛、芦苇荡等。栽植的主要树种有桃、杏、梨、竹子、火炬、垂柳、栾树、大叶女贞等。淇河生态园绿化 673 亩，其中淇滨区 504 亩，淇县 169 亩。主要建设内容包括湿地景观林、河岸景观林、滨河防护林、竹子景观林、道路防护林、生态风景林 6 个分区。栽植各类苗木 13.6 万株，主要树种有雪松、竹子、碧桃、垂柳、红叶李、紫荆、香花槐、梧桐、桧柏、大叶女贞、连翘、藤本月季等 20 余个树种。淇河森林公园绿化 200 亩，投资 200 万元，栽植各类苗木 2.2 万株，主要有紫叶李、大叶女贞、五角枫、碧桃、紫薇、桑树、栾树等 20余个树种。淇水诗苑绿化 100 亩，共栽植各类苗木 0.9 万余株，主要有竹子、栾树、石楠、梅花等30 余个树种。

快速通道绿化长度 15.8 公里，其中淇滨区段 10.8 公里，淇县段 4 公里，山城区段 1 公里。2010 年绿化任务是对通道两侧拓宽绿化面积、提高绿化水平。完成绿化面积 2 400 亩，栽植各类树木 20.5 万株。除两侧农田栽植杨树、泡桐外，通道两侧大量栽植了雪松、桧柏、黄杨、侧柏、爬藤蔷薇、桃树等。淇滨区在快速通道淇林小镇路口至一桥处栽植 282 亩桃园，栽植桃树 1.6 万株。

宝山循环经济产业聚集区规划绿化面积 5 万亩，2010 年完成造林绿化任务 8 500 亩，主要包括厂区园林、围厂森林、道路绿化、外围荒山绿化、村庄绿化、景观林绿化等六个部分。栽植树种主要有黄连木、杨树、火炬等 66.2 万株。

（三）加大投入，搞好保障

为保证各项造林绿化工程顺利实施，市政府要求将造林项目资金、财政投入、企业筹资、全民义务植树以资代劳资金等进行整合，采取以奖代补形式对组织和实施造林绿化的单位进行奖励，造林验收后，市政府拿出 500 万元对各县（区）林业生态建设进行了奖励。各县（区）在确保将造林资金纳入各级财政预算的同时，有效利用市场机制，广开融资渠道，积极吸引社会资金投资林业建设，形成了多元、长效、稳定的林业建设投入机制。

（四）明确责任，加强督查

推行了分工负责和责任追究制度。市政府和县（区）政府签订了目标责任书，并将造林绿化纳入年度综合目标考评内容。各县（区）也层层签订责任目标，明确了责任人，建立了规范的责任追究制度和严格的奖惩制度。为切实做好造林绿化工作，市委、市政府成立了由市委副秘书长、市政府副秘书长、市林业局局长带队，有关部门参加的造林督查组，对造林绿化工作进行集中督查。各县（区）均建立了造林绿化工作台账，把造林任务明确到分管领导、乡（镇）包村领导、村负责人、工程责任人和林业技术人员，并将调苗、浸泡、挖坑、栽植、浇水等各个环节的完成标准、时间列成明细表。实行了"四统一"的办法，即统一规划、统一标准、统一时间、统一验收。市林业局对整地质量、树坑的大小、苗木规格等作了明确规定，并大力推广了截干造林、地膜覆盖、抗旱保水剂等先进实用技术，自制了便携式注水器，对新植幼树进行根部注水，提高了造林成活率。

（五）严格管护，确保效果

鹤壁市采取延伸管护、专业管护、封山禁牧、严格执法四种方式相结合的管护制度。对实施招投标造林和专业队造林的工程，由中标方和专业队在进行造林的同时，包栽包活，管护三年。县、乡、村三级建立健全林木管护组织，制定和完善管护制度，建立专门的护林队伍进行管护。全面实行封山禁牧，划定封山育林区，牛羊一律舍饲圈养。加大巡逻和林业案件查处力度，对毁坏林木和乱砍滥伐、放火烧山的，由各级林业公安机关从重从快查处，有效地保护了造林绿化成果。

（六）资源林政管理

2010 年全市没有发生毁林、乱占林地和破坏野生动物资源案件，森林、林木采伐量均未突破省定采伐限额。完成了 2009 年国家、省级森林生态效益补偿基金使用情况报告和 2010 年国家、省级资金申报工作。加强野生动物保护工作，安排部署了"爱鸟周"活动，开展野生动物疫源疫病监测报告工作。继续开展集体林权制度改革，组织各县（区）参加全省新版林权证网上办证系统培训班。目前勘界确权面积已完成 100%，发放林权证达到 83%。

（七）森林资源保护

全市各级政府全力以赴，早部署，抓落实，全市森林防火工作总体进展顺利，没有发生重大森林火灾，火灾发生次数比去年同期有所下降。重点狠抓了领导责任制的落实，严格了火源管理，加大了森林防火宣传力度，加强专业森林消防队伍建设，完善了各项森林防火规章制度。在全市开展了"春季森林防火工作大检查"；森林公安开展了"集中打击破坏森林资源违法犯罪专项行动"等一系列专项行动，狠狠打击了各类毁林违法犯罪活动。

在林业有害生物防治工作中，进一步强化了森林病虫害防治检疫目标管理工作，加强了森林病虫害防治检疫站建设,完善了防治、测报、检疫三个网络，重点开展了美国白蛾监测防治工作，组织了草履蚧、春尺蠖、杨树舟蛾、杨树蛀干害虫等用材林和红枣、苹果等经济林病虫害防治工作，进行了杨直角叶蜂养殖和网络医院建设工作。全市共发生林业有害生物 168 325 亩，其中用材林发生 116 481 亩，经济林发生 51 844 亩。防治林木有害生物 157 863 亩，其中防治用材林 108 647 亩；防治经济林病虫害 49 216 亩。

（八）林业科技推广工作

完成了省林木良种补助育苗定点工作。完成育苗 8 900 亩，超过省林业厅下达给鹤壁市的 8 000 亩育苗指标 900 亩，超额完成了任务。开展了种苗质量抽检，经抽查认定，全市各类造林苗木质量达到了规定标准。在生态造林中，重点推广了杨树速生丰产栽培技术、核桃抗冻综合措施与运用等 7 项新技术，推广面积达 5 万余亩，造林成活率达 90%以上，精品林成活率达 95%以上。2010 年春以来，引进推广了晚秋黄梨、红露苹果、日本大红、早红 2、金密、518 等桃品种、红叶石楠、美国红枫、107 杨、108 杨、大叶无核枣、薄系核桃、寿红桃等新树种、新品种，面积达 6 000 亩；全市组织科技下乡活动 12 次，印发技术资料 4 000 余份，书籍 200 本。对重点乡（镇）、村林业技术员进行了培训，受训人员达 600 人次。

二、纪实

市委召开林业工作会议 1 月 8 日，市委召开林业工作会议。会议的主要内容是贯彻落实中央和省委林业工作会议精神，回顾总结鹤壁市林业生态建设工作及取得的成绩，安排当前和今后一个时期林业发展改革工作。省林业厅党组书记、厅长王照平，市委书记郭迎光，市长丁巍，省林业厅副厅长丁荣耀，市委副书记李连庆，市政协主席张俊成，市委常委、副市长徐合民，市人大常委会副主任韩玉山等出席会议。李连庆主持会议。

河南省林业厅与鹤壁市合作建设林业生态示范市 1 月 8 日，省林业厅与鹤壁市政府签订了合作建设林业生态示范市的框架协议。根据协议，2012 年，全市有林地面积达到 85 万亩，森林覆盖率达到 26%（林木覆盖率达到 30%），林业年产值达到 9.7 亿元，林业资源综合效益价值达到 150 亿元，所有县（市、区）成功实现创建省级林业生态县的目标；力争到"十二五"末，全市森林覆盖率达到 28%（林业覆盖率达到 32%），林业年产值达到 15 亿元，林业资源综合效益价值达到 200 亿元；到 2020 年，全市森林覆盖率达到并稳定在 30%以上（林木覆盖率达到 35%以上），林业年产值达到 23 亿元，林业资源综合效益价值达到 300 亿元。

美国白蛾首次侵入鹤壁 7 月 26 日，市林业局进行林业有害生物普查时，在鹤壁新区城北某工业区院内柳树上，发现有疑似美国白蛾幼虫，经省森林病虫害防治检疫站专家鉴定为美国白蛾，说明美国白蛾首次侵入鹤壁市。

开展飞机喷药防治美国白蛾　8月，根据美国白蛾发生由点片状发生向大面积蔓延、由相对封闭环境向开放地带转变的新形势、新特点，市委常委、副市长徐合民迅速作出重要批示，要求采取飞机作业方式对鹤壁市交通要道及重点防控部位实施大面积飞机喷药防治。市林业局及时与海南环球飞行有限公司联系飞机喷药防治事宜，使用蜜蜂轻型飞机，对浚内线、永定线、大海线、浚大线、107国道、快速通道、高云线、浮山公园、山城区朱家沟村、胡家沟村等地段开展飞机喷药防治美国白蛾。每架次平均作业面积600亩左右，共飞机喷药防治75架次，防治面积4.5万亩。

市人大代表视察林业工作　9月28~29日，鹤壁市人大代表一行8人，在市林业部门有关人员的陪同下，对全市2010年两县三区林业生态建设情况进行了视察。两天时间里，市人大代表分别视察了鹤濮高速浚县段绿化、浚县紫金山森林公园绿化、淇县北阳镇林网建设项目、淇县永丰生态农业有限公司核桃基地、淇滨区淇河湿地公园绿化、山城区快速通道绿化、鹤山区南山公园建设项目、五岩山工程造林项目建设情况。听取了市林业部门关于2010年全市林业生态建设情况的汇报。

市人大对淇滨区林业生态建设工作进行视察　9月29日，市人大常委会副主任李玉家等一行8人组成的视察组，在有关人员的陪同下，对淇滨区林业生态建设工作进行了视察。视察组一行实地察看了淇河湿地公园，在园区观景台上用高倍望远镜观看了湿地全景，听取了区林业局工作人员对全区2009年冬2010年春林业生态建设和湿地公园建设情况汇报，对淇滨区在林业生态建设和湿地公园建设工作给予了充分肯定，并对淇河湿地公园建设工作提出了具体要求。

鹤壁市林业技术推广站更名为市林业工作站　10月18日，经鹤壁市编制委员会批准，市林业技术推广站更名为市林业工作站。

省督导组对鹤壁市集体林权制度改革工作进行调研督导　10月25~26日，由省林业厅副厅长刘有富率领的调研督导组对鹤壁市集体林权制度改革工作进行调研督导。督导组听取了市委常委、副市长徐合民的情况汇报，分别对淇县黄洞乡、桥盟乡林改工作进行了实地调研。翻阅查看村里的林改档案资料，询问林改进展情况及出现的问题，并与村干部座谈，关注群众对林改的意见和看法，及时提出了指导性建议。

全省林业统计会在鹤壁市召开　11月15~17日，全省18个地市及6个扩权县的林业计财科科长和统计人员约60余人在鹤壁市迎宾馆，召开全省林业统计布置会。

成立冬春季造林绿化工作督导组　12月6日，市林业局成立三个督导组，分别由市林业局副局长和纪检组长带队，对淇河绿化、产业集聚区绿化、通道绿化、村镇绿化等重点绿化工程建设进行督导检查。督查时间为2010年12月6日~2011年3月30日。

鹤壁市张改民荣获"全国绿化奖章"　12月，鹿楼乡凉水井村张改民被全国绿化委员会授予"全国绿化奖章"。

濮阳市

一、概述

2010 年以来，在市委、市政府的正确领导和省林业厅的关心指导下，濮阳市林业部门坚持以科学发展观为指导，围绕建设林业生态市这一主题，以兴林富民为宗旨，立足濮阳实际，积极探索和把握平原农区发展现代林业的特点与规律，努力实现林业建设由数量规模型到质量效益型转变，着力构建以生态文明为核心价值，以现代林权制度为机制保障，高效、多能、可持续的林业生态产业体系；以"一创双优"集中教育活动为动力，坚持以学习型组织理念改造创新机关管理，努力实现机关建设由粗线条分工向精细化管理转变，进一步创新思想观念，优化干部作风，提高行政效能和工作效率，优化发展环境，使林业建设和机关建设得以同步推进，协调发展。2010 年 10 月 31 日至 11 月 1 日，全省林业产业现场观摩会将濮阳市作为首个参观考察现场，与会人员对濮阳市林业生态产业发展给予高度评价，《中国绿色时报》对濮阳市林业建设取得的成绩和经验进行了连续报道。

（一）林业生态市建设

2010 年是濮阳市林业生态市建设的第三年，也是能否取得突破性进展的关键一年，全市各部门紧紧围绕濮阳林业生态市建设规划目标，坚持"抓质量、调结构、出精品"，林业生态建设取得显著成效。根据各县（区）自查统计，全市共完成工程造林 12.71 万亩，占市下达目标 8.6 万亩的147.8%，其中，农田防护林体系改扩建工程 3.43 万亩，防沙治沙工程 0.75 万亩，生态廊道建设工程 3.08 万亩，村（镇）绿化 2.14 万亩，林业产业工程 3.31 万亩。完成 150 个村（镇）的绿化围村林建设任务。

一是学习借鉴先进地区经验，周密安排部署，强力推进造林绿化工作。3 月 3～5 日，市领导盛国民、成定伟、郑实军、张怀玺带领各县（区）、市直有关单位和重点乡（镇）主要负责人赴山东、江苏学习考察林业工作。3 月 9 日，濮阳市委召开林业工作会议，全面总结近年来的林业建设工作，对 2010 年春植树造林及林业改革发展工作进行安排部署。3 月 12 日植树节，市四大班子领导到华龙区带头参加义务植树。3 月 30 日～4 月 1 日，市委、市政府召开全市春季植树造林现场观摩会，市领导盛国民、郑实军率领各县（区）和市直有关部门负责人检查督导造林绿化工作，对现场考评得分前 2 名的范县、南乐县分别给予 20 万元、10 万元的奖励。

二是营造浓厚造林氛围，开展全民义务植树。3 月 12 日，全市 114 个市直单位、3 000 余人按照市绿化委员会和市直机关工委的统一安排，赴濮阳县黄河大堤淤背区参加义务植树活动，共计挖坑 15 000 余个。据统计，全市参加义务植树共计 180 余万人次，植树 900 余万株。

三是强化部门绿化，形成工作合力。各系统、各部门严格按照部门绿化分工负责制要求，认真研究制定本系统、本部门绿化工作方案，高标准完成各自承担的绿化工作任务。濮阳黄河河务局栽植黄河堤防行道林、防浪林等共计 74 万余株，黄河大堤及金堤绿化率达到 100%。市公路局对市境内 106 国道，省道 S101、S302 绿化进行了完善提高，绿化率达到 95%以上。

四是狠抓造林质量，打造林业精品工程。明确提出 2010 年是林业建设"质量年"，狠抓造林质量。一是印发了《濮阳市林业生态精品工程规划与考评标准》和《2010 年造林质量标准》。二是在明确质量标准和技术规程的同时，严格做好检查验收。杨树速生丰产林及一般经济林由县（区）林业部门负责按质量标准和技术规程监督检查，市林业部门随机抽查。城郊经济林由市林业调查规划队负责全程监督检查。

五是强化督导，严格进度。市林业部门成立了由县级领导干部任组长的包县（区）督导组，经常深入县（区）对造林进度和质量进行督导。实行督导组每周一例会制度，及时研究推进工作的措施。市绿化委员会办公室和市林业局每周编发 3~5 期造林绿化动态，及时通报全市造林绿化进展情况。

（二）科技兴林

搞好技术培训和示范推广，加强林业新品种、新技术的引进应用，提升林业建设的科技含量。在华龙区岳村乡东北庄建设苹果、梨示范园科技示范基地一处，占责任目标的 100%；引进林果优良品种 13 个（其中，用材林 9 个，经济林 3 个，乡土树种 1 个），占责任目标的 185.7%；推广林业新技术 13 项，占责任目标的 162.5%；新修订林业技术标准一项（温室杏无公害栽培技术），占责任目标的 100%；完成林业育苗 10 364 亩，占责任目标的 114%。

（三）依法治林

依法严厉打击各类破坏森林和野生动物资源违法行为。全市各级森林公安机关以"林区社会治安形势是否好转，涉林违法犯罪是否有效遏制"为目标，组织开展了"春季行动"和"严厉打击涉林违法犯罪专项行动"。加强林木管护和森林防火工作。据上报统计，共受理各类破坏森林资源和野生动物案件 146 起，查结 123 起，有力震慑了犯罪，教育了广大干部群众。

（四）资源林政管理

进一步加强和改进森林资源管理。一是坚持森林资源限额采伐、凭证采伐、凭证运输、凭证经营加工制度，努力从源头上控制资源过度消耗。二是加强木材流通管理，强化木材检查站监督检查职能。三是加强野生动物保护管理。四是提高服务效率，优化林业环境。建立和完善林业行政主动服务工作机制，林业行政审批普遍推行服务承诺制和一站式办结服务，严格按服务流程办事。以惠民、利民为目的，在法规政策许可范围内，尽力降低林业规费收费标准，努力为林农、企业提供便捷、高效的服务。

（五）森林病虫害测报、防治和检疫工作

加强森林病虫害防治工作。一是着力做好美国白蛾防控工作。针对美国白蛾危害严重加剧的态势，市委、市政府高度重视，召开豫鲁两省美国白蛾联防联治协作会议、市城区美国白蛾防治工作会议，周密安排部署，科学制定防控技术方案，加强监测预报和技术培训，层层签订目标责任书，落实防控责任，多方筹措资金，备足备好防控药械，加大飞机喷药防治力度，有效控制了疫情蔓延，实现了"有虫不成灾、疫情不扩散"的目标。全市美国白蛾累计发生 161.13 万亩次，防治 391.68 万亩次。其中，人工防治 301.5 万亩次，飞机喷药防治 88.08 万亩次，放蜂防治 2.1 万亩。二是搞好其他主要林业有害生物监测预报和防治工作。据统计，全市共完成春尺蠖防治作业面积 3.9 万亩，草履蚧防治作业面积 0.2 万亩。全市林业有害生物成灾率低于 5‰，圆满完成了省、市下达的目标。

（六）林业产业

全市林业产业快速发展，2010 年，全市林业总产值达到 50.35 亿元，占目标的 126%。初步形成了 4 个产业链条：一是以杨树为主的速生丰产林基地。正确处理兴林与富民、种树与种粮、生态建设与产业发展的关系，积极探索速丰林高效种植模式，大力推广小株距、大行距的农林复合经营，提升营林的质量和效益。二是林产品加工业。目前，全市林浆纸板加工企业达到 2 300 多家，其中规模以上企业 54 家，年加工木材（含枝丫材）能力达到 300 余万立方米，形成了林浆纸、板材加工、家具制造等主导产业。三是林下经济产业。初步形成了林菌、林禽、林畜、林菜等林下养殖和特色种植多种生产模式。林下经济发展面积达到 15.3 万亩，产值达 5.58 亿元，成为增加农民收入的新途径。四是林果花卉产业。大力推进以城郊为重点的林果、花卉产业发展，以鲜切花为主的花卉生产核心区和优质林果生产区逐步形成。目前有花卉企业 19 家，种植面积达到 6 000 亩，全市优质林果面积达到 15 万亩，主要品种为苹果、梨、桃、杏等。

（七）林权制度改革

积极推进集体林权制度改革，市政府专门召开全市集体林权制度改革工作推进会议，进行安排部署，加强督导检查，从"规范发证、健全档案、活化要素、创新发展"四个方面抓好落实，全市共完成集体林地林木明晰产权、确权发证 95.47 万亩。积极推进配套改革，协调联系金融部门，探索利用林权抵押贷款，拓宽了林业融资渠道，为林业发展注入了新的活力。

（八）招商引资

按照市委、市政府加强招商引资工作的部署要求，及时建立领导组织，制定工作方案。立足林业部门实际，积极开展招商引资工作。2010 年，实际签约项目 2 个，分别是建筑模板覆膜纸项目和年产 25 万张多层板项目，总投资约 6 020 万元，实际到位资金 3 670 万元。

二、纪实

市林业局积极贯彻落实市委五届十一次全会精神　1 月 12 日，市林业局召开局机关、局属事业单位副科级以上干部会议，学习贯彻市委五届十一次全会精神，研究部署当前和今后一个时期全市林业建设重点工作任务。党组书记、局长张百昂主持会议。会议研究确定了 2010 年需抓好的林业

重点工作及目标，初步计划完成造林任务 20.4 万亩，其中，林业生态省造林工程 8.6 万亩：农田防护林体系改扩建工程 2.55 万亩，防沙治沙 0.72 万亩，生态廊道 3.28 万亩，村镇绿化 2.05 万亩；新建速生丰产林 3.6 万亩，完善补植速生丰产林 6.4 万亩；城郊林果花卉蔬菜复合经营 1.8 万亩；1 个县（区）成功创建林业生态县（区）；建成 100 个绿化示范村；林下经济稳定发展到 15 万亩；全市林业总产值力争达到 40 亿元。

召开全市县（区）林业局长会议 2 月 21 日，濮阳市林业局召开全市县（区）林业局局长会议，深入贯彻落实全省林业局长会议精神，分析当前林业工作面临的新形势，安排部署春季林业重点工作。党组书记、局长张百昂作重要讲话。各县（区）林业部门主要负责人和分管造林工作的副职，市林业局领导班子全体成员，局机关各科室、市森林公安局，局属各事业单位负责人参加了会议。会议安排 2010 年全市林业生态建设的主要任务：完成国家、省下达的造林任务 11.901 万亩，其中，生态工程 8.596 万亩，林业产业工程 3.305 万亩；抓好 2009 年度 10 万亩农田防护林体系改扩建工程的补植补造；完成 150 个村（镇）的村镇绿化工程；完成更新造林 12 万亩；重点抓好农田林网建设、生态廊道工程建设、城郊经济林建设、农田林网补植补造和村镇绿化工作。

市林业局就城郊经济林建设召开专题会议 2 月 25 日，市林业局召开专题会议，对濮阳市城郊经济林建设工作进一步安排部署。计划在城郊乡（镇）重点发展林果花卉蔬菜复合经营，力争用 3~5 年时间的努力，把城市近郊建成现代农林产业示范区。根据市委、市政府的部署，2010 年计划在城市近郊及有关县发展经济林 1 万亩以上，其中华龙区 4 000 亩，高新区 3 000 亩，濮阳县 3 000 亩，南乐县力争完成 3 000 亩以上。

濮阳市林业局连续五年荣获反腐倡廉优秀单位称号 3 月 2 日，在市纪委五届五次全会上，市林业局被评为 2009 年度反腐倡廉建设工作优秀单位，这是自 2005 年以来林业局连续 5 年获得党风廉政建设和反腐败工作优秀单位称号。同时，市林业局还以第六名的位次获得"濮阳市 2009 年度政风行风建设先进单位"荣誉称号。

濮阳市出台《关于加快林业改革发展的意见》 3 月 3 日，在全市林业工作会议上，中共濮阳市委、濮阳市人民政府出台了《关于加快林业改革发展的意见》（濮发〔2010〕2 号），要求深化开展集体林权制度改革，扎实推进林业生态市建设，加快林业改革发展步伐。

组团赴山东、江苏参观考察林业产业 3 月 3~5 日，市委副书记盛国民率领濮阳市党政考察团赴山东省临沂市、江苏省邳州市参观考察林业产业建设。市人大常委会副主任成定伟、副市长郑实军、市政协副主席张怀玺、濮阳黄河河务局局长边鹏，市林业、发改、公路、交通运输部门以及各县（区）、重点乡（镇）相关负责人一行 50 余人参加考察。考察团在临沂市先后参观了书法苑、北城花卉基地、凤凰广场、小埠东橡胶坝、鲁南花卉市场、临沂市规划展览馆、大官苑社区等地，重点考察了该市林业建设的发展情况，听取了相关工作人员对近年来该市林业工作情况的介绍，特别是滨河两岸绿化等林业重点工程以及鲜切花等特色产业发展情况。在邳州市先后考察了古栗园、国家木检中心、金凤凰家具工业园、盛和木业等林业产业项目，港上银杏姊妹园、九凤园、沙沟湖生态示范园、港上镇前湖村等生态工程项目和村庄绿化，并听取了邳州市林业产业和生态建设情况的介绍。

《林业生态精品工程规划与考评标准（2010~2012年)》出台　3月7日，濮阳市出台《林业生态精品工程规划与考评标准（2010~2012年)》，要求在林业生态建设中严格按照"抓质量，调结构，出精品"的总体要求，坚持"因地制宜、适地适树"的原则，注重发挥不同功能区的优势和特色，狠抓造林质量，打造绿化精品。

召开全市林业工作会议　3月9日，市委在迎宾馆召开全市林业工作会议。吴灵臣、盛国民、雷凌霄、高树森、张悦华、郑实军、张怀玺等市四大班子有关领导出席会议，省林业厅厅长王照平应邀出席会议。各县（区）委书记或县（区）长、分管副书记、分管副县（区）长，市直有关单位负责人，各县（区）林业局局长（主任），部分重点乡（镇）乡（镇）长及市林业局副科级以上干部，共计160余人参加了会议。会议由市委副书记盛国民主持。会上，副市长郑实军总结了近年来的林业工作，对2010年春植树造林等林业改革发展工作进行了安排部署，明确了目标任务、工作重点和要求，各县（区）和市林业、河务、交通、公路等部门主要负责人递交了林业改革发展目标责任书，市委书记吴灵臣和省林业厅厅长王照平分别作重要讲话。

市四大班子领导参加义务植树活动　3月12日，吴灵臣、王艳玲、盛国民、李朝聘、范修芳、王海鹰、关少锋、申延平、陈凤喜、姜继鼎、刘贵新、阮金泉等市级领导干部，到华龙区岳村乡东北庄村，与广大干部群众一起参加义务植树活动。市直单位共计3 000余人在黄河大堤淤背工程濮阳县白堽段，也参加了义务植树活动，植树1.5万株左右。

副市长、市绿化委员会主任郑实军接受濮阳日报记者采访　3月12日，在第三十二个植树节到来之际，濮阳日报记者就新形势下加强林业生态建设的重要意义、森林对发展低碳经济、应对气候变化的重要作用及2010年濮阳市林业发展的总体要求和具体打算，采访了副市长、市绿化委员会主任郑实军。

开展对春季植树造林工作集中督导检查　3月20~21日，市林业局党组书记、局长张百昂带领局领导班子成员及各科室负责人，对各县（区）春季植树造林工作进行全面督导检查。督导检查的重点主要是高速公路、重点生态廊道、城郊经济林和农田林网建设，县城区主出入口和绿化示范乡（镇）等林业生态工程。

省林业厅督导组督导濮阳市春季植树造林工作　3月27~28日，省林业厅保护处副处长王理顺带领省林业厅督导组来濮阳督导春季植树造林工作。督导组一行先后深入到濮阳县、南乐县、清丰县、华龙区对春季植树造林、林业育苗和森林防火情况进行实地督查。

召开全市春季植树造林现场观摩会　3月30日~4月1日，市委、市政府召开全市春季植树造林现场观摩会，对濮阳市2010年春季植树造林工作进行认真总结，对下步工作进行安排部署。各县（区）委副书记或分管副县（区）长、林业局长及市委办公室、市政府办公室，市林业、农业、河务、交通、公路、发改、财政、农业科研、林业科研等市直有关单位负责人利用两天时间对各县（区）的春季植树造林情况进行了逐一观摩。现场观摩结束后，按照客观公正、实事求是的原则，对各县（区）工作情况进行了打分。4月1日上午，在濮阳迎宾馆召开会议，对全市2010年春植树造林工作进行了点评。市林业局局长张百昂通报了2010年春林业生态建设情况，对下步工作进行了安排；市委常务副秘书长黄守玺宣读了市农业农村工作领导小组关于对先进县（区）进行表彰的决定，决定对植树造林第一名范县奖励 20 万元，第二名南乐县奖励 10 万元，副市长郑实军对下阶段林业工作进行了全面安排部署。

林业、气象部门联手开辟林业有害生物预警信息发布新渠道　4 月 14 日，濮阳市林业局和濮阳市气象局举行《濮阳市林业有害生物监测预报合作协议》签字仪式。市林业局副局长王少鹏、市气象局副局长王树文、市气象台台长李改勤出席仪式，有关技术人员以及市电视台、濮阳日报、濮阳早报记者参加了仪式。

市林业局组织全体干部职工参加义务植树　4 月 16 日，市林业局党组书记、局长张百昂及局领导班子全体成员带领局全体干部职工，到西环林带参加义务植树活动。

幼树管护暨加快集体林权制度改革工作会议召开　4 月 19 日，全市幼树管护暨加快集体林权制度改革工作会议召开。会议对濮阳市下一步幼树管护及林权制度改革工作进行了安排部署。市林业局调研员田平稳、副调研员毛兰军、森林公安局局长卓山成，各县（区）林业局（中心）主管副局长、森林公安及林政负责人和市局有关科室人员参加了会议。

开展"爱鸟周"宣传活动　4 月 21～27 日，是河南省第二十九个"爱鸟周"。为进一步宣传好鸟类在人类社会经济可持续发展中的作用，增强人们的爱鸟护鸟意识，引导公众关注野生动物保护工作，提高濮阳市野生动物保护水平，市林业局采取多种形式，广泛开展了以"科学爱鸟护鸟，保护生物多样性"为主题的爱鸟护鸟宣传活动。活动中，共计展出"爱护野生动物"、"爱鸟周宣传"版面 6 块，发放宣传彩页 5 000 余份。

市林业局开展向灾区群众献爱心捐款活动　4 月 27 日，市林业局举行向青海玉树地震灾区群众献爱心捐款活动，全体务林人现场慷慨解囊，向灾区表达自己的心意，为青海玉树地震灾区的同胞祈福。短短几十分钟时间，现场筹得善款 5 300 元。

濮阳市召开美国白蛾防控工作会议　5 月 5 日，濮阳市召开美国白蛾防控工作会议，市委副书记盛国民出席会议并讲话。会议要求，按属地管理，条块结合，分级负责。谁主管、谁负责、谁防治。层层建立防治工作台账，强化责任与措施的落实。制定周密方案，实行无公害防治，防早、防小、防了，专群结合，联防联治等科学防控措施。加强宣传报道力度，继续采用发送手机短信等简捷高效的形式，让美国白蛾防控家喻户晓。加大经费投入，各级政府、主管部门分别负责筹措本级防控专项资金，购置所需器械和药物。会议下发了《濮阳市城区 2011 年度美国白蛾防控实施方案》、《濮阳市城区美国白蛾防治技术要点》和《美国白蛾防治工作历程》等资料。

濮阳市多措并举全面启动美国白蛾防控工作　5 月，为扎实推进林业生态建设，维护林业生态安全，确保实现有虫不成灾、疫情不扩散的目标，全市美国白蛾防控工作会议之后，各县（区）认真落实会议精神，采取措施，扎实推进，全面启动美国白蛾防控工作。一是制定防控工作方案。二是建立健全各级防控组织。三是责任推进。四是强化培训。五是维护设备，储备药物。六是全面监测。七是飞机喷药防治准备工作到位。

省林业厅领导来调研濮阳退耕还林工作　5 月 11～13 日，省退耕还林和天然林保护工程办公室主任邓建钦一行 4 人来濮阳市调研 2010 年到期退耕地阶段验收自查整改工作。邓建钦一行在市林业局负责人的陪同下，先后深入濮阳县、范县开展调研，针对在调研中发现的问题提出了整改要求和建议。

豫鲁两省美国白蛾联防联治协作会议在濮阳召开　5月13日，豫鲁两省美国白蛾联防联治协作会议在濮阳市召开，濮阳市人民政府副秘书长李强、河南省森林病虫害防治检疫站站长邢铁牛、山东省森林病虫害防治检疫站站长孙玉刚、濮阳市林业局局长张百昂出席会议；聊城市林业局，阳谷、莘县人民政府、县林业局及濮阳市林业局，清丰、南乐、范县、台前县人民政府相关负责人，共计60余人参加会议。会议由河南省森林病虫害防治检疫站副站长孔令省主持，李强副秘书长致欢迎词。会上，两省森林病虫害防治检疫站，濮阳市与聊城市及清丰、南乐、范县、台前、阳谷、莘县等县有关负责人，分别在联防联治合作协议书上签字，共同构筑边界地区美国白蛾疫情灾害防治新体系。

市林业局积极参与全市林业科技活动周活动　5月14日，濮阳市2010年科技活动周正式启动，市林业局积极参加科技活动周启动仪式，成立了以副局长李金明为队长，市林业技术推广站站长苏少堂、市森林病虫害防治检疫站站长刘美丽为副队长，10余名专业技术人员为主要队员的科技下乡服务队，制定了《濮阳市2010年林业科技下乡活动方案》，以确保林业科技活动周林业技术方面的工作切实落到实处。科技下乡服务队在科技活动启动仪式结束后兵分两路为全市提供林业技术咨询服务。

河南省美国白蛾防治技术培训班在濮阳举办　5月18日，河南省森林病虫害防治检疫站在濮阳市举办美国白蛾防治技术培训班，特别邀请国家林业局森林病虫害防治检疫总站防治处处长柴守权授课，濮阳市林业局副局长王少鹏陪同。省森林病虫害防治检疫站有关人员，濮阳市各县（区）林业局分管局长、森林病虫害防治检疫站站长、业务骨干，各县(区)重点疫情单位（企业）、乡(镇、办)负责人，市直有关单位工作人员，安阳市滑县、内黄县、永安区，新乡市长垣县，鹤壁市浚县林业部门有关人员，共计160余人参加了培训班。培训班由省森林病虫害防治检疫站副站长孔令省主持。

开展飞机喷药防治美国白蛾启航　5月20日，濮阳市2010年飞机喷药防治美国白蛾启航仪式在范县举行。国家林业局森林病虫害防治检疫总站防治处副处长柴守权，省森林病虫害防治检疫站站长邢铁牛、副站长孔令省，市政府副秘书长李强，市林业局局长张百昂，范县副县长周秀安，海南环球飞行俱乐部有限公司负责人出席仪式。市林业局副局长王少鹏主持仪式，市政府副秘书长李强讲话并宣布2010年飞机喷药防治美国白蛾启航。

市领导调研美国白蛾防控和林业产业发展工作　5月27日，市委副书记盛国民、副市长郑实军带领市直有关单位负责人先后赶往范县、台前县、华龙区就美国白蛾防控工作、林业产业发展等情况进行调研。

市林业局组织学习四项干部监督制度　6月3日，市林业局纪检组长程进普、副调研员毛兰军组织局人事、纪检监察、党总支等有关人员，对四项监督制度（《党政领导干部选拔任用工作责任追究办法（试行）》、《党政领导干部选拔任用工作有关事项报告办法（试行）》、《地方党委常委会向全委会报告干部选拔任用工作并接受民主评议办法（试行)》、《市县党委书记履行干部选拔任用工作职责离任检查办法（试行)》）进行了专题学习。

召开市城区美国白蛾防控工作会议　6月8日，濮阳市召开市城区美国白蛾防控工作会议。华龙区人民政府主管副区长、高新区管委会主管副主任，两区林业部门主要负责人和分管负责人，各乡（办）乡长（主任）和分管副职，市直有关单位主管负责人参加会议。会议由市林业局局长张百昂主持，通报了市城区美国白蛾发生防治情况，并宣读了《濮阳市城区美国白蛾防控工作暂行办法（讨论稿）》。市政府副市长郑实军出席会议并作重要讲话。

林业局召开专题会议安排部署下半年工作任务　6月13日，党组书记、局长张百昂主持召开全局科级以上领导干部会，局领导班子全体成员、机关各科室、市森林公安局、局属事业单位主要负责人参加会议。会议主要内容是回顾上半年工作，对下半年重点工作进行安排部署。

濮阳市林业局印发《濮阳市林业局机关工作规范》　6月30日，濮阳市林业局制定出台了《濮阳市林业局（含局属事业单位）机关工作规范》和《濮阳市森林公安局机关工作规范》。规范对各部门的工作职责进行了逐条细化分解，提出了具体要求，明确了工作责任，进一步强化了各科室、部门的大局意识、服务意识和责任意识，对切实转变机关工作作风，提高干部素质，改进工作方式，提高行政效能和服务水平，促进现代林业和局机关建设发展具有重要意义。

市林业局召开党风廉政建设会议　7月13日，市林业局召开副科级以上干部参加的局领导班子会议，学习中共中央办公厅、国务院办公厅近日下发的《关于领导干部报告个人有关事项的规定》，对上半年局党风廉政建设工作进行了总结，对下半年反腐倡廉工作进行了安排部署。

组织志愿者服务队参加义务劳动　7月20日，林业局组织由纪检组长程进普带头、党员志愿服务队成员参加的义务劳动服务队，到人民路派出所至红池塘饭庄这一路段开展义务劳动。志愿者对道路北段的杂物及"牛皮癣"进行了彻底清除，对道路违章逆行行为进行了积极劝阻，收到良好的社会效果。

市林业局荣获连续三年综合考评先进单位荣誉称号　7月30日，濮阳市委、市政府召开全市2009年度综合考评总结表彰大会，对2009年度综合考评先进县（区）和先进单位进行表彰，市林业局以在经济管理类16个市直单位中位列第一名的优异成绩，被市委、市政府授予"2009年度综合考评先进单位"和"连续三年综合考评先进单位"荣誉称号，市委、市政府给市林业局领导班子记三等功，并奖励2万元。

市林业局召开会议贯彻落实省市有关会议精神　8月5日，市林业局召开局机关、市森林公安局、局属事业单位副科级以上干部会议，学习贯彻市委五届十二次全会、市政府全会、全市2009年度综合考评工作总结暨表彰大会及全省林业局长电视电话会议精神，总结上半年工作，研究部署下半年工作任务。党组书记、局长张百昂主持会议，党组成员、副局长李金明、王少鹏分别传达了市委全会、市政府全会、全市综合考评总结表彰大会及第十届中原花木交易博览会筹备会等会议精神，安排部署了美国白蛾防治工作，党组书记、局长张百昂作了总结讲话。

召开全市集体林权制度改革推进会议　8月25日，濮阳市林业局召开全市集体林权制度改革推进会议，市林业局局长张百昂通报了全市集体林权制度改革工作进展情况和下步工作意见，副市长郑实军作了重要讲话。与会人员对各县（区）集体林权制度改革档案进行了观摩和评比打分。各县（区）政府分管副县（区）长，高新区管委会分管副主任，各县（区）林业局（中心）局长（主任）、分管副局长（主任）、林政股股长，市集体林权制度改革工作领导小组成员单位负责人及市林业局科级以上干部，共计80余人参加了会议。

副市长郑实军对第三代美国白蛾防控工作作出指示　8月25日，在全市集体林权制度改革推进会议上，副市长郑实军要求全面做好第三代美国白蛾防控工作。为了确保圆满完成全年防治工作目标，结合飞机喷药防治成本低、效率高、效果好的优势，濮阳市将重点实施飞机喷药防治第三代美国白蛾，计划飞机喷药防治60万亩，要求各县（区）结合实际，本着能飞则飞的原则，尽快组织人员，抓紧做好作业设计等飞机喷药防治准备工作，对于不适宜飞机喷药防治的区域妥善做好地面防治工作。

濮阳市下发《关于做好第三代美国白蛾防治工作的通知》　8月30日，为巩固第一、二代美国白蛾防控成果，切实做好第三代美国白蛾防控工作，全面完成2010年防控任务，确保全市生态安全，濮阳市美国白蛾防控工作指挥部下发了《关于做好第三代美国白蛾防治工作的通知》。

开展第三代美国白蛾防治工作　9月1日，随着一架满载药物的轻型蜜蜂机驶离地面飞向天空，濮阳市开始了飞机喷药防治第三代美国白蛾作业，这标志着全市第三代美国白蛾防治工作拉开序幕。

省森林病虫害防治检疫站检查濮阳美国白蛾防治工作　9月2~3日，省森林病虫害防治检疫站站长邢铁牛、副站长张松山、检疫科副科长朱雨行一行3人，在市防控指挥部办公室副主任、市林业局副局长王少鹏，市森林病虫害防治检疫站站长刘美丽陪同下，深入部分县（区）、乡（镇），检查指导濮阳市美国白蛾防治工作。

参展第十届中原花木交易博览会获殊荣　9月6~7日，由国家林业局和河南省人民政府联合主办的第十届中原花木交易博览会在许昌市鄢陵县举行，市政府副市长郑实军、市政府副秘书长李强、市林业局局长张百昂等领导参加了花博会开幕式。按照省政府要求，濮阳市积极组织花博会参展、布展工作，室外固定展区本着"突出文化底蕴、体现地方特色"的原则，以龙乡文化为主题，通过鲜花组摆等形式，形成富有特色的园林景观；邀请濮阳市源龙乡花卉种植有限公司等5家企业进行花木产品展销和交流；通过训练、选拔，组团参加河南省首届插花员职业技能竞赛。经花博会组委会评定，濮阳市取得了第十届中原花木博览会省辖市综合奖金奖、河南省首届插花员职业技能竞赛突出贡献奖及个人一等奖、个人创意奖的优异成绩。

举办林业生态省建设规划调整编制培训班　9月7~10日，濮阳市林业局举办林业生态省建设规划调整编制培训班，由省林业调查规划院专家授课，来自全市林业系统近40名技术人员参加了培训。市林业局副局长李金明、副局长王少鹏参加了开班典礼。

召开集体林权制度改革工作座谈会　9月28日，濮阳市林业局召开全市加快集体林权制度改革工作座谈会。会议传达了全省集体林权制度改革档案管理工作现场会会议精神，对下一步林权制度改革工作进行了安排部署。市林业局调研员田平稳参加会议并作重要讲话，各县（区）林业局（中心）主管副局长和市林权制度改革办有关人员参加了会议。

市林业局组织学习贯彻全市领导干部会议精神　10月11日，市林业局召开局机关、局属各单位副科级以上干部会议，学习贯彻市委书记段喜中在全市领导干部会议上的重要讲话精神。党组书记、局长张百昂主持会议。

市委副书记盛国民调研林业产业工作 10月13日，市委副书记盛国民先后前往高新区、华龙区、濮阳县就林业产业发展情况进行调研。市政府副秘书长李强、市林业局局长张百昂陪同调研。

市林业局召开"一创双优"集中教育活动动员会 10月30日，市林业局召开全局"一创双优"集中教育活动动员会，学习传达全市"一创双优"集中教育活动动员大会精神，安排部署市林业局"一创双优"集中教育活动。局机关、局属单位副科级以上干部及部分业务骨干参加会议。调研员田平稳主持会议。党组成员、纪检组组长程进普传达了市委"一创双优"集中教育活动动员会会议精神和濮阳市开展"一创双优"集中教育活动实施方案。党组书记、局长张百昂作动员讲话。

市委常委会召开农业工作专题会议 11月3日，常委会召开专题会议，听取当前农业、农村工作汇报，市委书记段喜中作重要讲话。当天下午，市林业局立即召开会议，贯彻落实市委书记段喜中在市委常委专题会议上的重要讲话精神和市委常委会对当前林业工作的重要指示精神。局领导班子成员、各科室部门负责人及业务骨干参加会议。

市林业局对林业执法情况进行明察暗访 11月3日，为切实加强林业行风建设，优化林业执法环境，巩固"一创双优"集中教育活动成果，市林业局由纪检组长程进普带队，一行3人对全市林业执法情况进行了明察暗访。

市林业局组织赴济源学习考察 11月4日，市林业局组织办公室、造林绿化科、林业技术推广站、林业调查队等有关科室负责人，赴济源市学习考察该市林业发展情况，实地参观济源市的生态廊道、村镇绿化、核桃基地等林业建设示范点。

市林业局开展"一创双优"集中教育活动 11月6日，市林业局召开县（区）林业局长会议，安排部署2010年冬2011年春造林绿化重点工作，以实际行动贯彻落实"一创双优"集中教育活动。市林业局领导班子，各县（区）林业局（中心）局长（主任）、副局长（副主任），市林业局各科室部门负责人共计40人参加了会议。

市林业局对各县（区）2010年冬2011年春造林绿化工作进行调研督导 11月8~10日，市林业局党组书记、局长张百昂带领局班子成员和有关科室负责人，赴各县（区）对2010年冬2011年春造林绿化工作进行调研督导。张百昂要求，各县（区）林业部门要用"新观念、新思路、新机制、新政策、新作风、新标准"来推进林业工作，在全面完成2 000万株植树任务的同时，以最快、最有效改善城乡和农村面貌为目标，对县城区主出入口、主要生态廊道、产业集聚区等重点部位进行高标准绿化美化，打造精品，提升形象，为建设富裕、和谐、美丽新濮阳作出积极贡献。

市林业局举行"爱我家乡，共建美丽新濮阳"主题演讲预赛 11月13日，市林业局举行了"爱我家乡，共建美丽新濮阳"主题演讲预赛，由局属各单位、机关各科室选拔出的12名比赛选手紧紧围绕"一创双优"集中教育活动主要学习内容，立足岗位职责，结合林业工作实际，从不同侧面、不同角度进行了精彩演讲。

副市长郑实军到市林业局检查指导"一创双优"集中教育活动 11月17日，副市长郑实军到市林业局督导"一创双优"集中教育活动，并对贯彻落实市委书记段喜中指示精神，抓好2010年冬2011年春造林绿化工作提出了明确要求。市政府副秘书长李强，市"一创双优"活动第十督导组徐文彬、任广勇、陈晓峰陪同。

市林业局召开县（区）林业局长会议　11月16日，市林业局召开县（区）林业局长会议，对2010年冬2011年春林业工作进行具体安排部署，进一步明确发展思路、工作重点和措施，细化分解各项工作任务。局党组书记、局长张百昂就如何深化开展"一创双优"活动，着力构建高效多能可持续发展的林业生态产业体系，打造林业精品工程进行了全面部署。

全市2010年冬2011年春农业、农村重点工作动员会议召开　11月26日，市委、市政府召开全市2010年冬2011年春农业、农村重点工作动员大会，安排部署2010年冬2011年春农田水利建设、造林绿化、设施农业发展和新农村建设四项重点工作，市委书记段喜中，市委副书记、市长王艳玲，市委副书记盛国民，市委常委、组织部长雷凌霄，市人大常委会副主任成定伟，市政府副市长郑实军，市政协副主席张怀玺出席会议，各县（区）委、政府党政主要领导和分管领导，市直各部门主要领导和各乡（镇、办）党政主要领导、市直农口系统副科级以上干部共计500余人参加会议。

市林业局召开"一创双优"集中教育活动转段动员会　11月27日，市林业局召开由局全体人员参加的"一创双优"集中教育活动转段动员大会。会议由局党组成员、副局长李金明主持。副调研员毛兰军传达了中共濮阳市委《全市"一创双优"集中教育活动深入查摆解决问题阶段实施方案》精神，局党组成员、纪检组长程进普对第一阶段工作进行了总结并对第二阶段工作做了具体安排部署，局党组书记、局长张百昂作深入查摆解决问题阶段动员报告。

市林业局在市农业系统"一创双优"演讲比赛中夺魁　12月1日，市农口系统举办"一创双优"集中教育活动演讲比赛，市林业局选派的代表田勇在参赛的14名选手中脱颖而出，取得总分第一的好成绩，并将和其他进入前三名的选手一起，代表市农业系统参加全市举行的"爱我家乡，共建美丽新濮阳"主题演讲比赛。

市林业局查获非法携带猫头鹰　12月5日，上午10点，110指挥中心称市旧车交易市场门口有人在非法出售猫头鹰，值班人员在接到警令后，立即组织行政执法人员赶赴现场，在市京开道与中原路交叉处将违法嫌疑人李某截获。经过林业行政执法人员对李某详细耐心的普法教育，李某认错态度较好，主动将非法携带的猫头鹰1只交由林业部门处理，并保证以后不再乱捕野生动物。

省林业厅检查指导范县森林采伐改革试点工作　12月7日，河南省林业厅资源林政管理处副处长李建平、助理调员王磊一行到范县就森林采伐改革试点工作进行检查指导，市林业局调研员田平稳、森林公安局局长卓山成等陪同检查。

市委领导到市林业局检查指导"一创双优"集中教育活动　12月14日，市委常委、宣传部长姜继鼎到市林业局检查指导"一创双优"集中教育活动，并对做好深入查摆解决问题阶段和下步工作提出明确要求。市委组织部副部长张海洲，市纪委常委孙栋，市委农村领导工作小组办公室副主任、第十督导组副组长任广勇，市"一创双优"活动办公室工作人员陪同检查。

濮阳市2010年林业有害生物防治目标管理考核荣获佳绩　12月22日，省林业厅以豫林办[2010]29号文，通报了全省2010年林业有害生物防治目标管理考察结果，濮阳市林业局在省林业厅年度考核及综合评定中取得良好成绩。其中，濮阳市森林病虫害防治检疫站获得2010年度森林病虫害防治检疫目标管理先进单位、2010年度飞机喷药防治工作先进单位和2010年度森林病虫害防治检疫宣传系列活动先进单位等三项荣誉称号。台前县、范县被评为 2010 年度飞机喷药防治工作先进单位，台前县达到省级标准站建设标准。

副市长郑实军检查造林绿化工作　12 月 23 日，副市长郑实军先后到工业大道、濮阳县检查指导造林绿化工作，市政府副秘书长李强，市林业局党组书记、局长张百昂，市林业局党组成员、副局长李金明、王少鹏陪同。

市林业局安排部署全市林业系统年度普法考试工作　12 月 25 日，市林业局安排部署全市林业系统年度普法考试工作，并对年度普法考试工作提出了具体要求。

市林业局完成国家卫生城市目标任务　12 月 27 日，市国家卫生城市目标考核组一行 4 人在组长杜明星的带领下，到林业局就国家卫生城市年度目标任务工作进行考核。在听取了林业局关于国家卫生城市管理责任目标工作情况汇报、查阅了有关资料文件后，考核组对林业局国家卫生城市目标任务工作中的野生动物保护法律法规宣传、野生动物行政执法给予了肯定，并对今后的野生动物保护法律法规宣传提出了要求。

濮阳市再动员再部署 2010 年冬 2011 年春造林绿化等农业、农村四项重点工作　12 月 28 日，市委召开全市 2010 年冬 2011 年春农业、农村四项重点工作再动员再部署电视电话会议。市委副书记盛国民、市人大常委会副主任成定伟、市政府副市长郑实军、市政协副主席张怀玺出席会议。市委副书记盛国民对前一阶段濮阳市造林绿化等农业、农村四项重点工作取得的成绩给予了充分肯定，对下一步工作提出三点要求。

新乡市

一、概述

2010 年，在市委、市政府的正确领导下，在省林业厅的大力支持下，全市认真贯彻党的十七大、十七届五中全会、《中共中央 国务院关于加快林业发展的意见》精神，以科学发展观为指导，按照"四个重在"要求，以创建全国绿化模范城市为载体，紧紧围绕市委、市政府中心工作，大力实施林业生态建设重点工程，强化森林资源保护，坚持依法治林，科技兴林，产业富民，圆满完成了林业生态市建设年度各项工作任务，全市林业生态建设工作整体保持了良好的发展态势。新乡市凤凰山森林公园被授予"河南省生态文明教育基地"称号，政务信息、公共机构节能、反腐倡廉、目标管理、信访等工作被市委、市政府通报表彰。

（一）目标完成情况

2010 年，全市共完成林业生态建设工程 22.85 万亩，占年度任务的 106.5%。完成林业大田育苗 1.82 万亩，完成率 114%。完成飞机喷药防治森林病虫害有效作业面积 13.1 万亩，是年度任务的 131%。完成飞播作业面积 1.1 万亩。全年林业总产值 36.60 亿元。

（二）凤凰山森林公园建设

按照《2009～2011 年凤凰山森林公园建设规划》和《2010 年凤凰山森林公园建设实施方案》的要求，完成凤凰山森林公园植树 31.3 万株，完成率 104.3%；收缴凤凰山森林公园建设义务植树以资代劳费 540 万元；完成育苗 280 亩、整地 1 250 亩、景区道路建设 7.5 公里、登山步道 3 公里；凤凰山国家级矿山公园申报成功；凤凰山矿业生态文化博物馆建设主体已经完工；凤凰山森林公园被授予"河南省生态文明教育基地"称号。

（三）林业生态县创建

2010 年，新乡县认真贯彻《新乡市创建林业生态县实施意见》，通过强化组织、政策、资金、科技、法制和机制保障等六项措施，积极开展林业生态县创建活动，并成功创建了林业生态县。

（四）落实《合作建设林业示范市框架协议》

新乡市人民政府与河南省林业厅率先签署了《合作建设林业示范市的框架协议》，为进一步推进新乡市林业全面协调可持续发展奠定了更加坚实的基础。为履行好框架协议，王晓然副市长多次带领市林业局有关人员到省林业厅汇报林业示范市工作推进情况，共同研究解决建设林业示范市的重大问题，建立了良好的工作推进机制。省林业厅党组成员、巡视员张胜炎，省政府驻省林业厅纪检组长乔大伟，省林业厅副巡视员谢晓涛等领导多次带领有关处（室）负责人到新乡指导林业生态建设工作，确保了框架协议的有效落实。省林业厅与新乡市林业局形成了新乡市建设统筹城乡发展试验区林业示范市会商会议纪要，就创建全国绿化模范城市、林业生态市、新型农村社区绿化和集体林权制度改革等方面达成了共识。

（五）新型农村住宅社区绿化

新乡市充分结合林业生态建设工作实际，把村镇绿化项目资金向新型农村住宅社区建设倾斜，确保社区绿化快速推进。争取省林业厅对 38 个示范村补助绿化资金 190 万元；专门安排市本级林业生态建设资金 135 万元，分别对 11 个示范村、10 个移民新村和联包帮建 2 个村进行了绿化补助；争取省村镇绿化工程资金 540 万元，集中向新乡社区绿化倾斜。大力推广了生态景观型、生态经济型、生态防护型和生态旅游型四种类型农村社区绿化模式，为全国、全省新型农村社区绿化树立了一批典型。6 月，全省村镇绿化暨林下经济现场观摩会议在新乡召开。

（六）集体林权制度改革

市委、市政府分别召开了市委林业工作会议和集体林权制度改革工作会议，出台了《中共新乡市委 新乡市人民政府关于加快林业改革发展的意见》，对林权制度改革工作进行安排部署，明确任务，落实责任，推动了林业发展由过去主要依靠政府投资拉动向多渠道投资、体制改革、机制创新等方面的全新转变，实现了林业健康发展、生态环境改善、农民致富增收的三方共赢；5 月 20 日，市政协委员对全市林权制度改革工作进行了专题调研，为林权制度改革工作出谋献策；7 月 27 日，市人大代表视察了全市林权制度改革工作，为林权制度改革工作提出了建议；市林业局成立 6 个林权制度改革工作督导组，由班子成员带队分包县（市、区）开展督导活动；组织全市林权制度改革工作人员分 3 批到信阳狮河区、洛阳栾川县和南阳淅川县学习林权制度改革主体改革和档案管理工作。目前，全市主体改革任务已实现大头落地，配套改革正在有序推进。共明晰产权 245.1 万亩，占集体林地面积的 97%，林权登记发证 218 万亩，登记发证率达 86.3%；林权流转面积 97.6 万亩，流转金额 1.13 亿元；建立林业要素市场 2 个，活立木交易中心 1 个。

（七）林业产业

2010 年，全市进一步优化调整林业产业发展结构，着力拉长具有地方特色的林业产业链条，努力培育特色基地、名牌产品和龙头企业，林业产业的整体水平得到了大幅度提升，初步形成以森林资源培育为基础，以精深加工为重点，以森林旅游为增长点，以市场体系建设为依托的林业产业新格局，涌现了一批木材加工、木浆造纸、林特产品、林下经济、生态旅游、花卉繁育等产业集群。新乡新亚纸业集团股份有限公司、河南省跑马岭地质公园开发有限公司、河南省海芋生物发展有限公司、新乡积玉园林绿化工程有限公司、河南宏达木业有限公司、河南省亿隆高效农林开发有限公司、河南正昊风景园林工程有限公司、河南宏力高科技农业发展有限公司 8 家林业企业被命名为河南省第一批省级林业产业化重点龙头企业。以长垣宏力红提葡萄、新乡县黄金梨、封丘金银花和树莓、原阳县油桃、卫辉市鲜桃、辉县核桃和山楂等名优干鲜果品、特色中药材为主，建立了经济林产品贮藏加工基地。以获嘉县、红旗区为主，花木、鲜切花基地正在规模发展。以五个省级森林公园为载体，综合开发南太行山区和黄河故道区的森林旅游资源，大力发展森林旅游业、生态疗养业，树立优秀生态旅游品牌，全面提升了生态旅游的行业形象和综合效益。

（八）森林资源保护

一是积极开展林业有害生物防治工作，完成飞机喷药防治林木病虫害 13.1 万亩，完成率达131%，全市未发生美国白蛾、松材线虫病等危险性林业有害生物入侵现象。二是强化林政资源管理工作，严格林木限额采伐和征占用林地审批制度。林木采伐量未突破"十一五"限额采伐指标，伐区凭证采伐率和发证合格率均达到了 98% 以上。审核上报各类征占用林地 1 719 亩，征收森林植被恢复费 795.6 万元，审核审批率、规费征收率、面积核实率均达到 100%。三是组织开展林业严打专项行动，市森林公安局成功破获 2 起重特大倒卖野生动物案件，救护国家一级保护动物蜂猴、蟒蛇43 只，国家二级保护动物 25 余只（头）。全市森林公安共受理各类林业案件 583 起，处理违法人员625 人。开展了野生动物疫源疫病监测工作，全市未发生野生动物疫病疫情。四是狠抓了森林防火工作，森林受害率 0.38‰，低于省定 1‰的目标，全市未发生重大森林火险火灾。

（九）林业科技服务和新技术推广

2010 年，全市共引进薄壳核桃、美国长山核桃、青竹复叶槭、文冠果等优良林果新品种 12 个。新品种的引入，极大地丰富了新乡市的树种多样性，为林业结构调整奠定了物质基础。推广了 ABT、GGR 生根粉、根蒸腾剂、抗旱保水剂、大容器育苗等造林新技术，进一步提高了造林成活率和果品产量。积极开展送科技下乡工作，先后组织林业专家到辉县市、原阳县、延津县、获嘉县、长垣县和凤泉区举行专题讲座 6 场，培训林业职工和林农 1 200 余人，发放林业技术宣传单、明白纸 1 500 余份，共开展赶科技大集、进村入户、办培训班等形式 30 余场次，培训林果农 8 000 余人次。

（十）项目争取

共争取到各类林业项目资金 7 580.28 万元。其中：中央资金 4 443.17 万元，中央预算内基建816 万元，省级资金 2 321.11 万元。

（十一）全民义务植树活动

制定了《新乡市 2010 年凤凰山义务植树实施方案》和《"3•12"植树节活动方案》，本着"合法、合情、合理"的原则，加强凤凰山森林公园核心区义务植树基地建设，义务植树责任单位可直接参加植树，也可通过缴纳以资代劳费的方式履行植树义务，以资代劳费的收缴按照市级、县级和科级 300 元、200 元、100 元的"三二一"义务植树绿化费收缴标准，各级领导率先垂范，带头捐款，各部门密切配合，全社会积极参与，鼓励和倡导"绿地认养"、"绿地冠名"、保护古树名木、植纪念树、造纪念林、"以资代劳"等多种形式履行植树义务，多点建立义务植树基地，实现了义务植树形式多样化、渠道多元化、时间常年化。2010 年，全市参加义务植树 256.4 万人，完成义务植树 1 265.1 万株，尽责率达到 95% 以上。

（十二）落实省承诺的年度实事任务

村镇绿化工程和落实退耕还林补助是省委、省政府向全省人民承诺的十大实事的重要内容，也是市委、市政府的重点工作。2010年市林业局完成了省十项民生工程中两项涉林工程，完成村镇绿化工程3万亩，是省定任务的121%。退耕还林工程粮食和现金补助2 130.17万元，已逐级向林农进行了兑现。

（十三）积极开展创先争优活动

按照市委要求，把创建文明城市与全市林业工作结合起来，开展了扎实有效的创建活动。围绕服务中心、建设队伍，把开展创先争优活动与机关作风建设和"讲党性、重品行、作表率"活动有机地结合起来，通过设立党员示范窗口等形式，促进作风转变，推动机关党员更好地立足本职、争创一流，更好地服务基层、服务群众，更好地发挥示范表率作用，彰显共产党员的先进性。力争到2012年局机关实现创一流机关、建设一流队伍、创造一流业绩，提升机关党的建设整体形象和群众满意度的目标。

二、纪实

国务院办公厅督查组督查新乡市集体林权制度改革工作　1月25日，由国务院办公厅督查室副主任刘斌等一行7人组成的督查组对新乡市集体林权制度改革工作进行督导检查。省政府办公厅副巡视员王梦飞，省林业厅副厅长刘有富、副巡视员谢晓涛等有关领导陪同检查。督查组一行分别听取了新乡市、辉县市、卫辉市政府集体林权制度改革工作情况汇报，考察了辉县市林业要素市场，观摩了林权拍卖交易现场。

召开市委林业工作会议　2月20日，新乡市委召开全市林业工作会议。市四大班子及新乡军分区领导和省林业厅党组书记、厅长王照平，省林业厅党组成员、巡视员张胜炎和厅有关处（室）负责人出席会议。会议对林业生态建设工作进行了安排部署，并要求立即掀起春季植树造林高潮。王照平厅长代表河南省林业厅、李庆贵市长代表新乡市人民政府签署了《合作建设河南省统筹城乡发展试验区林业示范市框架协议》。

召开凤凰山森林公园建设现场办公会　2月22日，市委常委、副市长王晓然，市长助理杨志清召集市林业局、市环保局、市交通局、市水利局、市国土局、市编制办公室、市电业局等单位负责人，到凤凰山森林公园进行实地调研，详细了解凤凰山森林公园规划、建设情况，并就有关问题进行现场解决。

市党政军领导参加义务植树活动　3月9日，新乡市党政军主要领导带领市直机关干部数百人到凤凰山森林公园参加义务植树活动，当天共栽植杏树、石榴树等500余株。

举办"3·12"植树节系列宣传活动　3月12日，植树节期间，新乡市开展了一系列宣传活动。在新乡市人民公园举办了"3·12走进绿色新乡"林业生态建设成就摄影展，展出展板80块，摄影作品200幅，林业科普宣传版面2块。市委常委、副市长王晓然，市政协副主席王炜东等市领导现场参观；分别在《新乡日报》、市电视台发表了署名文章和"3·12"电视讲话；与市电视台《沟通》栏目联合录制了《凤凰传奇》电视专题节目，开通了新乡市党政信息网林业生态建设工作短信平台。

各县（市）、区也大张旗鼓地宣传林业生态建设取得的显著成效，宣传造林绿化先进典型，形成了全市关注、全民参与、社会各界积极支持林业生态建设工作的浓厚氛围。

召开全市春季植树造林现场推进会　3月18日，在辉县市召开春季植树造林现场推进会，对全市春季林业生态建设工作进行再动员、再部署。

召开生态廊道绿化工程现场观摩会　4月1～2日，市长助理杨志清带领市林业局有关人员和各县（市、区）林业（农林）局长，对辖区内高速公路、大外环及8条快速通道的植树造林情况进行了现场观摩。

全力推进党风廉政及行业作风建设　4月12日，市林业局召开2011年党风廉政建设工作会议，对2011年全市林业系统党风廉政建设和反腐败工作进行了认真的安排部署，会议签订了党风廉政建设目标责任书、目标管理责任书。

市委常委、副市长王晓然赴卫辉市视察林业生态建设工作　4月20日，市委常委、副市长王晓然赴卫辉市唐庄镇视察春季造林绿化、森林防火、凤凰山森林公园建设工作，强调要大力学习唐庄人民坚定不移植树造林、绿化荒山、改善环境、造福子孙的经验，学习唐庄人民艰苦奋斗、持之以恒、开拓创新、务求发展的精神，广泛开展植树造林活动，认真落实森林防火责任制，保护好造林绿化成果，促进林业生态建设再上新台阶，为新农村建设和全市经济社会发展作出积极的贡献。

参加第七届中国城市森林论坛　4月26～28日，市委常委、副市长王晓然带队参加了由国家林业局、全国政协人口资源环境委员会、湖北省政府和经济日报社主办的第七届中国城市森林论坛，本届论坛的主题是"城市森林·低碳城市·两型社会"。

市林业局召开争先创优活动动员大会　5月14日，新乡市林业局召开争先创优活动动员大会。会议要求严格按照中央、省委、市委提出的创建先进基层党组织的"五个好"标准，按照优秀共产党员的"五带头"规定，结合本局实际，在创先争优活动中着重创建"十强"基层党组织，立争做"十好"共产党员。

国家造林绿化规划调研组莅临新乡市调研　5月14～16日，国家造林绿化规划调研组在省林业厅造林绿化管理处有关人员的陪同下莅临新乡进行调研。调研组先后考察了凤凰山森林公园、延津县、长垣县的造林绿化工作，并在延津县和长垣县与相关干部群众进行了座谈。

市政协委员视察全市林业生态建设工作　5月20日，新乡市政协副主席王炜东、张琴率市政协委员一行20余人到原阳县视察林业生态建设和集体林权制度改革工作。

召开《河南林业生态省建设规划》中期调整专题会议　5月24日，新乡市林业局召开《河南林业生态省建设规划》中期调整专题会议，各县（市、区）林业（农林）局长、主管副局长和规划站长，市局相关科（室、站）负责人参加会议。会上，各县（市、区）林业（农林）局长结合本地实际和《河南林业生态省建设规划》中期调整方案》，分别提出了调整的意见和建议。市林业局对各县（市、区）的合理化建议进行汇总，并重申了新乡市与省林业厅框架协议中支持新型农村社区绿化的内容要求。

全省村镇绿化和林下经济现场观摩会在新乡召开　6月7日，全省村镇绿化和林下经济现场观摩暨绿化委员会办公室主任会议在新乡市召开。与会代表参观了新乡市祥和社区、刘庄社区、龙泉社区的新型农村住宅社区绿化工作，市委常委、副市长王晓然在会议上作了典型发言。

飞机喷药防治工作圆满结束 6月22日~7月3日，组织开展飞机喷药防治林业有害生物工作，租用湖北同诚通用航空公司一架R-44直升机，分别在原阳、延津、辉县等县（市）选择8个起降点进行作业，共飞行135架次，喷洒生物农药4.5吨，有效飞机喷药防治作业面积10.8万亩，超额完成市政府下达10万亩的防治任务。此次飞机喷药防治重点是国道、省道两侧通道林、河渠护岸林、集中连片的速生丰产林、凤凰山森林公园和国有延津林场黄河故道森林公园，涉及12个县（市、区），防治对象主要是第2、3代杨树食叶害虫和刺槐食叶害虫。

举办全市野生动物疫源疫病监测网报系统培训班 7月7日，市林业局举办全市野生动物疫源疫病监测信息网络直报系统培训班。全市林业系统负责野生动物疫源疫病监测信息报告的工作人员参加了培训。

省政府林业生态省建设调研组莅新调研 7月8~10日，省政府林业生态省建设调研组在省政府参事赵体顺的带领下，一行5人到新乡市卫辉市唐庄乡、辉县市高庄乡、黄水乡调研林业生态省建设规划执行情况。

市人大常委会视察全市集体林权制度改革工作 7月27日，市人大常委会副主任高历行，党组副书记、秘书长冯志勇率部分常委一行20余人到延津县视察新乡市集体林权制度改革工作。

召开林木种苗工作会议 8月3日，市林业局组织召开全市林木种苗工作会议，安排部署特色经济林产业发展规划编制、苗木生产基地基本情况调查和《中华人民共和国种子法》颁布实施10周年宣传活动等工作。

举办全市集体林权制度改革培训班 8月10~14日，新乡市林业局举办集体林权制度改革培训班。本次培训邀请省林业厅林权制度改革办公室副处长李银生授课，各县（市、区）林业（农林）局主管局长、林权制度改革办公室主任、部分重点乡（镇）的乡（镇）长和林业技术推广站站长参加了培训。

召开林政管理与执法队伍建设工作会 8月27日，新乡市局召开林政管理与执法队伍建设工作会。各县（市、区）林业局有关人员汇报了2010年以来森林采伐限额管理、木材运输管理、行政执法等工作的开展情况。会议就下一步林地林权管理、征占用林地管理、森林采伐限额管理、木材流通管理、涉林案件的查处、集体林权制度改革等重点工作进行了安排部署。

组织参加全省首届插花员职业技能竞赛 9月2日，新乡市林业局组织3名选手参加在鄢陵举办的河南省首届插花员职业技能竞赛，林业局荣获组织奖，选手邹刚、郭倩获得创意奖。

参加第十届中原花木交易博览会 9月5~7日，新乡市派代表赴鄢陵参加第十届中原花木交易博览会。本次花博会新乡市参加室内展2个，分别是获嘉县史庄镇和长垣亿隆农林有限公司。

积极开展林业送科技下乡活动 9月10日，新乡市林业局和长垣县政府联合举办"冬枣种植管理技术"专题培训班。丁栾、张三寨、满村、孟岗、方里、佘家、樊相、芦岗等重点乡（镇）的领导和群众800余人参加了培训。新乡市林业技术推广站站长、教授级高工何长敏现场进行多媒体授课。培训班上发放《新乡市基层林业工作站培训教材(核桃、桃)》300余本，印发《绿色食品鲜食枣栽植技术》明白纸1 000余份，现场解答群众咨询100余人次。

参加第二届中国绿化博览会 9月25~26日，新乡市派代表赴郑州参加第二届中国绿化博览会。

开展查处非法经营野生动物及其产品行动 9月28~29日，在市森林公安局、宣传办公室、新乡日报社等部门的大力配合下，开展了查处非法经营野生动物及其产品行动。本次行动共查处存在上述问题的8家饭店，查扣省重点保护动物豹猫死体1只，斑鸠死体16只，野猪半成品9块，野兔成品1只，没收利用野生动物及其产品或别称作菜名的菜谱7份。

国家林业局副局长李育才莅临新乡视察工作 10月5~6日，国家林业局副局长李育才莅临新乡，到辉县市、卫辉市视察林业工作。

省政府调研督导组莅临新乡调研督导集体林权制度改革工作 10月20日，以林业厅副厅长王德启为组长的省集体林权制度改革调研督导组莅临新乡调研督导林权制度改革工作。调研督导组随机抽取了辉县市、原阳县、延津县、长垣县4个县（市），并对12个乡（镇）36个村的林权制度改革政策宣传贯彻情况、确权发证情况、林权纠纷调处情况、档案建设情况、存在的问题与应采取的措施等进行调查了解，对全市集体林权制度改革取得的成效给予了肯定，并对下一步工作提出指导意见。

召开集体林权制度改革暨林业工作新闻发布会 10月20日，新乡市林业局召开新乡市集体林权制度改革暨林业工作新闻发布会，河南人民广播电台、河南日报驻新乡记者站以及新乡日报、新乡电视台、新乡人民广播电台、平原晚报等省、市多家新闻媒体参加了新闻发布会。

市委常委、副市长王晓然调研红旗区鲜切花生产基地 10月28日，市委常委、副市长王晓然在市林业局局长闫玉福的陪同下，带领市农业银行、市农村发展银行、市农村信用社等有关单位人员，深入到红旗区殷庄鲜切花生产基地和凤泉区大块镇灵芝生产基地调研。

召开集体林权制度改革工作攻坚会 12月14日，新乡市召开集体林权制度改革工作攻坚会。会议总结了全市林权制度改革工作完成情况，传达了省政府林权制度改革会议精神，全面分析了当前林权制度改革工作形势和存在的问题，研究部署省级检查验收前克难攻坚新措施，确保目标任务全面完成，顺利通过省级检查验收。

召开全市冬季造林绿化工作会议 12月16日，全市冬季造林绿化工作会议召开。市委常委、副市长王晓然参加会议并作重要讲话。会议对全市冬季植树造林和廊道绿化工作进行了安排部署。

新乡市凤凰山森林公园被授予"河南省生态文明教育基地" 12月24日，由省林业厅、省教育厅、团省委组织的河南省生态文明教育基地授牌仪式在郑州举行。授牌仪式上，新乡市进行了专题片汇报展示，凤凰山森林公园被授予"河南省生态文明教育基地"。

焦作市

一、概述

2010 年是落实"十一五"林业规划各项目标任务的收官之年，焦作市认真贯彻落实中央、省委林业工作会议精神，以科学发展观统领全市林业工作全局，以林业生态市建设为抓手，以改善生态环境、推动新农村建设、加快林业产业化进程、增加农民收入为目标，以山区生态林体系、农田防护林体系改扩建、城郊森林及环城防护林带、生态廊道网络、村镇绿化等林业工程建设为重点，坚持依法治林，强化林业执法，切实保护森林资源，有力地推动林业工作的健康发展，圆满完成全年各项目标任务。

（一）植树造林

狠抓工程造林，采取多种形式开展造林绿化和全民义务植树活动，以冬春造林为突破口，林业生态建设呈现出良好的发展态势，造林数量、造林质量、造林机制创新等均取得新的突破。全年共完成成片造林 13.222 万亩，是年度总任务 12.488 万亩的 105.88%；完成森林抚育和改造 1.668 万亩，占任务 1.65 万亩的 101.1%；全民义务植树 624.5 万株，占任务 624.35 万株的 100.02%；林业育苗 1.117 万亩，占任务 0.9 万亩的 124.11%。

（二）集体林权制度改革

全市集体林地面积 130.59 万亩，纳入林权制度改革范围的林地面积 130.08 万亩。全年明晰产权面积 129.51 万亩，占全部任务 130.08 万亩的 99.56%。通过林权制度改革，确立了林农对林木的所有权和林地的使用权，林业生产力得到了全面的解放，林农发展林业的积极性普遍高涨；通过林权制度改革，经营主体地位更加明显，利益更加直接，责任更加落实，保护森林资源的意识进一步增强，促进了林区治安稳定；通过林权制度改革，使森林资源逐渐转换成为资本，极大地推动了林业产业发展。

（三）资源保护

严格规范林地保护管理工作，共审核审批林地征占用 6 宗，面积 789 亩，收缴森林植被恢复费

305万元。审批采伐林木活立木蓄积10.4万立方米，占年度采伐限额42.8万立方米的24.4%，全市无超限额采伐现象发生。全年无重特大森林火灾发生，无重大毁林、乱占林地和破坏野生动物资源案件；无重大森林病虫害、公路"三乱"案件发生；完成国家和省重点公益林管护任务；足额上缴省级育林金。

（四）行政服务中心工作

以"便民、高效、公开、公正"为服务宗旨，做好市行政服务中心林业窗口工作。共办理木材运输证、植物检疫证等876件，办结率100%，群众投诉率和差错率均为零。

二、纪实

召开全市林业改革暨城乡绿化工作会议 2月22日，焦作市委、市政府召开全市林业改革暨城乡绿化工作会议，贯彻落实中央和省委林业工作会议精神，回顾总结近年来全市林业改革工作取得的成绩，安排部署下一阶段全市林业改革和造林绿化工作。各县（市、区）县（市、区）长，主管县（市、区）县（市、区）长，林业局局长，各乡（镇、办事处）书记、市绿化委员会成员单位、市直有关部门和企事业单位负责人共350余人参加会议。市五大班子领导出席会议，市长孙立坤和市委书记路国贤分别作重要讲话，会议由市委副书记王明德主持。会议下发了《中共焦作市委、焦作市人民政府关于加快林业改革发展的意见》，沁阳市、温县、博爱县、修武县和武陟县围绕如何做好林业改革工作做了典型发言，现场对2009年全省林业生态县创建成功的沁阳市、武陟县和山阳区政府颁奖。

市委、市政府出台《关于加快林业改革发展的意见》 2月22日，市委、市政府出台《关于加快林业改革发展的意见》，全面推进集体林权制度改革工作。意见阐述了加快林业改革发展的重大意义，总结了全市林业建设取得的巨大成就，强调了全市林业可持续发展的重要任务，明确了全市林业改革的指导思想、主要目标和总体要求，对下一步集体林权制度改革和林业生态建设工作进行了安排部署。

市长孙立坤要求迅速贯彻落实全省森林防火工作电视电话会议精神 3月1日，全省森林防火工作会议后，市委副书记、市长孙立坤随即召开全市森林防火工作电视电话会议，安排部署春季森林防火工作。会议号召全市各级各部门立足于防大火、扑大火，采取有效措施，确保不发生重特大森林火灾，确保不发生重特大人员伤亡。孙立坤要求贯彻落实好国家和省电视电话会议精神，做好焦作市森林防火工作，做到重视到位、人员到位、物资到位、排查到位、宣传到位、追究到位"六到位"。

市长孙立坤检查春季植树造林工作 3月3日，市委副书记、市长孙立坤带领市林业局部门负责人深入修武县、武陟县检查春季植树造林工作。要求抓住当前大好时机，迅速掀起植树造林高潮，扎实做好植树造林工作。

国家林业局副局长李育材来焦作调研 5月7日，国家林业局副局长李育材在省林业厅厅长王照平的陪同下莅临焦作市，对该市林业生态建设情况进行调研。市委副书记、市长孙立坤，市委副书记王明德，副市长贾书君陪同调研。李育材一行先后视察了云台山景区绿化、马村区万亩薄皮核桃基地、城区北山绿化工程、焦作影视城和焦作森林公园的绿化情况。对焦作市林业生态建设工作给予充分肯定。创新机制，建立完善体系，以项目带动整体推进，实现林业生态建设工作科学持续发展。

市林业局局长晋发展赴省级新农村建设示范村调研　6月24日，为密切联系群众，增强服务意识，全面推进省级新农村示范村建设，市林业局党组书记、局长晋发展在温县县委副书记席小明陪同下，一行6人赴省级新农村建设示范村温县温泉镇后上作村进行实地调研，实地察看了村容村貌，并在座谈会上听取了温泉镇主管镇长张世奇和后上作村党支部书记孙友军对该村新农村建设基本情况的介绍，对该村新农村建设工作给予了肯定。

市林业局开展打击非法占用林地乱采滥挖专项行动　6月，为切实保护森林资源，维护良好的林业生态建设秩序，市林业局组织沿山县（市、区）开展了打击非法占用林地乱采滥挖专项行动。本次行动以县（市、区）为单位，全面排查占用林地采挖点的底数和情况，依法打击非法占用林地采挖行为，全面规范使用林地审核审批。对未经林业主管部门审核审批且无采矿证的非法占用林地采挖点，坚决依法取缔。对未经林业部门审核审批但有采矿证的非法占用林地的采挖点，责令其立即关闭，依法办理使用林地审核审批手续后方可开采。

国家自然保护区评估组对焦作市自然保护区建设进行综合评估　8月6~7日，环境保护部、国家林业局等5部门组成的国家级自然保护区管理评估组专家组一行6人，在省林业厅保护处处长甘雨、副处长张玉洁等人陪同下，对焦作市太行山猕猴国家级自然保护区和黄河湿地国家级自然保护区进行了检查评估。两天时间里，专家组通过听取汇报、查阅资料、实地考察等方法对该市自然保护区进行了全面评估检查，肯定了焦作市在自然保护区建设中取得的成绩，并对进一步做好自然保护区建设工作提出了建议。

国家森林病虫害防治检疫总站领导检查指导沁阳市森林病虫害防治工作　8月9日，国家森林病虫害防治检疫总站防治处处长曲涛、省森林病虫害防治检疫站站长邢铁牛在焦作市林业局副局长陈相兰、沁阳市副市长王六军等有关领导陪同下，对沁阳市森林病虫害防治工作进行检查指导。曲涛一行察看了新济路、紫黄路等路段杨树食叶害虫杨小舟蛾危害情况，飞机喷药防治成效，以及神农山重点公益林精品区飞机喷药防治山区木燎尺蠖和黄栌白粉病作业现场，听取了该市在开展森林病虫害防治方式、资金筹集、防治技术等多方面情况介绍，对该市森林病虫害防治工作给予高度肯定和评价，并对今后工作提出了建设性意见。

国家林业局调研组来修武调研退耕还林工作　11月25~26日，以国家林业局退耕还林和天然林保护工程办公室副主任吴礼军为组长的退耕还林调研组一行3人，在省林业厅副厅长张胜炎、省退耕还林和天然林保护工程管理中心主任袁其站、市林业局副局长陈相兰等人的陪同下，到修武县调研退耕还林工作。修武县副县长陶江山、修武县林业局长李玉雷陪同调研。调研组听取了李玉雷对该县退耕还林工作概况的汇报，查看了退耕还林档案资料，实地考察了该县西村乡大东村退耕地造林和孟泉村巩固退耕还林成果补植补造项目，并与岸上村退耕农户进行了座谈。

副市长牛越丽检查森林防火与林权制度改革工作　12月2日，焦作副市长牛越丽在市林业局局长晋发展等有关人员的陪同下，到修武县检查三个山区乡（镇）和一个景区的森林防火及林权制度改革工作。牛越丽认真听取当地领导汇报，详细了解森林防火组织领导、机构设置、制度建设、护林员组织与待遇等情况，实地察看扑火物资仓库、扑火队伍演练、入山检查登记站等，对该县森林防火工作给予充分肯定。

副市长牛越丽召集召开森林防火紧急工作会议 12月3日，针对当前森林防火严峻形势，副市长牛越丽召集各县（市、区）主管领导和林业局局长召开森林防火紧急工作会议。会上，市林业局党组书记、局长晋发展通报了市督导组对沿山县（市、区）及乡（镇）森林防火工作督导检查的情况，牛越丽就抓好森林防火工作提出明确要求：一要高度重视，加强宣传，坚决克服麻痹思想，提高防火意识；二要早做安排，认真排查，对于存在隐患，紧盯不放，整改到位；三要配强队伍，搞好演练；四要加大投入，备足物资，不打无准备之仗；五要强化管理，重要目标，重点防范；六要完善体系，落实责任，做到统一指挥。

市林业局积极组织参加全市"12·4"法制宣传日宣传活动 12月4日，市林业局组织局法制宣传组成员，在东方红广场参加全市"12·4"法制宣传日活动。通过展出图文并茂、内容丰富的林业法制宣传版面，向社会宣传林木采伐、林地征占用等法律规定。现场接待干部群众现场咨询228人次，解答林木采伐、林权证办理、木材运输、全民义务植树、森林病虫害检疫、野生动植物保护、自然保护区等林业法律法规知识497个（次），向过往群众发放林业法律宣传资料3 296份。

三门峡市

一、概述

2010 年，三门峡市林业和园林工作按照"三创、一改、一巩固"（"三创"即创建省级林业生态市、争创国家森林城市、争创省级精神文明单位；"一改"即集体林权制度改革；"一巩固"即巩固国家园林城市创建工作）的总体布局，以成立市林业和园林局新的单位为动力，以创先争优为载体，努力推进全市林业和园林事业又好又快发展，各项目标均全面或超额完成任务。全市完成造林 48.68 万亩，是目标任务 47.24 万亩的 103%；完成森林抚育和改造工程 3.41 万亩，是目标任务 3.18 万亩的 107.2%；完成林业总产值 55.8 亿元，是目标任务 55.8 亿元的 100%；完成义务植树 750.4 万株，是目标任务 543 万株的 138.2%；完成林业育苗 2.3 万亩，是目标任务 2 万亩的 117.4%；森林病虫害成灾率低于 4.5‰，森林火灾查处率 100%；森林、林木采伐量未突破森林采伐限额，林木凭证采伐率、办证合格率均在 90%以上；全市未发生重大毁林、乱占林地和破坏野生动植物案件；全市集体林权改革工作明晰产权率达到目标任务 95%以上，林权发证率达到目标任务 85%以上。

（一）林业生态建设继续保持良好态势

三门峡市继续在重点区域和重点部位，再建一批规模大、效果好、标准高的领导绿化点精品工程。目前已建设绿化精品示范点 105 个，总面积 12.22 万亩，形成每一个县都有造林示范区，每一条道路都有绿化示范段，每一个乡都有造林示范点，建成县县有精品、乡乡有亮点的精品工程绿化格局。10 月，渑池县创建林业生态县顺利通过河南省林业厅的核查，成为省级林业生态县。全市 6 个县（市、区）全部成为省级林业生态县，三门峡市成为全省第一个林业生态市。同时，突出抓好以核桃为主的经济林基地建设，新发展核桃 8 万亩，已新建 1 000 亩以上核桃基地 13 处，具有豫西区域特色的经济林产业基地初步形成。

（二）国家森林城市创建扎实有效

按照《三门峡森林城市建设总体规划》，结合林业生态建设，突出抓好市区至大坝铁路沿线绿化、山区生态体系建设工程、生态廊道网络建设工程、环城防护林及城郊森林绿化工程、村镇绿化工程、林业产业工程等建设。11 月 21 日至 22 日，国家林业局宣传办公室主任程红，在省林业厅副厅长刘有富陪同下，深入市区、甘山国家森林公园、灵宝市寺河山高山果园基地和函谷关镇，检查指导创建森林城市工作，对三门峡市创建森林城市工作给予了充分肯定，并对做好创建工作提出了具体要求，为三门峡市早日成功创建国家森林城市奠定了坚实的基础。

（三）集体林权制度改革工作深入推进

坚持从实际出发，不断完善政策，采取重点抓、抓重点的方法，全面推进集体林权制度改革。目前全市确权总面积 853.93 万亩，占集体林地总面积 893.08 万亩的 95.6%；网上发放林权证 764.77 万亩，发证率 85.6%。

（四）林业产业蓬勃发展

着力抓好经济林、生物质能源林等基地建设，强力推动林果业、苗木花卉种植业和生态旅游业等特色优势产业发展，全力促进林业产业优化升级，基本形成了以经济林基地－林果加工、速生林基地－木材加工、种苗花卉、食用菌生产、林药林草生产、森林生态旅游－生态文化等多种经营为一体的林业产业发展新格局，2010 年突破 55 亿元，充分发挥了林业的生态效益、经济效益和社会效益。

（五）资源保护工作显著成效

严格林木采伐，加强林地保护，扎实做好森林病虫害防治和森林防火工作，始终坚持依法治林，认真做好自然保护区的管理。全市共投入专项资金 300 余万元，建立了地理信息系统。2010 年 4 月 15 日，三门峡市被中国野生动物保护协会授予"中国大天鹅之乡"称号；8 月，河南省森林防火会议在三门峡市召开，并取得圆满成功。

（六）项目建设逐步提高

始终坚持大项目带动大发展战略，积极与上级部门沟通，千方百计争取项目。全市争取重点项目 11 个，造林资金达 3.2 亿元。其中包括日本政府贷款项目、德国政府援助项目、亚洲发展银行贷款项目，保证了三门峡市生态建设顺利开展。中法生物柴油合作项目、武汉凯迪公司造林生物发电项目落户三门峡。中法生物柴油合作项目，争取 2011 年启动，涉及湖滨区、陕县、灵宝市、渑池县，拟 3 年造林 20 万亩，在湖滨区建生物柴油年产 1 万吨生产线 1 条，总投资 1 200 万欧元（约 1.2 亿元人民币，其中造林投资 6 500 万元、生产线 5 500 万元）。武汉凯迪公司造林生物发电项目，由武汉凯迪控股投资有限公司和陕县政府签订合同实施，计划总投资 27 亿元，在陕县投资 5 亿元完成建设 3×3 万瓦生物质能热电厂；投资 10 亿元，在陕县及周边地区建设 100 万亩能源林基地，5 万亩有机农业基地项目；投资 2 亿元，建设有机肥生产项目；拟投资 10 亿元，建设生物燃料油基地和加工厂项目。这些大项目的签约和开工，增强了林业发展后劲。

（七）国家园林城市巩固提高

狠抓天鹅湖 4A 级景区创建和涧南公园改造提升，一批功能性建筑、道路、广场、码头项目顺利进行，努力提升景观档次。今年 5 月 28 日，在国际风景园林师联合会第 47 届世界大会上，三门峡市被授予"国家园林城市"称号。

（八）机关建设在创新中得到加强

局机关各科（室）、局属二级机构改革，由于局党组高度重视，超前准备，取得了比较理想的效果。这次局党组对科级干部进行了一次规模较大的选拔任用和轮岗调整，涉及81人，其中平级调整26人，提拔重用55人（正科级21人，副科级34人），12月6日经市委组织部审核备案。目前三门峡市林业和园林局系统（除国有河西林场外）共有科级干部100名，提供了坚强的组织保障。同时，市林业和园林局省级精神文明创建也顺利通过验收，开创了机关建设的新局面。

二、纪实

市林业和园林局确定2010年10项重点工作　1月20日，市林业和园林局召开党组会议，听取了各分管领导对下一步工作情况汇报，分析了当前林业和园林的形势，要求重点做好10项工作。一是突出抓好"两创"工作（即创建省级林业生态建设先进市、争创国家级森林城市），二是全面推进集体林权制度改革工作，三是巩固国家园林城市创建工作，四是加快天鹅湖二期工程建设，五是积极规划黄河大湿地建设，六是强力推进林业产业发展，七是扎实做好林森林防火工作，八是坚持科教兴林，九是坚持依法治林，十是加强机关建设。

市林业和园林局成立　2月1日，市林业和园林局揭牌仪式隆重举行。市委副书记王建勋、市政协副主席高从民、市长助理张建峰出席揭牌仪式。根据《中共三门峡市委、三门峡市人民政府关于印发〈三门峡市人民政府机构改革实施意见〉的通知》（三文〔2009〕132号）精神，撤销市林业局、市园林局，原市林业局、市园林局和市建设委员会的涧河管理处三方面职能合并，新成立三门峡市林业和园林局。

市长助理张建峰发表署名文章《加强湿地保护　促进生态和谐》　2月1日，为迎接2月2日"世界湿地日"的到来，市长助理张建峰发表署名文章《加强湿地保护　促进生态和谐》。2010年"世界湿地日"的主题是"湿地、生物多样性与气候变化"；宣传口号是："携手保护湿地，应对气候变化"。

市委书记李文慧慰问林业和园林干部职工　2月3日，市委书记李文慧先后深入到市林业和园林局，看望慰问林业和园林广大干部职工，共同谋划安排新一年如何实现各项工作新突破。

市长杨树平慰问林业和园林干部职工　2月20日，市长杨树平到市林业和园林局基层看望慰问春节期间坚守岗位的干部职工，市委常委、副市长赵光超，市政府秘书长李宝洲陪同前往。

李建顺调研林业生态建设工作　3月10日，三门峡市正市级领导李建顺深入灵宝市函谷关镇、西阎乡、尹庄镇、苏村乡和川口乡植树造林及林业生态建设现场，实地察看植树造林工作进展情况，并来到灵宝市林权制度交易服务中心，了解林权交易情况。

市委书记李文慧、市长杨树平发表《促进生态和谐　共建秀美崤函》的署名文章　3月11日，在第三十二个植树节到来之际，市委书记李文慧、市长杨树平发表《促进生态和谐　共建秀美崤函》的署名文章，动员各行各业、社会各界力量抓住新春大好时节，认真履行公民植树的义务和责任，主动投身到美化环境、营造绿地活动中去，切实把三门峡市林业生态建设提高到一个新水平。

三门峡举行第三十二个植树节启动仪式　3月12日，三门峡市举行第三十二个植树节启动仪式，市直单位职工、驻军官兵、高校学生 1 500 余人参加了启动仪式，并在天鹅湖国家城市森林公园参加了义务植树活动。

市领导同青少年一起参加春季植树活动 3 月 19 日，由团市委、市林业和园林局联合组织的三门峡市 2010 年"保护母亲河行动"春季植树活动在湖滨区会兴王官段黄河滩涂举行。市委书记李文慧，正市级领导李建顺，市委常委、秘书长赵中生，三门峡军分区司令员周世杰，市长助理张建峰，以及市直机关、市区部分企事业单位团员青年、青年志愿者和少先队员代表、"青年文明号"单位干部职工、驻军部队官兵等近 800 人参加了植树活动。植树活动开始前，李文慧、李建顺为三门峡市"保护母亲河行动"青年林揭碑。

王建勋调研春季植树造林工作 3 月 24 日，市委副书记王建勋在市林业和园林局、湖滨区有关负责人陪同下，到三门峡至大坝铁路绿化工程工地现场，察看工程进展情况，并深入南山绿化改造工程施工现场和陕州公园，实地察看造林绿化情况。

李建顺到卢氏县调研林业生态建设 3 月 24 日，正市级领导李建顺在市林业和园林局有关负责人陪同下，深入卢氏县官道口镇、杜关镇、横涧乡和范里镇，实地察看成片林造林现场的苗木栽植和管护情况及国道、省道、县乡道沿线绿化工作。

召开创建国家森林城市工作协调会议 3 月 24 日，三门峡市政府召开创建国家森林城市工作协调会议，研究创建国家森林城市工作。市国土资源局、市农业局等市直有关单位负责人参加。市委副书记王建勋、市长助理张建峰出席会议。

李文慧调研天鹅湖湿地公园建设情况 3 月 25 日，市委书记李文慧深入天鹅湖国家城市湿地公园，就 2010 年的规划和建设情况进行调研。李文慧详细听取了林业和园林部门对景区规划、建设情况的汇报，要求林业和园林部门要充分利用现有的良好自然条件，尽快完成湿地公园未征土地的拆迁和征地工作，安置好群众，使公园完整统一，逐步提高完善。

省林业厅督查组到湖滨区督查春季造林工作 3 月 25 日，由省林业厅副厅长李军带队的林业厅督查组一行，实地察看了区南山绿化改造工程、富村苗木花卉基地、交口东坡绿化、三大铁路沿线绿化、马坡沟、窑头沟等造林地点。

王建勋察看植树造林工作 3 月 30 日，市委副书记王建勋深入陕县菜园乡、西张村镇察看植树造林工作。

李建顺调研植树造林工作 3 月 30 日，正市级领导李建顺在市林业和园林局有关负责人陪同下，先后深入三门峡工业园、三门峡经济开发区，调研植树造林工作。

召开创建国家森林城市指挥部工作会议 3 月 31 日，三门峡市召开创建国家森林城市指挥部工作会议。会议总结了前一时期创建工作，安排部署了 2010 年的重点工作，要求各级、各部门进一步统一思想，提高认识，迅速掀起创建新高潮。市创建国家森林城市指挥部常务副指挥长、市委副书记王建勋，市创建国家森林城市指挥部副指挥长、正市级领导李建顺，市创建国家森林城市指挥部副指挥长、市政府秘书长李宝洲，市委副秘书长杨治安，市创建国家森林城市指挥部办公室主任、市林业和园林局局长张建友等出席会议。

召开生态建设流动现场会 4 月 7~8 日，三门峡市林业和园林局召开 2010 年生态建设流动现

场会，各县（市、区）林业局局长、主管副局长、生态办公室主任参加了会议。与会人员参观了6个县（市、区）的16个水土保持林、生态能源林、城郊绿化、核桃产业基地造林现场。会议对下一步工作进行了安排部署。

全省第二十九届"爱鸟周"活动在三门峡市启动　4月15日，三门峡天鹅湖虢山岛前，河南省第二十九届"爱鸟周"活动启动暨"中国大天鹅之乡"授牌仪式在这里隆重举行。中国野生动物保护协会秘书长杨百瑾，省林业厅副厅长王德启，市领导杨树平、王建勋、赵继祥、郭秀荣、李建顺，市政府秘书长李宝洲出席仪式。第二十九届"爱鸟周"活动的主题是"科学爱鸟护鸟，保护生物多样性"。

市人大通过关于全民动员创建国家森林城市的决议　4月20日，三门峡市五届人大常委会召开第二十二次会议，听取和审议了市人民政府关于全民动员创建国家森林城市的议案及情况说明，审议通过了三门峡市人大常委会关于全民动员创建国家森林城市的决议，在林业生态建设预算资金不减少的前提下，市财政计划每年拿出4 000万元，专门用于国家森林城市创建工作。

杨树平在第七届中国城市森林论坛上发表重要演讲　4月27日，第七届中国城市森林论坛在武汉举行。市委副书记、市长杨树平发表了题为《创黄河水畔森林城、建宜居和谐三门峡》的演讲。市委副书记王建勋、市长助理张建峰参加活动。

省政府参事调研三门峡林业生态省建设规划实施情况　5月17~21日，省政府参事一行7人对三门峡市林业生态省建设规划的执行、执行林业生态省建设规划的经验、林业生态省建设规划执行中存在的主要问题及进一步搞好林业生态省建设的建议等情况进行了调研。

"走进生态三门峡"记者团集中采访活动在三门峡举行　5月19~22日，第二届全国主流媒体与知名网站记者"走进生态三门峡"集中采访活动在三门峡市举行。市委常委、宣传部部长李立江出席启动仪式，市宣传部、市创建国家森林城市指挥部办公室、市林业和园林局有关领导参加启动仪式并陪同采访。活动期间，记者团相继深入三门峡城市湿地公园、陕县高阳山风景区、灵宝函谷关环城大环境绿化区和卢氏豫西大峡谷、滨河公园、双龙湾景区等地进行了集中采访。参加此次集中采访活动的有新华社、《人民日报》、中央人民广播电台、《中国产经新闻报》、《河南日报》、河南人民广播电台、河南电视台、《大河报》、人民网、新华网、国际在线、央视网、中国广播网等新闻媒体的记者。

市政府出台加快核桃产业发展的意见　5月20日，三门峡市政府下发《关于加快核桃产业发展的意见》，要求到2012年，核桃总面积达到70万亩，新建技术服务中心6个，培训10万人次，新建及改扩建良种采穗圃面积500亩，新增良种穗条生产能力1 200万根，核桃育苗面积达5 400亩。市委副书记王建勋任加快核桃产业发展工作领导小组组长，各有关县（市、区）要成立相应的组织机构，将任务纳入政府年度目标管理和领导干部绩效考核体系，层层签订目标责任书，明确主要责任人。

新华社记者采访三门峡市林业和创建国家森林城市工作　5月25日，市创建国家森林城市指挥部办公室主任、市林业和园林局局长张建友就三门峡市林业建设和创建国家森林城市等工作，接受了新华社记者独家采访。张建友介绍了三门峡市林业和园林建设的基本情况及近年来取得的成就，详细说明了全市在植树造林、城市绿化、三级联创、资源保护、林业产业、科技兴林、林业改革等林业生态建设重点工作，退耕还林工程、天然林保护工程、速生丰产林建设工程、野生动植物保护和自然保护区建设工程等国家林业四大重点工程开展情况，以及近两年来创建国家森林城市的进展情况。

市委领导到国有河西林场调研工作　6月1日，三门峡市委书记李文慧，正市级领导李建顺一行深入国有河西林场察看植被分布、林业生态保护等情况。

刘汉良、赵中兴分别荣获"全国绿化奖章"　6月3日，全国绿化委员会对全国绿化先进个人作出表彰决定，市林业和园林局刘汉良、赵中兴两人获得"全国绿化奖章"。

市创建森林城市指挥部办公室组织赴漯河市、洛阳市考察学习　6月23～25日，市创建森林城市指挥部办公室组织人员到漯河市、洛阳市考察学习。考察组一行围绕组织机构建设、工程建设、宣传发动、资金管理、资料汇编、检查验收等，通过听汇报、看资料、观现场等方式，详细听取了漯河、洛阳两市的经验介绍，认真学习了两地创建森林城市的汇报资料，现场参观了各项工程建设情况，并与两地创建森林城市指挥部办公室人员进行了广泛深入的座谈。

中法生物柴油合作项目考察团考察三门峡市生物质能源基地　8月10～12日，法国开发署代表及国家林业局有关专家对法国开发署生物质能源项目在三门峡市可执行情况进行考察。此次考察的内容主要是生物质能源林（以黄连木为主）发展现状、能源林基地建设情况及生产企业发展情况。

部署集体林权改革暨雨季造林工作　8月19日，三门峡市召开集体林权制度改革暨雨季造林动员会，传达贯彻全省集体林权制度改革工作现场会精神，部署下阶段集体林权制度改革和雨季造林工作。

举行创建国家园林城市总结表彰暨创建国家森林城市再动员大会　8月17日，三门峡市政府召开会议，总结表彰创建国家园林城市工作，动员全市上下凝心聚力，巩固成果，迅速投入到创建国家森林城市活动当中。市长杨树平出席会议。会议指出，国家园林城市的创建成功是三门峡市继2003年成功创建中国优秀旅游城市之后，在城市建设发展方面取得的又一硕果。

国家林业局检查组莅临三门峡检查指导创建国家森林城市工作　11月21～22日，国家林业局新闻办公室、宣传办公室主任程红率检查组，在省林业厅副厅长刘有富陪同下，检查指导三门峡市创建国家森林城市工作。市委副书记王建勋、副市长张建峰陪同检查并出席汇报会。程红一行深入市区、沿黄公路、陕州公园、甘山国家森林公园、灵宝市寺河山高山果园和函谷关镇，实地察看了城乡绿化、景区绿化情况和生态环境。

许昌市

一、概述

2010 年，许昌市林业工作在市委、市政府的正确领导和省林业厅的指导下，按照省、市林业生态建设规划的要求，紧紧围绕建设林业生态许昌的目标，科学规划，及早部署，强化措施，狠抓落实，奋力推进林业生态建设工作实现新的跨越，全市造林绿化工作取得了显著成效。

（一）年度造林绿化工作目标超额完成

2010 年全市林业生态建设总任务为 35.52 万亩，实际完成栽植面积 37.71 万亩，是任务的 106.2%。其中，花卉苗木基地建设完成 10.03 万亩，是任务的 100.3%；许昌新区核心区生态建设完成 6 640 亩，是任务的 116.5%；生态廊道建设完成 4.62 万亩，是任务的 114%；农田林网建设完成 8.17 万亩，是任务的 111%；村镇绿化完成 4.65 万亩，是任务的 100.4%；山区生态体系建设工程完成 6.6 万亩，是任务的 100.6%；城郊森林及环城林带完成 2.48 万亩，是任务的 102%；防沙治沙工程完成 0.5 万亩，是任务的 100%。参加义务植树人数 266 万人次，义务植树 1 393 万株，义务植树建卡率 95%，尽责率 95%，保存率在 90%以上。各项林业生态建设工程均完成或超额完成了年度目标任务。禹州市、许昌县林业生态县（市）创建工作通过省林业厅验收。许昌市被全国绿化委员会命名为全国绿化模范城市。

（二）集体林权制度改革工作取得新进展

全市集体林权制度改革工作按照明晰产权、规范流转、放活经营的总体要求，紧密结合实际，精心组织、规范操作、示范带动、稳妥推进，取得了良好成效。截至 2010 年底，全市 153.2 万亩的集体林权制度改革工作已基本完成确权阶段工作任务，累计发放林权证 5.34 万本，发证面积达到 97.6 万亩，占集体林地面积的 63.7%，超过年度计划 3.7 个百分点。

（三）森林资源保护工作取得实效

林业执法部门认真履行工作职责，加大林业资源保护力度。森林公安部门按照省森林公安局和市林业局的统一部署，先后开展了"春季行动"、"利剑行动"、"严厉打击涉林违法犯罪专项行动"

等一系列专项行动。2010 年，全市森林公安机关共受理各类涉林案件 308 起，查处 115 起；其中刑事案件立案 68 起，破案 22 起，刑事拘留 18 人，逮捕 13 人，移送起诉 9 人；行政案件立案 240 起，查处 93 起，行政处罚 143 人次；野生动物行政案件立案 7 起，查处 6 起，行政处罚 9 人。森林防火和林业有害生物防治工作开展得扎实有效。在森林防火期，市、县两级护林防火指挥部办公室在做好宣传工作的同时，坚持 24 小时值班不脱岗，全面落实各项森林火灾预防和扑救措施，有效地防止了森林火灾的发生，全市森林火灾受害率低于 0.5％。市森林病虫害防治检疫站严格履行职责，认真开展飞机喷药防治病虫害、苗木产地检疫、调运检疫和林木病虫害监测防治工作，有效地预防和控制了林业有害生物的传播蔓延。

（四）花卉苗木基地建设扎实推进

全市林业部门围绕建设生态许昌这一目标，坚持扩大规模与提高质量并重，通过制定优惠扶持政策，推进土地流转，引导业主向布局区域化、种植规模化、管理集约化、生产标准化、市场信息化转变，促进了花木生产的上档升级。2010 年，全市完成花卉苗木基地建设 10.03 万亩，是任务的 100.3%，其中，鲜切花种植面积达 10 500 亩，是任务的 105%。鄢陵名优花木科技园区建设通过政府引导，政策扶持，加快土地流转，扩大招商引资，截至 2010 年底，园区已入驻企业 153 家，实现土地流转面积 9.1 万亩，总投资达到 9.3 亿元，初步形成了以龙源世纪花木园、林海园、天艺园林、宏图伟业、鑫地园林等为代表的花木产业集聚区。

（五）科技兴林取得显著成效

为全面实施科技兴林战略，全市林业科研、推广部门坚持"科技服务生产"原则，利用人才优势，发挥专业特长和科研基地的示范作用，积极开展科技服务工作，为提高造林质量发挥了积极作用。先后从省内外引进中林 1 号、中林 5 号、香铃、强特勒、清香、绿波核桃、丹红杨、四倍体泡桐等优良品种 10 个，并开展中试试验。推广以 107 为主的杨树优良品种 300 万株，以 9501、9502 为主的泡桐良种 90 万株，推广杨树、泡桐等丰产栽培技术 7 万亩，地膜覆盖、小拱棚育苗技术 3 000 亩，抗旱造林技术 3.5 万亩，杨树食叶害虫综合防治技术 1.5 万亩等，使许昌市林业生产的良种使用率提高到 95%以上，科技成果转化率达到 60%。大力推广林果实用新技术，多次举办现场技术培训，参训人员达 9 000 多人次。同时，结合不同季节、林业生产需求，组织林业科技人员深入基层，开展送科技下乡活动，指导群众科学造林，发展花果，答疑解惑，推广先进经验，依靠科技，提高效益，受到群众好评。

（六）全民义务植树活动取得丰硕成果

为推进林业生态许昌建设工作，动员全社会参与造林，在市四大领导班子领导的率先垂范下，全市各级党委、政府积极组织开展义务植树活动，有力地促进了全市义务植树工作的开展。据统计，2010 年参加义务植树人数 266 万人次，义务植树 1 393 万株，义务植树建卡率和尽责率均在 95%以上，保存率达到 90%以上。通过义务植树活动的有效开展，全市广大人民群众的绿化美化环境意识明显增强，城乡绿化取得了在思想观念上、发展模式上、绿化功能上、营林技术上、发展速度上的突破，实现了由"要我种树"向"我要种树"的根本转变，充分体现了人民群众义务植树的主动性和积极性。

（七）十大实事工作任务圆满完成

一是退耕还林补助工作。全市共有退耕地还林面积 8.8 万亩（其中，禹州市 6.4 万亩、襄城县 2.4 万亩），2010 年度退耕还林工程粮款补助 1 150.31 万元和完善退耕政策补助资金 466.64 万元，已全部拨付到县财政，并由县、乡财政兑付到农户手中。二是村镇绿化任务。2010 年全市村镇绿化任务为 4.63 万亩，绿化村庄 593 个。完成造林面积 4.65 万亩，绿化村庄 593 个，分别是任务的 100.4% 和 100%。对达到示范村标准的 31 个村进行了命名表彰。

（八）第十届中原花木交易博览会成功举办

9 月 6 日至 7 日，由国家林业局、河南省人民政府联合主办，省林业厅、省农业厅、省旅游局、许昌市人民政府承办，鄢陵县人民政府、河南省花卉协会协办的第十届中原花木交易博览会在鄢陵国家花木博览园成功举办。本届花博会规模大、层次高、内容丰富、成效显著，为历届花博会之最。原中共中央政治局委员、中央军委副主席、国务委员兼国防部长曹刚川，原解放军总政治部副主任刘永治上将，河南省委副书记、省长郭庚茂出席开幕式。参会国内外客商 15 000 多人，参会企业 2 000 多家，其中省外企业 700 多家；第十届中原花木交易博览会签约项目达 124 个，签约金额达 200 多亿元；交易博览会期间还举办了花木产业高层论坛、中州盆景大赛、全省插花花艺大赛等一系列活动。

二、纪实

许昌市党政四大班子领导参加义务植树活动　3 月 9 日，许昌市委副书记石克生、市人大副主任张国栋、市政协副主席孟德善、市政府副市长熊广田等四大班子领导带领市直单位和许昌县、魏都区干部职工，在许昌县银杏生态园开展义务植树活动，为许昌的生态建设增添浓浓绿色。

许昌市召开春季林业生态建设现场观摩会　3 月 21 日，许昌市召开春季林业生态建设现场观摩会，市长李亚、市人大副主任刘海川、市政协副主席孟德善、副市长熊广田出席会议，李亚市长充分肯定了全市 2009 年冬林业生态建设的成绩，并对 2010 年春的林业生态建设工作提出了新的更高要求。

许昌市获得"全国绿化模范单位"荣誉称号　4 月 1 日，全国绿化委员会下发《关于表彰"全国绿化模范单位"的决定》，授予全国 21 个城市（区）、89 个县（市）、225 个单位"全国绿化模范单位"荣誉称号。许昌市获得"全国绿化模范单位"荣誉称号。

湖南省林业厅考察团莅许考察林业生态建设工作　5 月 5 日，由湖南省林业厅厅长邓三龙带队的湖南省林业厅考察团莅临许昌，对林业生态建设情况进行考察。省林业厅副厅长丁荣耀、市长李亚、副市长熊广田陪同。考察团一行先后实地考察了鄢陵县龙源世纪花木园、天艺园林公司，许昌县陈曹乡等地。

国家林业局党校考察团莅许考察林业生态建设工作　6 月 5～6 日，国家林业局管理干部学院党委副书记、纪委书记黄桂荣带队的国家林业局党校考察团莅临许昌，对许昌林业生态建设和村镇绿化工作开展情况进行考察。省林业厅纪检组长乔大伟、市委副书记石克生、副市长熊广田陪同。

刘满仓副省长主持召开第十届中原花木交易博览会组委会全体会议　7 月 27 日，副省长刘满仓在郑州主持召开第十届中原花木交易博览会组委会全体会议。省长助理何东成、省政府副秘书长何平出席会议。省直有关单位的负责人、许昌市市长李亚、副市长熊广田，鄢陵县有关部门主要负责人参加会议。

省政府召开第十届中原花木交易博览会筹备工作协调会议　8月3日，第十届中原花木交易博览会筹备工作协调会在鄢陵召开，省政府副秘书长何平出席会议并讲话。省林业厅副厅长丁荣耀宣读了《第十届中原花木交易博览会筹备方案》，许昌市副市长熊广田通报了第十届前期筹备工作进展情况。18个省辖市相关负责人参加了会议。

刘满仓副省长调研第十届中原花木交易博览会筹备工作　8月11日，副省长刘满仓带领省直相关部门负责人到许昌市调研第十届中原花木交易博览会筹备工作。市长李亚、市委副书记石克生、副市长熊广田陪同。

许昌市获得"中国花木之都"荣誉称号　9月6日，中国花卉协会授予许昌市"中国花木之都"称号。许昌成为全国首个也是目前唯一获此殊荣的城市，为许昌生态建设增添了一个响亮品牌。

许昌市召开林业生态建设工作会议　11月3日，许昌市召开林业生态建设工作会议。 会议对2011年全市林业生态建设工作作了具体部署，表彰了在2010年林业生态建设和第十届中原花木交易博览会举办中作出突出贡献的先进单位和个人，各县（市、区）负责人递交了2011年林业生态建设目标责任书。

市政府召开冬季林业生态建设现场会　12月16日，许昌市政府召开全市冬季林业生态建设现场会，市长张国晖作了重要讲话，对入冬以来全市林业生态建设工作进行了具体部署。

漯河市

一、概述

2010 年，漯河市林业和园林局在市委、市政府的正确领导及省林业厅、省建设厅的业务指导下，深入贯彻落实科学发展观，全面推进城乡绿化建设，各项工作进展顺利，一些工作在全省、全市处于领先地位。漯河市正式被授予"国家森林城市"称号。漯河市绿化委员会被第二届中国绿化博览会组委会授予郑州绿化博览园河南园区"优秀组织奖"、漯河意象"室外展银奖"，被省林业厅授予"2010 年度目标管理达标单位"称号，先后被市委、市政府授予"中国•郑州第二届中国绿化博览会工作先进单位"、"创建国家森林城市先进集体二等功"、"全市'三农'工作先进单位"、"全市城市管理工作先进单位"、"全市平安建设先进单位"等多项荣誉称号。市林业和园林系统内有 30 人获得市级以上荣誉称号，其中 2 人被评为漯河市"十佳市民"。全市有 5 人获得全国绿化奖章。

（一）"国家森林城市"创建成功

经过全系统广大干部职工的艰苦努力，我们克服重重困难，取得了创建森林城市决定性胜利。在 4 月 27 日第七届中国城市森林论坛上，漯河市正式被授予"国家森林城市"称号。省政府对漯河市政府通报表彰，省林业厅对市林业和园林局通报表彰。市委书记靳克文、市委副书记张社魁、市委常委秘书长杨国志、副市长库凤霞分别作出重要批示，对"创建森林城市精神"给予了充分肯定。

（二）超额完成省、市下达的植树造林目标任务

2010 年，漯河市超额完成了省、市下达的植树造林任务，全市共完成造林面积 7.091 万亩，是省定目标任务的 111%；完成村镇绿化 1.635 万亩，绿化村庄 130 个，是省定目标任务的 115.1%；推广林下经济 8 740 亩，是省定目标任务的 174.8%。组织市直单位开展义务植树活动，完成了新北环义务植树基地一期建设；开展了林业生态县（区）创建工作和绿化模范单位、园林式单位（小区）、园林式乡（镇）、绿化示范村创建评比活动。

（三）高标准完成城市园林绿化重点工程建设及灾后景观恢复工作

高标准完成了市政府重点工程金山路绿化改造工程、许慎文化园绿化工程、嵩山路绿化改造工程，实施了黄河路补植补造等灾后恢复重建工作，加强养护抚育工作，形成了新的园林景观。面对多年罕至的洪涝灾害，不等不靠，积极组织人力开展沙澧河游园清淤工作，受到了市领导和市民的好评。

（四）圆满完成第二届中国绿化博览会和中原花木交易博览会园区的建设任务

受省林业厅的委托，同时作为全国绿化模范城市，2010年，漯河市林业和园林局承建了第二届中国绿化博览会郑州绿化博览园河南园区和漯河园"两个园区"。在时间紧迫、任务繁重的情况下，市林业和园林局迅速筹建工作领导小组，组织精炼施工队伍，抽调全系统精兵强将，全力以赴，经过5个多月紧张施工，圆满完成了"两个园区"的建设任务。在94个展园考评中，漯河园荣获室外展"银奖"，漯河市人民政府被授予市林业和园林局"先进工作单位"称号，市绿化委员会荣获室外展"组织奖"。同时，成功组织了第十届中原花木交易博览会参展布展工作，"漯河园"展区荣获第十届中原花木交易博览会金奖。

（五）城市园林管理水平不断提高

对城市绿化资源进行界定，明确了城市绿化行政管理、行政审批事项管理、专业管理、行政执法管理等四个方面的职责范围和工作程序，实行城市绿化资源管理工作过错责任追究办法。加强城市园林精细化管理，全面开展园林植物修剪、病虫害防治、春季浇水施肥等专业化养护工作。加强游园绿地环境治理，坚持全天保洁，组织开展了"春蕾护花保果"、"百日护绿"等专项行动，为广大市民创造优美整洁的游乐环境。

（六）资源保护工作得到加强

在森林资源保护方面，主要做好以下工作：其一，做好市人大视察《中华人民共和国森林法》执法检查工作，形成了对漯河市林业园林发展具有长远意义的人大决议。其二，加强公安队伍规范化建设，组织开展了"打击破坏森林资源违法犯罪"、"三夏"、"三秋"护林防火等专项行动，依法严厉打击各类涉林违法犯罪行为。其三，组织开展了第二十九届爱鸟周宣传活动。其四，做好林业有害生物监测、检疫工作，积极开展了杨树草履蚧和食叶害虫防控工作。其五，豫中南林业有害生物天敌繁育场开工建设，年底建设完工。其六，成立城市绿化资源综合管理办公室，集中力量，重拳出击，开展城市绿化资源保护"百日"集中整治活动，取得了阶段性成果。

（七）林业园林科技创新工作取得新突破

观赏花桃超延期开花课题研究获得成功，该项技术属国内首创，填补了花桃延期开花的空白，在第十届中原花木交易博览会和第二届中国绿化博览会期间摆展，受到广泛关注和好评。在新北环城郊防护林基地建设"名、优、新"优质桃示范基地近30亩，引种优质鲜桃品种27个，苗木3 000余株。成功举办了优质果品鉴评会和第二届优质鲜桃采摘节。建立了园林科研示范基地，引进宿根花卉等园林植物新品种30余种，并组织开展了宿根花卉在城市园林景观中的应用技术研究。组织召开了市林学会第四届会员代表大会。开展了园林系统职工技术大比武活动。

二、纪实

漯河市林业和园林局隆重举行揭牌仪式　1月20日，漯河市林业和园林局揭牌仪式隆重举行，市委常委、市委政法委书记崔新芳，市人大常委会副主任蒋自周出席揭牌仪式。

市林业和园林局举办"花开林园"2010年春节联欢会　2月3日，市林业和园林局在漯河市康乐宫举办了题为"花开林园"的2010年新春联欢会。

召开全市2010年春季全民义务植树动员大会　2月23日，漯河市召开2010年春季全民义务植树动员大会。副市长谢连章出席会议，市政府秘书长高喜东主持会议。

市四大班子领导参加春季义务植树活动　2月23日，漯河市四大班子领导来到召陵新区，与市林业和园林局干部职工、驻漯武警官兵等一道，开展义务植树活动。

郑州绿化博览园河南园区景观设计方案评审会在漯河召开　受省林业厅委托，2月25日，漯河市林业和园林局在漯河市凯悦酒店组织召开了郑州绿化博览园河南园区景观设计方案评审会。省林业厅巡视员张胜炎出席会议，漯河市林业和园林局党组书记、局长宋孟欣主持会议。来自省内外的专家学者及漯河市林业和园林局等有关部门的专业技术人员30余人参加了会议。

市林业和园林局组织召开全市林业宣传工作会议　3月8日，市林业和园林局组织召开全市林业宣传工作会议。局党组成员、副局长刘建清对2010年的林业宣传工作进行了安排部署。局办公室主任范五洲主持会议。

召开全市2010年春季植树造林现场会　3月12日，全市2010年春季植树造林现场会在舞阳县召开。市委常委、市委秘书长杨国志，副市长库凤霞出席会议。

副市长谢连章实地察看金山路绿化改造工程建设情况　3月29日，副市长谢连章到金山路绿化改造工地，实地察看工程建设情况。市政府副秘书长效剑锋，市林业和园林局党组书记、局长宋孟欣以及市规划、城建等相关部门负责人陪同。

漯河市林学会召开第四届代表大会　4月1日，漯河市林学会第四届代表大会在市林业和园林局隆重召开。市、县、区林业战线各个阶层的林学会会员代表45人参加会议。市林业和园林局党组副书记、调研员聂建军主持会议。省林业厅科技处处长、省林学会秘书长罗襄生，周口市林业局副局长、林学会理事长黎心问，周口市林学会秘书长夏孔建，驻马店市林业局副局长、林学会秘书长刘国安，许昌市林学会秘书长王安亭，平顶山市林学会秘书长丁永祯、副秘书长宋建堂，漯河市民政局副局长栗剑琦，市科协学会部部长藏明涛应邀出席会议。

市林业和园林局组织召开2010年第一季度工作讲评会　4月17日，市林业和园林局组织召开2010年第一季度工作讲评会。局党组成员、局属各单位、机关各科室负责人参加了会议。

漯河市举行第二十九届爱鸟周活动启动仪式　4月22日，由市林业和园林局、市总工会、团市委、市妇联、市教育局联合举办的漯河市第二十九届"爱鸟周"活动启动仪式在市人民公园举行。市政府副市长库凤霞出席启动仪式并宣布漯河市第二十九届爱鸟周活动开始。市林业和园林局党组书记、局长宋孟欣作重要讲话。

漯河市荣获国家森林城市称号　4月27日，在第七届中国城市森林论坛上，漯河市正式被授予

"国家森林城市"称号。

市林业和园林局局长宋孟欣主持召开郑州绿化博览园河南园区工程建设现场办公会 5月5日，市林业和园林局党组书记、局长宋孟欣组织召开第二届中国绿化博览会郑州绿化博览园河南园区工程建设现场会。第二届中国绿化博览会郑州绿化博览园河南园区筹建工作领导小组成员参加了会议。

市长祁金立视察第二届中国绿化博览会郑州绿化博览园漯河园工程建设情况 5月26日，市长祁金立在市林业和园林局党组书记、局长宋孟欣的陪同下，深入到第二届中国绿化博览会郑州绿化博览园漯河园，视察工程建设情况。

副省长刘满仓高度评价漯河园和河南园区建设情况 5月27日，副省长刘满仓、省政府副秘书长何平、省林业厅厅长王照平、省政府办公厅三处处长王爱学、省林业厅造林绿化管理处处长师永全等领导来到第二届中国绿化博览会郑州绿化博览园漯河园和河南园区，实地察看园区建设进展情况，对园区建设进度和质量表示满意并给予高度评价。漯河市林业和园林局党组书记、局长宋孟欣陪同。

宋孟欣实地督导第二届优质鲜桃采摘节筹备情况 6月18日，市林业和园林局党组书记、局长宋孟欣深入到郾城区龙城镇优质桃示范基地督导第二届优质鲜桃采摘节筹备情况。局党组成员、调研员李军学，高工室和林业技术推广站专家技术人员，郾城区政府、郾城区林业局和龙城镇负责人陪同。

市林业和园林局组织召开"创建森林城市"工作总结暨庆"七一"表彰大会 6月21日，在建党八十九周年来临之际，市林业和园林局组织召开了市林业和园林局"创建森林城市"工作总结暨庆"七一"表彰大会。

市委书记靳克文调研绿化博览园漯河园和河南园区建设 6月23日，漯河市委书记靳克文，省林业厅厅长王照平，漯河市政府副市长库凤霞，省林业厅造林绿化管理处处长师永全在漯河市林业和园林局党组书记、局长宋孟欣的陪同下，深入到第二届中国绿化博览会郑州绿化博览园漯河园和河南园区，调研园区建设情况。

刘满仓视察绿化博览园河南园区和漯河园建设情况 6月23日，副省长刘满仓一行来到第二届中国绿化博览会郑州绿化博览园河南园区和漯河园，视察园区建设进展情况。省林业厅厅长王照平，漯河市市委书记靳克文，副市长库凤霞，省林业厅造林绿化管理处处长师永全，漯河市林业和园林局党组书记、局长宋孟欣陪同。

漯河市第二届优质鲜桃采摘节开幕 6月25日，漯河市在郾城区龙城镇举行漯河市第二届优质鲜桃采摘节开幕式。市委副书记张社魁、市人大常委会副主任黎涛、市政府副市长库凤霞、省林业厅科技处副处长杨文立出席开幕式。

宋孟欣主持召开绿化博览园河南园区和漯河园工程建设现场推进会 6月28日，市林业和园林局党组书记、局长宋孟欣带领第二届中国绿化博览会郑州绿化博览园河南园区和漯河园筹建工作领导小组全体成员，深入到绿化博览园河南园区和漯河园，督查园区工程建设进展情况，并主持召开园区建设现场推进会。

市人大常委会开展森林法执法检查 6月29日～7月1日，市人大常委会副主任黎涛带领部分市人大常委会委员、人大代表在市林业和园林局党组书记、局长宋孟欣的陪同下，深入到舞阳县、临颍县、郾城区开展《中华人民共和国森林法》执法检查。

市林业和园林局召开县级领导干部专题民主生活会 6月30日，市林业和园林局召开县级领导干部学习贯彻《廉政准则》和四项监督制度专题民主生活会。局党组书记、局长宋孟欣主持会议并做重要讲话。

宋孟欣现场办公协调解决绿化博览园河南园区和漯河园建设有关问题 7月5日，漯河市林业和园林局党组书记、局长宋孟欣带领局党组成员、副局长赵自申以及第二届中国绿化博览会郑州绿化博览园河南园区和漯河园筹建工作领导小组全体成员，深入施工工地，实地察看园区建设推进情况，现场办公，协调解决园区建设中存在的困难和问题。

省林业厅领导视察郑州绿化博览园河南园区工程建设进展情况 7月14日，省林业厅巡视员张胜炎，造林绿化管理处处长师永全在漯河市林业和园林局党组书记、局长宋孟欣的陪同下，深入到第二届中国绿化博览会郑州绿化博览园河南园区建设工地，视察工程建设进展情况，听取设计单位、施工企业情况汇报，现场协调解决工程建设过程中遇到的问题。

省林业厅造林绿化管理处处长师永全督察郑州绿化博览园河南园区工程建设 7月20日，省林业厅造林绿化管理处处长师永全在漯河市林业和园林局党组书记、局长宋孟欣的陪同下，深入到第二届中国绿化博览会郑州绿化博览园河南园区，视察园区工程建设，督导工程施工进度，听取设计单位、施工企业情况汇报，现场协调解决工程建设中遇到的有关问题。

市林业和园林局召开弘扬"创建森林城市精神"主题教育活动动员会 7月21日，市林业和园林局召开弘扬"创建森林城市精神"主题教育活动动员会。局党组书记、局长宋孟欣做动员讲话。局党组副书记、调研员聂建军主持会议。局党组成员、机关全体、局属各单位副科级以上干部参加会议。

市林业和园林局组织开展漯河市园林系统2010年绿化技能大比武活动 7月22日~8月23日，为展示漯河市园林职工业务水平，激发广大园林职工钻研业务、提高技能的积极性，推动学习型行业建设，促进全市园林绿化事业持续健康发展，市林业和园林局组织开展了漯河市园林系统2010年绿化技能大比武活动。

宋孟欣实地察看桃花栽培试验基地 7月22日，市林业和园林局党组书记、局长宋孟欣深入到临颍县巨陵镇娄庄村、经济开发区后谢乡铁炉村实地察看桃花试验基地。

宋孟欣督察河南郑州绿化博览园河南园区和漯河园工程建设 7月27日，市林业和园林局党组书记、局长宋孟欣深入到第二届中国绿化博览会郑州绿化博览园河南园区和漯河园建设工地，督察工程施工进度，现场协调解决工程建设中遇到的问题。

副市长库凤霞视察漯河市杨树食叶害虫防治工作 8月2日，副市长库凤霞在市政府副秘书长杜明春，市林业和园林局党组副书记、调研员聂建军和市森林病虫害防治检疫站负责同志的陪同下，视察漯河市杨树食叶害虫防治工作。

组织人员收听收看全省林业局长电视电话会议 8月4日，市林业和园林局组织局领导班子成员、机关各科室、局属各单位负责人和各县（区）林业局领导班子成员、各股主要负责人90人收听收看了全省林业局长电视电话会议。

国家林业局森林病虫害防治总站领导视察漯河林业有害生物防控工作 8月10~11日，国家林业局森林病虫害防治总站防治处处长曲涛一行2人在省森林病虫害防治检疫站站长邢铁牛的陪同下，先后深入到漯河市临颍县、郾城区，视察漯河市林业有害生物防控工作。

市林业和园林局召开集体林权制度改革工作座谈会 8月11日，漯河市林业和园林局组织召开全市集体林权制度改革工作座谈会。局党组成员、副局长陈红霞对下步林权制度改革工作进行了具体安排部署。各县（区）林业局主管副局长、林权制度改革办公室主任参加了会议。

宋孟欣督察河南园区和漯河园工程建设情况 8月13日，漯河市林业和园林局党组书记、局长宋孟欣深入到第二届中国绿化博览会郑州绿化博览园河南园区和漯河园，督察工程建设情况，并协调解决后期建设细节问题，安排部署下一阶段工作。

省林业厅厅长王照平视察郑州绿化博览园河南园区建设情况 8月18日，省林业厅厅长王照平在省林业厅造林绿化管理处处长师永全、副处长吕本超，漯河市林业和园林局党组书记、局长宋孟欣的陪同下，视察河南园区建设情况，现场协调解决工程建设中的问题。

省政府副秘书长何平视察郑州绿化博览园河南园区 8月31日，省政府副秘书长何平在省林业厅造林绿化管理处副处长吕本超，漯河市林业和园林局党组书记、局长宋孟欣，漯河市林业和园林局副局长赵自申的陪同下，视察绿化博览园河南园区建设情况。

市林业和园林局全力组织开展清淤排涝工作 9月7日，市林业和园林局对市区沙澧河沿河星光公园、银河公园、老虎滩公园等2 800多亩游园绿地全面开展清淤排涝工作，确保漯河市园林绿化资源不受损坏。

副省长刘满仓视察郑州绿化博览园河南园区 9月12日，副省长刘满仓在省林业厅副厅长刘有富、造林绿化管理处处长师永全、副处长吕本超，漯河市林业和园林局党组成员、调研员李军学的陪同下，视察绿化博览园河南园区。

副省长刘满仓视察郑州绿化博览园河南园区和漯河园 9月14日，副省长刘满仓在省林业厅厅长王照平、省林业厅造林绿化管理处处长师永全、副处长吕本超，漯河市林业和园林局党组书记、局长宋孟欣，党组成员、调研员李军学的陪同下，视察绿化博览园河南园区和漯河园。

市林业和园林局召开绿化资源保护"百日"集中整治活动动员会 9月17日，市林业和园林局召开了城市绿化资源保护"百日"集中整治活动动员会。

郑州绿化博览园河南园区开园仪式隆重举行 9月23日，郑州绿化博览园河南园区开园仪式隆重举行。省林业厅党组成员、巡视员张胜炎、造林绿化管理处处长师永全出席开园仪式，漯河市林业和园林局领导班子全体成员，局机关有关工作人员，局属各单位负责人，漯河绿地集团职工代表，绿化博览园河南园区筹建工作领导小组全体成员参加。漯河市林业和园林局党组成员、调研员李军学主持开园仪式。

宋孟欣考察豫中南林业有害生物天敌繁育场项目建设工地 10月15日，市林业和园林局党组书记、局长宋孟欣到豫中南林业有害生物天敌繁育场项目建设工地视察。该项目是经国家林业局批准，在河南省建设的首个林业有害生物天敌繁育项目。

市林业和园林局召开全市园林系统 2010 年园林绿化技能大比武表彰会　10 月 27 日，市林业和园林局召开全市园林系统 2010 年园林绿化技能大比武表彰会，表彰在技能大比武活动中评选出来的获奖单位和个人。市政协副主席、市人力资源和社会保障局副局长宗万志，市总工会副主席徐新霞，市总工会生产部部长李自超，市人力资源和保障局职业技能开发科科长张文馨应邀出席。

市林业和园林局召开 2010 年前三季度工作讲评会　10 月 29 日，市林业和园林局召开 2010 年前三季度工作讲评会。会议还对科级干部调整进行集体谈话。

宋孟欣到舞阳县调研林业产业发展情况　11 月 10 日，市林业和园林局党组书记、局长宋孟欣到舞阳县太尉镇调研林业产业发展情况。局办公室、产业办、市林业技术推广站、市城乡绿化设计院负责人随同调研。舞阳县人民政府县长助理左景皓、舞阳县林业园艺局局长张幸福等陪同。

市林业和园林局组织开展城市园林管理观摩活动　11 月 24 日，市林业和园林局组织局领导班子成员、局机关科室和局属单位负责人、有关技术人员，对城市园林管理工作进行了全面的观摩检查。

市林业和园林局召开 2010 年城市园林管理观摩讲评会　12 月 2 日，市林业和园林局召开 2010 年城市园林管理观摩讲评会，对 11 月 24 日城市园林管理观摩检查情况进行通报和讲评。

市人大、市政府联合检查组检查林业和园林局人大代表建议办理情况　12 月 3 日，由市人大选工委副主任谌顺发，市政府督查室主任郭春生、副主任王致远组成的联合检查组到市林业和园林局检查市人大代表建议办理情况。

邀请检察官为中层以上干部讲法制教育课　12 月 3 日，市林业和园林局邀请市检察院反渎职侵权局局长苗东海，为局系统中层以上干部 80 多人上法制教育课。

组织开展 2010 年"12·4"法制宣传日活动　12 月 4 日，市林业和园林局组织开展以"弘扬法治精神，促进社会和谐"为主题的"12·4"法制宣传活动。

全市创建国家森林城市工作总结表彰暨 2011 年林业生态市建设动员大会召开　12 月 9 日，漯河市召开创建国家森林城市工作总结表彰暨 2011 年林业生态市建设动员大会。市委书记靳克文出席会议并讲话。

市林业和园林局召开党组扩大会传达贯彻市委五届十一次全会会议精神　12 月 15 日，市林业和园林局召开党组扩大会传达贯彻市委五届十一次全会会议精神。局党组书记、局长宋孟欣主持会议并作重要讲话。局领导班子成员，各县（区）林业局、局属各单位、机关各科室负责人参加了会议。

市委督查组到林业和园林局督导检查市委五届十一次全会落实情况　12 月 17 日，由市委办公室助理调研员贺立群带队的市委督查组一行 4 人到林业和园林局督导检查市委五届十一次全会精神学习贯彻情况。局党组副书记、调研员聂建军向督导组汇报了市林业和园林局学习贯彻市委全会情况以及我市城乡绿化工作"十二五"规划。

市林业和园林局召开涉企科室和重点岗位评议活动意见反馈会　12 月 28 日，市林业和园林局召开涉企科室和重点岗位评议活动意见反馈会。由市纪委常委吕俊桢、市监察局副局长刀守印、市优化办公室主任杨永新、市人大代表路文华、市政协委员邓丽娜、市电视台新闻部主任孙永军、市法制办公室副主任卢申伟等人员组成的上门评议督导组，对林业和园林局在 2010 年涉企科室和重点岗位评议活动中征求到的意见与建议进行反馈。局党组全体成员、局属各单位班子成员和局机关各科室负责人参加了会议。会议由局党组成员、纪检组长亓春华主持，局党组书记、局长宋孟欣代表市林业和园林局进行了承诺发言。

孟欣实地察看商桥林业工作中心站建设情况　12 月 31 日，市林业和园林局党组书记、局长宋孟欣到郾城区实地察看商桥林业工作中心站建设情况。市林业和园林局、郾城区林业局有关人员一同察看。

平顶山市

一、概述

在市委、市政府的正确领导和省林业厅的大力支持指导下，平顶山市林业局紧紧围绕"一改、二建、三防、四抓"十项重点工作，以林业生态建设为重点，以集体林权制度改革为动力，以创建国家级森林城市为契机，加强领导，落实责任，创新机制，狠抓落实，各项工作扎实开展，成绩显著。2010年全市共完成林业生态建设总规模19.03万亩，其中造林18.37万亩，是省定任务的119.4%；完成低质低效林权制度改革造林0.69万亩；完成林业育苗2.35万亩，是省定任务1.8万亩的130.6%，新育苗1.24万亩；全市参加义务植树人数260万人次，完成义务植树株数1 200万株，义务植树尽责率达到95%，建卡率达到100%。

（一）集体林权制度改革

全市共完成集体林确权面积318.95万亩，占纳入林权制度改革集体林地面积325.88万亩的97.8%；发证面积114.05万亩，已发证9.18万本，有10.242万农户拿到了林权证。集体林权主体改革任务基本完成，林业投入保障，生态效益补偿，林木采伐管理制度，林权流转等配套改革工作稳步推进。

（二）创建国家森林城市

4月2日，市政府向省林业厅提交创建国家森林城市的申请，5月12日，国家林业局批复同意平顶山市的创建国家森林城市申请。国家林业局中南林业调查规划设计院领导及专家组通过多次视察调研，作出了平顶山市创建《国家森林城市总体规划》，10月中旬，市四大班子领导听取了规划设计单位的成果汇报。11月29日，召开全市创建国家森林城市动员会。12月25日，国家林业局专家组一行对《平顶山市国家森林城市总体规划》进行了评审。根据《平顶山市国家森林城市总体规划》，市政府决定成立创建国家森林城市工作指挥部，组织实施创建森林城市的相关工作。

6月，《白龟湖国家湿地公园总体规划》通过省林业厅专家评审，11月通过国家林业局专家评审。

（三）森林防火

全市共发生森林火情 118 起，过火面积 2 191.5 亩，受害森林面积 785.25 亩，森林火灾受害率 0.29‰，无重大森林火灾和人员伤亡事故发生。

（四）森林资源管理

扎实开展了"冬季严厉打击涉林违法犯罪专项行动"、"春季行动"、"夏季严打"、"利剑行动"等一系列专项行动。行动期间，全市共出动人员 3 574 人次，车辆 847 台次，查处各类涉林案件 485 起，其中刑事案件 8 起，林业行政案件 477 起，查处违法经营野味饭店 53 家。打击处理违法犯罪人员 451 人，刑拘 9 人，逮捕 7 人，行政处罚 442 人次；认真开展征占用林地专项治理活动，查办非法征占用林地 7 起，行政立案 1 650 起，查结 1 600 起，查处率 96%。进一步规范了征占用林地，木材加工、运输行为。新建市级森林公园 10 处。

（五）野生动物保护和林业有害生物防治

加大了野生动物的保护力度，全年共救护、放生国家一、二级保护动物 69 只，省级保护动物 5 000 余只，救护成功率 90%以上。全市没有发生野生动物疫情。

严防以松材线虫病为重点的林业有害生物的入侵，积极开展飞机喷药防治病虫害工作，完成飞机喷药防治食叶害虫 6 万亩。各类病虫害成灾率控制在 4‰ 以下，测报准确率 95%，无公害防治率 87%，种苗产地检疫率 100%。有效防控了林业有害生物的发生。

（六）林业产业

结合集体林权制度改革，积极引导企业、专业合作组织和造林大户开展规模经营，促进林地流转，初步认定了市级林业产业化龙头企业。林下种植（养殖）业、生态旅游业等逐步发展，社会资金投向林业逐步增加，林业经济的辐射和带动效应开始显现。截至 12 月底，林业总产值初步估算实现 14.95 亿元，增幅达到 14%以上。

（七）创新机制

积极实施股份制、合作制、大户承包、租赁等多种经营形式，采用挖掘机整地和专业队造林的方法，大力推广地膜覆盖、截干造林、ABT 生根粉等造林技术，造林效果十分显著。

（八）林业投入

2010 年，市本级财政投入林业生态建设资金 1 200 万元。同时，在以财政投入为主的基础上，进一步创新投资机制，多渠道、跨行业吸引社会闲散资金投入到林业生态建设中，据不完全统计，一年来共吸引社会资金近 6 000 万元。各县（市、区）立足当地实际，积极出台生态建设的优惠政策，对新造林按每亩每年 200~400 元的标准给予补偿，切实解决了占地补偿和造林投资问题，极大地提高了群众造林和管护的积极性。

（九）科技兴林、依法治林

积极实施科教兴林战略，努力加强科技成果转化和示范推广工作，积极开展送科技下乡活动，不断提高林业科技支撑能力建设水平，新选育林业新品种 3 个，推广面积 1 000 亩；建立健全林业执法体系。严格贯彻《中华人民共和国森林法》、《中华人民共和国野生动物保护法》、《中华人民共和国退耕还林条例》、《河南省林地保护管理条例》等法律法规。严厉打击乱砍滥伐林木、乱垦滥占林地、乱捕滥猎野生动物等违法犯罪行为,切实保护和管理好森林资源。

二、纪实

规划建设白龟湖国家级湿地公园　1月11～17日,国家林业局调查规划设计院专家应邀到平顶山市白龟山湿地省级自然保护区进行实地考察,对白龟湖国家级湿地公园建设项目进行规划设计。

市长李恩东检查造林绿化工作　2月2日,市长李恩东、副市长王富兴带领市直有关部门负责人先后到汝州市和宝丰县检查植树造林工作。李恩东一行先后到汝州市小屯镇朝川村万亩林果科技生态园、豫02线宝丰县周庄镇段生态廊道绿化整地现场,察看了挖坑整地开展情况,并检查了宁洛高速公路汝州段、宝丰段两侧绿化情况。

市委书记赵顷霖带领市四大班子领导参加义务植树　2月20日,虎年新春上班第一天,市领导与市四大机关干部职工、宝丰县干部群众一起参加义务植树,为鹰城再添新绿。市级领导赵顷霖、李恩东、冯昕、薛新生、裴建中、李萍、段玉良、邢文杰、李永胜、张遂兴、王丽、段君海、唐飞、肖来福、王金山、张坤子、黄林森、郑枝、郑茂杰、黄祥利、李建伟、王富兴、李俊峰、尹世祥、史正廉、张弓、潘民中、马四海、张电子、白进忠、李建华、张国需、刘新年、李丰海、祝义方、严寄音、王天顺、丁少青、王廷参加义务植树。

市委、市政府召开春季造林现场会　3月5日,全市春季造林现场会在汝州市召开。市委副书记冯昕、市人大常委会副主任黄林森、副市长王富兴出席会议,市政府党组成员、副市厅级干部王天顺主持会议。会议强调,要提高城区绿化水平,按照精细化管理的要求,努力使"重点市区出入口道路形成景观、重点部位形成亮点、游园广场形成精品",同时扎实做好城市道路的补植、补栽工作。城郊防护林建设要彰显特色,重点工程要按照城市景观道路规划设计标准,多树种结合、乔灌花结合,注重色彩搭配,突出特色、干出精品。

召开林业有害生物防治工作会议　3月16日,市林业局召开全市林业有害生物防治工作会议,传达全省林业有害生物防治工作会议精神,回顾总结2009年林业有害生物防治工作,安排部署当前的主要工作,会议并提出了2010年林业有害生物防治工作意见,表彰了2009年度林业有害生物防治工作先进个人。

省政府督导组到平顶山检查植树造林及森林防火工作　3月23～24日,以省林业厅副厅长刘有福为组长的省政府督导组到平顶山市检查指导植树造林及森林防火工作,市委副书记冯昕陪同。督导组一行先后深入宝丰县、汝州市和鲁山县,实地察看了围村林建设、农田林网建设、生态廊道绿化、香山寺景区绿化、荒山绿化、平原绿化等,详细了解了2009年冬2010年春平顶山市的生态建设、林业规划、造林规模、机制创新、林权制度改革进程及森林防火措施的落实等情况,对平顶山市的植树造林及森林防火工作给予了充分肯定。

启动"爱鸟周"宣传活动　4月初,为了搞好河南省第二十九届"爱鸟周"宣传活动,市林业局下发文件《关于组织开展2010年"爱鸟周"活动的通知》,要求各县(市、区)林业(农林)局加强领导,根据自身特点,精心策划,在讲求实效的基础上,力求做到有特色、有创新。同时,高度重视候鸟迁徙过程中出现的乱捕滥猎鸟类现象,积极配合有关部门开展鸟类等野生动物资源的保护工作。充分调动社会各界参与鸟类资源保护的积极性，带动更多的人参与鸟类资源保护工作。

全市集体林权制度改革现场会在叶县召开 4月9日，全市集体林权制度改革现场会在叶县召开。会议强调，各地要紧密结合实际，认真学习先进经验，积极探索和完善符合本地实际的改革措施，精心组织，全面推进，确保集体林权制度改革工作取得实效。

市林学会召开第三届代表大会 4月15日，平顶山市林学会第三届代表大会在平顶山饭店召开，来自全市林业系统及有关单位的58名代表及特邀代表参加了会议。会议由市林业局副局长曹冬青主持，省林学会副秘书长杨文立、市林业局局长王清河、市科协副主席陈高科、市民间组织管理局副局长邱乐丽等领导到会并作重要讲话。

平顶山白龟湖国家湿地公园规划汇报会召开 5月18日，平顶山市委、市政府召开白龟湖国家湿地公园规划汇报会。市委书记赵顷霖、市长李恩东、副市长王富兴出席会议并听取了国家林业局规划设计院专家的汇报。建设白龟湖国家湿地公园，是平顶山实施"生态建市"战略的重大项目。国家林业局调查规划设计院、省林业调查规划院、北京林业大学园林学院等单位的专家从湿地公园概况、白龟湖国家湿地公园建设条件分析、规划总论等方面，对平顶山白龟湖国家湿地公园规划（讨论稿）进行了详细说明，参加会议的市直有关部门的负责人对规划提出了意见和建议。

市人大代表视察林业生态建设工作 5月17～19日，市人大常委会副主任黄林森带领部分人大代表对平顶山市林业生态建设情况进行视察，副市长王富兴陪同。视察组先后视察了新华区、湛河区、卫东区、宝丰县、汝州市、郏县、鲁山县等地的造林点，详细了解了各地2008年以来的造林绿化任务、林业生态县创建以及对生态建设资金的投入情况。

《白龟湖国家湿地公园总体规划》通过评审 6月13日，《白龟湖国家湿地公园总体规划》顺利通过了由省林业厅副厅长王德启及有关专家组成的专家组的评审。市人大常委会副主任黄林森、副市长王富兴出席评审会。

飞机喷药防治食叶害虫7万亩 6月28日～7月6日，平顶山市林业局安排组织，分别在宝丰县、新华区、湛河区、汝州、叶县、舞钢市开展飞机喷药防治食叶害虫工作。此次飞机喷药防治租用荆州市同诚通用航空有限公司R44直升机，共飞机喷药防治食叶害虫7万亩，140架次。采用生物制剂阿维灭幼脲25%悬浮剂和1.2%烟碱、苦参碱乳油等无公害林业用药，对人畜安全，无污染，确保了飞机喷药防治工作安全、有序、高效实施。

对野生动物观赏展演单位野生动物驯养繁殖活动进行清理整顿和监督检查 8月12～31日，市林业局接到省林业厅《关于对野生动物观赏展演单位野生动物驯养繁殖活动进行清理整顿和监督检查的通知》后，高度重视，并组织有关人员认真学习文件精神，在全市范围内迅速开展此项活动。市林业局组织执法人员集中对市河滨公园动物园、平煤集团二矿猕猴观赏园、天鹅湖生态园、舞钢二郎山猕猴园等单位进行了监督检查。重点查看了展馆的设施及条件、规章制度、安全措施、动物防疫、应急预案等方面。

举办全市森林防火指挥员培训班 8月31日～9月1日，市护林防火指挥部办公室组织举办全市森林防火指挥员培训班。各县（市、区）护林防火指挥部办公室主任、重点乡（镇）主管乡（镇）长、国有林场场长、森林消防队队长及有关旅游景区的负责人共80余名学员参加了培训。省林业厅护林防火指挥部办公室调研员马国顺、中平能化一矿林场工程师周胜利等有关方面专家应邀为学员授课。

举办集体林权制度改革档案管理工作培训会 9月29~30日，平顶山市林业局、平顶山市档案局联合举办集体林权制度改革档案管理工作培训会，各县（市、区）林业（农林）局、档案局共60余人参加了培训。会议主要任务是贯彻省集体林权制度改革档案管理现场会精神，进一步加强和规范全市集体林权制度改革档案管理，培训林权制度改革档案管理业务骨干，为各县（市、区）抓好林权制度改革工作打下良好基础。

省政府林权制度改革调研督导组莅平 10月22~26日，以省林业厅纪检组长乔大伟为组长的省政府集体林权制度改革调研督导组到平顶山市，对鲁山县、叶县和汝州市进行调研督导。

市政府召开全市森林防火工作电视电话会议 10月28日，平顶山市政府召开全市森林防火工作电视电话会议，对2010年冬2011年春森林防火工作进行全面部署。市政府党组成员、副市厅级干部王天顺出席会议并作重要讲话。市护林防火指挥部副指挥长、各县（市、区）政府负责人、市防指成员单位负责人等80余人参加会议。

国家评审组考察评估平顶山白龟湖国家湿地公园 11月10日，由国家林业局湿地保护管理中心副主任严承高及相关专家组成的国家评审组莅临平顶山，按照国家级湿地公园的申报程序，对平顶山市申报的白龟湖国家湿地公园进行考察评估。副市长王富兴陪同考察并参加评估会。

全省南水北调移民新村绿化现场会在宝丰召开 11月11日，全省南水北调移民新村绿化现场会在宝丰召开。会议总结了2009年以来全省移民新村的造林绿化工作，部署了下一步的工作。省林业厅副厅长刘有富、省南水北调办公室副主任王小平、平顶山市副市长王富兴出席会议。

市政府召开全市森林防火工作会议 11月19日，市政府召开全市森林防火工作会议，对2010年冬2011年春森林防火工作进行全面部署。副市长、市护林防火指挥部指挥长王富兴出席会议并作重要讲话。市政府副秘书长张有正，市护林防火指挥部副指挥长、市林业局局长王清河，各县（市、区）森林防火主管领导及护林防火指挥部有关成员单位负责人等60余人参加会议。会议上，各县（市、区）森林防火主管领导分别就贯彻落实全省森林防火工作电视电话会议工作开展情况和当前及今后森林防火工作安排作了详细汇报并签订了2011年度森林防火安全目标责任书。

召开创建国家森林城市动员大会 12月2日，市委、市政府召开创建国家森林城市动员大会。省林业厅厅长王照平，平顶山市委书记赵顷霖、代市长陈建生分别在会上作了动员讲话。王照平在讲话中肯定了平顶山近年来在林业改革发展工作中的成绩，阐明了林业在经济社会发展中的重要地位和作用，指出平顶山创建国家森林城市已具备条件，对平顶山市的林业改革和发展工作提出了殷切希望。王照平、陈建生分别代表省林业厅和平顶山市人民政府签订了合作建设国家森林城市框架协议。市四大班子、各县（市、区）委书记、各县（市、区）长、市直各单位（企事业单位）主要负责人、分管副县（市、区）长，各乡（镇）主要负责人、各县（市、区）林业局长及有关单位代表近1 500余人参加了会议。市委副书记冯昕主持会议。

平顶山市城市森林建设总体规划通过评审 12月25日，《平顶山市城市森林建设总体规划》顺利通过了由国家林业局宣传办公室主任程红及有关专家组成的评审委员会的评审。省林业厅副厅长刘有福，市委副书记冯昕，副市长王富兴，市政府党组成员、副市厅级干部王天顺等出席评审会。

商丘市

一、概述

2010年，商丘市林业局在市委、市政府的正确领导下，在省林业厅的指导下，围绕林业生态市建设、林业产业发展、林权制度改革、森林资源管理、森林公安、林业科技和有害生物防治工作，锐意改革，开拓进取，真抓实干，全面完成了省、市下达的年度目标任务，取得了显著成绩。2010年5月，商丘市被全国绿化委员会授予"全国绿化模范城市"称号。

（一）高度重视林业生态市建设工作

市委、市政府、各县（市、区）委、政府分别成立了由政府主要领导任组长、分管领导任副组长，有关部门负责人任成员的林业生态建设领导小组和办公室；市领导多次听取汇报，多次批示，对林业生态市建设提出具体的指导意见；各县（市、区）、各乡（镇）把林业生态市建设摆上了重要议事日程，主要负责人亲自安排部署，亲临植树造林现场指挥，加强对林业生态市建设工作的组织领导；将林业生态市建设纳入各级政府目标管理体系，层层签订目标责任书，明确各级政府主要领导负总责，分管领导是第一责任人；各级林业部门和林业生态市建设成员单位密切配合，分工明确，各负其责，完善了林业生态市建设责任目标体系。

（二）创新工作机制

实行市领导分包县（市、区）、县领导分包乡（镇）、乡（镇）干部包村组的三级联动制度。下派5个督查组，深入到造林现场明察暗访，督促进度。市、县领导经常深入到第一线靠前指挥，现场办公，督促检查，发现问题，及时解决，有力地促进了林业生态市建设。市委、市政府、各县（市、区）委、政府两办督查室采取联合督查措施，下发督查通知单，明确督查重点和完成任务时限。各县（市、区）每天上报一次工作进度，每周在《商丘日报》公布两次造林进度，对行动迟缓、措施不力的县和乡（镇），加压鼓劲，鞭策后进；市林业局还抽调了20多名技术骨干，成立5个工作组，由党组成员带队每天坚持深入重点工程造林现场检查指导，严把林业生态市建设苗木关、栽植关。严格奖惩，专门下发了《商丘林业生态市建设奖惩办法》，对在林业生态市建设工作中作出突出贡献、成绩显著的单位和个人，给予表彰奖励；对工作滞后，完不成造林任务的，取消年度评先评优，通报批评。

（三）林业生态建设跨上新台阶

生态工程造林完成率位居全省前列。大力开展植树造林，实施防沙治沙、村镇绿化、生态廊道网络建设、农田防护林体系改扩建、环城防护林及城郊森林工程，通过省级核查，全市共完成生态工程造林 16.59 万亩，占省、市下达任务（14.46 万亩）的 114.74%，任务完成率在全省名列前茅。一是强化目标管理。生态建设实行目标管理，落实"一把手"责任制，市、县、乡层层签订目标责任书，分解任务，落实责任。二是加强指导。根据商丘市林业生态建设实际，对《商丘林业生态市建设规划》进行了中期调整；造林季节市林业局抽调 30 多名技术骨干，由领导班子成员带队，组成 6 个指导组，深入各乡（镇）造林第一线，现场指导。三是强化督查。市委、市政府督查室将造林任务作为督查重点，下发督查通知；在商丘日报每周两次公布造林进度，开展新闻督查；对林业生态市建设工作开展效能监察，跟踪问效。

林业生态县建设任务全面完成。2010 年，永城市、虞城县、睢阳区、睢县 4 县（市、区）顺利通过省级验收，全市 9 个县（市、区）全部达到了河南省林业生态县建设标准，在全省率先建成了林业生态市。一是目标明确。按照率先建成林业生态市的目标，认真分析商丘市创建林业生态市工作形势，制定了 2010 年 4 县（市、区）一次通过验收的目标。二是责任落实。年初对照 7 项创建标准和 5 项条件，专门向永城市、虞城县、睢阳区、睢县 4 县（市、区）下达了创建林业生态县目标责任书，同时，加强技术指导，严格督查，一抓到底，力争各项建设指标都要超过省级标准。三是宣传发动。通过商丘电视台、电台，《商丘日报》、《京九晚报》等媒体宣传报道林业生态县建设的重大意义，宣传先进典型，在各乡（镇）悬挂宣传横幅、粉刷张贴标语，营造创建林业生态县的良好氛围。

义务植树工作成为亮点。围绕林业生态市建设和创建全国绿化模范城市目标，市、县、乡三级联动，开展全民义务植树，完成义务植树 2 000 多万株，义务植树尽责率达 90%以上。正月初七，春节上班第一天，市委书记王保存、市长陶明伦带四大班子领导，市直机关干部以及驻商部队、武警官兵、青少年学生 3 000 余人，集中在黄河故道国家森林公园开展义务植树。全市各县（市、区）、各乡（镇）也统一行动，开展了形式多样的义务植树活动，活动当天全市有近 13 万干部群众参加义务植树，栽植绿化苗木 65 万余株。自 2008 年起，商丘市已连续 3 年开展此项活动，累计植树近 200 万株。这一典型做法被《人民日报》、《中国农民报》、《中国绿色时报》、《河南日报》、河南电视台、人民网、新浪网、全国绿化网等多家新闻媒体、网站报道，营造了较好的舆论氛围，成为全省的亮点。

（四）林业产业发展实现新突破

2010 年全市林业产值达到实现 63.49 亿元，比 2009 年增长 15.42%，是省、市下达年度任务 62.71 亿元的 101.24%。其中：第一产业产值 37.89 亿元，第二产业产值 23.86 亿元，第三产业产值 1.74 亿元，二、三产业所占比重较上年增长 5.4 个百分点。一是林业产业发展摆上重要位置。市委、市政府成立了林业产业发展领导组，并召开了全市林业产业发展工作会议；市委书记王保存、市长陶明伦、市委副书记张文深、副市长李思杰对发展林业产业分别作出批示。11月初，全省林业产业现场观摩会来商丘市现场观摩，考察商丘市鼎盛木业、南海松本木业、河南瑞丰木业有限公司，王照平厅长对商丘市林业产业发展的经验和做法给予充分肯定。二是科学编制规划。市政府下发了《商丘市林业产业发展2010～2020年规划》，明确目标任务和发展重点，规划提出：到2015年全市林业产值达到108亿元，年均增长12.3%；到2020年全市林业产值达到174亿元，年均增长11.4%。实施"363"工程，着力打造商丘林业产业集聚区，重点培育发展工业原料林、名优经济林、木材加工、家具制造、森林旅游、林下经济、花卉种苗、野生动物驯养繁殖八大产业。三是狠抓落实。各级林业部门围绕林业"产业提升、跨越发展"的目标，按照"做优第一产业、做强第二产业、做大第三产业"的总体要求，强力推进产业升级。完成了林业产业工程造林2.06万亩，新增工业原料林1.32万亩、名优经济林和小杂果0.55万亩，新增花卉苗木0.19万亩，加工木材100多万立方米。四是精心打造林业产业发展集聚区。市林业局组团分别赴江苏邳州、山东曹县、广西、广东、海南等地考察学习林业产业，参加了广西人造板产需洽谈会。以招商引资为带动，依靠商丘市的资源、区位、交通优势，开展网络招商、项目招商、以商招商、亲情友情招商活动。2010年全市新建规模以上加工企业5家，扩建企业2家，新增木材加工能力65万立方米。五是加大政策扶持力度。认真落实国家七部委林业产业政策，加大财政扶持和信贷、税收优惠力度，对龙头企业、中小企业、林业专业合作社在项目资金方面倾斜，首批确定的32个行政村作为全市木材加工示范村，获得农行等金融部门支持。

（五）林权制度改革持续推进

一是全面完成了292.46万亩的集体林权制度改革数据录入工作。下发了《关于进一步加强集体林权制度改革数据录入工作进度的通知》，组织全市12名专业技术人员参加了新的林权证录入系统管理培训。二是加大宣传力度。通过多种形式，宣传集体林权制度改革的重大意义，在商丘日报播发专题稿件6篇，并通过网络、手机短信向广大群众宣传集体林权制度改革。三是加强督导。对9个县（市、区）林权制度改革数据录入情况进行了督查、通报。四是加强林权制度改革档案管理。邀请市档案局对我市集体林权制度改革工作人员开展了专题讲座。按照《集体林权制度改革档案管理办法》，对全市林权制度改革档案进行了重新整理、归档。五是推进确权发证。

（六）森林资源管护切实加强

一是严格森林资源采伐，完成了全市"十二五"期间森林采伐限额编制工作。加强林木采伐许可证的发放管理，对国有林场申请采伐证明文件，严格审核把关，确保国有林场凭证采伐率和采伐合格率达到100%；加强林木凭证采伐的监管，对无证采伐依法追究责任，禁止以收代罚、以罚代管的现象发生。在连霍高速改扩建工程建设中，严格按照程序，加强监督，确保扩建工程中无超规划采伐现象发生。二是强化木材运输监督检查，组织全市业务骨干参加了运输证新系统培训，严格执行木材凭证运输制度，严把木材运输关。三是加强林木管护工作，下发了《关于加强幼树管护工作的通知》，加强新栽幼树管护，提高幼树成活率。四是加强林业法制宣传。开展了"世界湿地日"、"爱鸟周"、"野生动物保护宣传月"和"12·4法制宣传日"活动，进一步提升了群众生态意识、爱鸟护鸟意识。加强对木材检查站和林政执法行为的规范管理，严禁涉林公路"三乱"行为。五是稳妥推进国有林场危旧房改造工作。组织民权林场、永城芒山林场制定了危旧房改造实施方案。目前，永城芒山林场已基本完成了危旧房改造工作，部分林场职工已入住。民权林场危旧房改造正在施工。六是加强公益林管护工作。对民权林场 2 万亩国家重点公益林的生态补偿基金进行了逐级申报，落实补偿基金 9.5 万元。七是扎实做好疫源疫病监测工作。按照《商丘市重大野生动物疫病防治预案》的要求，及时对全市野生动物驯养繁殖场所的 H1N1 流感进行设防布控，采用新的网络直报系统每天上报全市野生动物疫源疫病情况，及时准确提供疫病监测信息。

（七）森林公安办案水平提升

全市森林公安机关共受理各类涉林案件 524 起，查处 478 起，打击处理违法犯罪人员 652 人。一是森林公安基础建设加强。投入 148 万元，用于基层森林公安派出所独立办公场所建设，解决办公用房不达标、办公场所不规范问题。二是开展执法质量考评，提高案件办理质量，在全市范围内巡回开展执法质量检查，召开执法办案现场会，交流办案经验，提高办案水平。三是认真组织开展严打专项行动。相继组织开展了春季严打行动、保护新植幼树行动、冬季严打集中行动。永城市森林公安局被国家林业局授予全国春季严打行动先进单位。为有效遏制非法种植毒品源植物活动在林区发展蔓延，深入开展了"禁种铲毒"行动，永城市、夏邑县森林公安局破获种植罂粟案件 10 起，铲除罂粟 1 400 余株。集中力量查处了宁陵县张金礼系列盗伐林木案、梁园区电管所滥伐林木案、永城市"5·5"重大毁林案等一批有影响的涉林案件。四是认真做好护林防火工作。重点加强国有林区、重点生态工程项目区火源管理和基础设施建设，落实各级行政领导负责制，及时发布火险等级，开展火灾隐患排查，对重点林区、重点部位下发整改通知书，落实整改。全市没有森林火灾发生。

（八）科技兴林取得新成效

全市共完成大田育苗 3 万多亩，是省、市下达任务 1.9 万亩的 158%，总产苗量为 6 758.64 万株，预计出圃合格苗木 5 770.19 万株。一是加大育苗扶持力度。商丘市有 5 个生产单位获得优质林木种苗培育资金扶持。二是加强种苗质量管理。对合格苗木实行市场准入，推进"一签两证"发放，保障全市林业生态建设工程良种壮苗。三是抓好种质资源项目建设和管理。制定了《商丘市林木种质资源保护建设实施方案》和《商丘市林木种质资源保护建设发展规划》，在梁园区国有林场建立了80 亩的泡桐种质资源苗木繁育区、收集区和保存区，收集兰考泡桐、9501、9502、豫选 1 号 4 个品种，优良单株 1 200 株，培育苗木 1 万余株。四是科学编制了《商丘市花卉产业发展规划》，围绕花卉生产核心区，实现专业化、产业化、集约化生产，做大做强花卉产业。五是大力推广 ABT 生根粉、多效复合剂、全光自动喷雾、苗圃化学除草等实用技术，重点推广了 9501、9502 泡桐新品种，豫刺 1 号、2 号刺槐，法桐和金丝楸等林木新品种，，改善了我市苗木品种结构，提高了种苗质量。在虞城县刘店乡新建了《虞城县大樱桃科技示范园区》，与市森林病虫防治检疫站联合制定了《大袋蛾预测预报技术规程》。

（九）林业有害生物防控措施有力

全市主要林业有害生物发生面积 74.444 万亩，成灾率为 3.16‰，测报准确率为 90.5%；防治林业有害生物 69.996 万亩，防治率达到 92.57%，其中飞机喷药防治 10 万余亩，采用人工、仿生制剂等无公害防治 54.39 万亩，无公害防治率达到 80.9%；种苗产地检疫率为 95.5%。一是防治措施落实到位。开展对杨扇舟蛾、杨小舟蛾、杨树黑斑病、泡桐丛枝病和经济林病虫害等林业有害生物的监测预报；进行综合治理，规范检疫执法，严密防范外来有害生物入侵。二是检疫工作扎实。开展苗木产地检疫，采取育苗单位自检，县级森林病虫害防治检疫站普检，市级森林病虫害防治检疫站抽检的"三检"制度。开展了木材、果品、药材的产地检疫和调运检疫，共检疫木材 13.678 万立方米，果品 1.576 万公斤、药材 0.462 万公斤。三是加强村级森林病虫害防治检疫员培训工作。分期分批培训村级森访员 4 876 人，颁发了岗位培训合格证书。四是完善森林病虫害防治检疫体系建设。已经建成国家级标准站 1 个，省级标准站 7 个，国家级测报点 2 个，省级测报点 1 个。加强监测预警体系、检疫御灾体系和防治服务体系建设，不断提高防灾能力和森林病虫害防治检疫管理水平。成立森林医院和防治专业队，购置车载式高射程喷药车一部，面向社会开展防治。

（十）林业宣传氛围浓厚

一年来，在省林业信息网、省森林消防网、森林病虫害防治网、林业技术推广网、森林公安网以及市委、市政府信息网、《商丘日报》、《京九晚报》等新闻网站、报刊发稿件 200 多篇，被采纳 150 篇，其中，省级 2 篇，市级 140 篇。组织大型专题报道 10 次，制作各类宣传版面 170 块。 具体做法，一是将宣传工作作为绩效考评的内容，制定下发信息考评办法。二是采取多种形式加强宣传信息人员的业务培训，提高通讯员的业务水平。严格把关，提高数量和质量，向媒体提供有影响、有深度、有力度的新闻稿件。三是突出宣传重点。重点突出林业生态建设、产业发展、全民义务植树、林权制度改革、林业法律法规、林业严打、野生动物保护、森林防火、科技兴林、林业有害生物防治，开展了丰富多彩的宣传活动，在商丘电视台、商丘电台开办《林业之声》、《品牌宣传》，在《商丘日报》开办以案说法栏目，定期向社会公众普及林业政策、知识、技术和法律法规。四是组织开展"送政策、送法律、送技术"下乡活动。利用全市村头大喇叭积极开展"送政策、送法律、送技术"下乡活动，组织 200 余名林业技术人员深入乡（镇）、村开展服务指导，举办培训班和技术讲座 15 场次，组织现场技术咨询 12 场次，发放科普宣传资料 2 000 多份，发布林业科技信息 3 000 多条，受益林农 40 000 多人次。五是利用行风热线平台，加强与林农果农的沟通和联系，大力宣传林业政策，着力解决群众提出的热点难点问题，提高群众满意率，营造全社会关注林业、支持林业、参与林业建设的社会氛围。

（十一）创先争优活动扎实深入

一是积极破解商丘市林业发展难题。按照"四个重在"的要求，围绕"林业发展、林农增收"、"生态建设出精品、产业发展上台阶"、"转变林业发展方式、发展现代林业"、"抢抓机遇、加快发展"等专题，开展深入调研，在深入调研的基础上，调整完善了《商丘林业生态市建设规划》、出台了《商丘市林业产业发展 2010～2020 规划》、编制了《商丘花卉发展规划》，努力破解商丘市林业发展难题。二是狠抓"三项建设"。围绕创先争优，加强队伍建设，坚持每周政治学习和业务学习，通过领导干部讲党课、技术骨干举办技术讲座，提升干部队伍素质；围绕勤政廉政，加强政风行风建设。把政风行风建设与"两转两提"相结合，与提高执法水平相结合，与反腐倡廉相结合，加强领导，健全制度，实行跟踪问效；围绕树立形象，加强精神文明建设，坚持体制机制创新，开展"比、学、赶、帮"争先创优活动和先进文明科室站评选活动。三是提高执行力。以强化措施，落实目标任务为主线，加强能力建设，完善了《商丘市林业目标考核奖惩办法》、《机关管理制度》和《各项工作流程》，不断提高执行力。

二、纪实

国家林业局调研组莅临商丘专题调研木材安全问题　3月19日，以国家林业局速生丰产办公室副主任陈道东为组长的木材安全调研组，莅临商丘专题调研木材安全问题。调研组一行在省林业厅副厅长张胜炎、商丘市市长助理江方众陪同下，先后到民权林场、鼎盛木业、南海松本木业，实地考察了商丘市的速生丰产林基地、林板一体化建设和木材加工、林下种植、养殖业。陈道东充分肯定了商丘市林业生态建设的成绩、对商丘市林业产业发展以及木材加工、林板一体化建设提出了意见和建议。

商丘市林业局组团赴江苏邳州市考察林业产业　3月31日~4月1日，市林业局组织人员赴江苏邳州市考察林业产业。近年来，江苏邳州市大力发展林业产业，培育了具有邳州特色的杨树板材、银杏、森林生态旅游三大主导产业。考察人员通过实地调研及听取介绍，深受启发。

国家林业局领导莅临商丘督导林业生态建设工作　4月7日，国家林业局科技司副巡视员杜纪山、省林业厅巡视员张胜炎等一行9人，在市政府市长助理江方众的陪同下，莅临商丘视察林业生态建设工作。杜纪山副司长、张胜炎副厅长一行先后深入到柘城县、宁陵县、民权县，实地察看了林业重点生态工程建设、林种树种结构调整情况，听取了市、县林业局的工作汇报，对商丘市2010年大力实施林业重点工程、推进林种树种结构调整的做法和取得的成效给予充分肯定。杜纪山副司长要求进一步巩固生态建设和林种树种结构调整的成果，采取有效措施，突出抓好新造林的抚育管护，提高造林成活率和保存率。

国家林业局森林病虫害防治检疫专家莅临商丘调研　6月17日，国家林业局森林病虫害防治检疫总站赵青山教授、测报处徐波工程师在省森林病虫害防治检疫站有关领导陪同下，莅临商丘市就泡桐大袋蛾的种群消长与环境对其影响的关系课题进行调研。在商期间，赵青山教授一行深入睢阳区，实地采集了泡桐大袋蛾虫袋样本，并召开了由商丘市森林病虫害防治检疫站、民权林场、睢阳区森林病虫害防治检疫站参加的大袋蛾爆发、危害情况座谈会，对1985~1996年间，大袋蛾在商丘市大面积爆发造成的严重危害，以及1996年以后突然销声匿迹的情况进行了回顾与分析，布置了7~9月商丘市对此课题的观察任务。

省政府参事调研组莅商调研林业生态建设规划实施情况　7月13日，以省政府参事赵体顺为组长的调研组一行4人莅临商丘，就商丘市《林业生态省建设规划》实施情况进行专题调研。在为期三天的调研中，调研组听取了商丘市关于《林业生态省建设规划》实施情况的汇报，先后深入睢县、民权对林业生态建设重点工程中的农田体系改扩建工程、防沙治沙工程、村镇绿化工程等建设情况进行实地考查，并召开了座谈会。参事调研组对商丘市在实施《林业生态省建设规划》中领导重视、突出重点、更新理念、创新机制、狠抓落实等做法给予了充分肯定，就下一步林业生态市建设中需要加大管护力度、调整林种树种结构、推进城乡绿化一体化等提出了具体建议。

第十届中原花木交易博览会上获殊荣　9月6日，在国家林业局和省政府主办、许昌市鄢陵县承办的第十届中原花木交易博览会上，商丘市设计施工的室外园林展区荣获综合奖银奖。本届中原花木交易博览会分室内展与室外园林组景两部分，其中室内展共设标准展位100个，商丘市有4家企业组织精品参加展出；室外园林组景由商丘市林业局抽调技术人员精心设计、认真施工，布局新颖，景观效果优美，深受参会领导和各位嘉宾的好评，为商丘市赢得了荣誉。

全省林业产业现场观摩会来商丘观摩　10月31日~11月1日，全省林业产业现场观摩会在商丘市观摩。省林业厅厅长王照平一行在市长陶明伦、市委副书记张文深、市人大副主任陈海娥、市政府副市长李思杰陪同下，参观了商丘市鼎盛木业有限公司、南海松本（商丘）木业有限公司和河南瑞丰木业有限公司等木材加工企业。

商丘市17家林产企业获得河南省首批林业产业化重点龙头企业称号　11月5日，在全省林业产业现场观摩会上，商丘市鼎盛木业有限公司、虞城阿姆斯果汁有限责任公司、夏邑县金展木业有限责任公司等17家林产企业获得了河南省首批林业产业化重点龙头企业称号。全省共145家林产企业获得了此项殊荣。

周口市

一、概述

2010 年，全市林业部门以科学发展观为统领，深入贯彻落实中央、省委和市委林业工作会议精神，精心部署、科学规划，明确任务、落实责任，扎实推进林业生态市和国家现代林业示范市建设，林业建设取得新的成效。

全年完成植树造林 2 600 万株、面积 16.016 万亩，是年度任务 14.059 万亩的 113.92%；完成中幼林抚育 47.24 万亩，是年度任务的 100%；完成义务植树 2 000 万株，是年度任务 1 800 万株的111%；完成林业育苗 4.1 万亩，是年度任务 2 万亩的 205%。林业总产值 69.9 亿元，是年度任务67.17 亿元的 104%；较上年增长 18.6%。

(一) 林业生态市建设成效显著

2010 年是林业生态市建设的关键一年。全市林业部门积极行动，社会各方面广泛参与，林业生态市建设取得新的进展。根据省林业厅核查结果，全年实际完成造林面积 16 万亩。其中，农田防护林体系改扩建工程 4.95 万亩，防沙治沙工程 0.52 万亩，生态廊道建设 5.04 万亩，城市林业生态建设工程 0.57 万亩，村镇绿化工程 4.92 万亩。完成中幼林抚育及低产林改造 47.24 万亩。继 2008年扶沟、西华、鹿邑 3 县，2009 年太康、淮阳、郸城、沈丘 4 县通过省林业生态县验收后，2010年又有商水县、项城市、川汇区申报林业生态县（市、区）并通过验收。

林业产业扎实推进，产值持续增长。2010 年，全市采取扶持引导、优化结构等措施，使林业产业保持稳步较快发展。10 月 28 日，全市有 6 家企业入选河南省第一批林业产业化重点龙头企业。至 2010 年，全市共有以扶沟县豫人木业、西华县晨辉木业为龙头的林产品加工企业 2 300 多家，年木材加工能力达 120 万立方米。以苹果、桃、柿、梨、杏、李子、大枣、胡桑为主的经济林达 65万亩，总产量 45 万吨。

林木种苗工作围绕林业生态市建设，坚持以市场为导向，积极调整育苗树种结构，发展名特优稀果树育苗和常青绿化树种及花卉苗木，增加楸树、苦楝、臭椿等乡土树种规模，提高了经济效益和社会效益。全市园林绿化苗木面积达 12.5 万亩，以花卉和林木种苗为主的国有、集体和个体户超过 2 000 家。9 月，参加在许昌市鄢陵县召开的第十届中原花木博览会，获"第十届中原花木博览会金奖"称号。淮阳县、西华县、商水县、项城市、川汇区等县（市、区）依托经济林和文化资源优势发展生态观光游，成功举办了荷花节、桃花节、葡萄节和采摘节，年接待省内外游客超过 10 万人次。

（二）林业支撑保障体系不断完善

一是加强森林公安队伍建设。全市森林公安部门坚持从严治警与从优待警相结合，进一步深化"大练兵"活动，增强了公安队伍的政治素质和战斗力。森林公安民警认真执行《内务条令》，落实公安部"五条禁令"，年内未发现一起森林公安民警违法违纪和违反"五条禁令"事件。

二是严厉打击各类破坏森林和野生动植物资源违法犯罪活动。相继开展了"春季行动"、"区域专项治理"和"严厉打击涉林违法犯罪专项行动"等专项活动，共查处各类案件 406 起，其中刑事案件 77 起，行政案件 329 起，打击处理违法犯罪分子 435 人。高度重视护林防火工作，切实加强麦收期间和秋冬季秸秆禁烧工作督查，全年未发生因焚烧秸秆损毁林木重大事故。

三是切实抓好林木采伐限额、木材运输管理。2010 年，全市资源林政管理部门共办理审批采伐林木 5 万立方米，凭证采伐率达 85% 以上，全部实行网上办理。加强征占用林地管理，认真执行征占用林地审批制度，全年办理征占用林地手续 3 宗，征占用林地审核率 100%。加强林业行政服务窗口建设，全年办理行政许可 2 180 件，继续保持了"河南省林业文明服务窗口"称号。

四是加强野生动植物保护和疫源疫病监测工作。全年依法办理省重点野生动物驯养繁殖许可证 14 份，救助国家 Ⅰ、Ⅱ 级野生保护动物 16 只。建立健全了野生动物疫源疫病监测体系，落实了疫源疫病监测日报告和零报告制度，野生动物疫源疫病监测信息实现电子化测报，上报监测报告单 720 份。

五是积极实施科教兴林。2010 年，采取引进、推广等形式，深入开展了科教兴林工作。共引进推广黄金梨、沙红桃、金太阳杏、香花槐、美人指葡萄等新品种 20 多个，推广杨树食叶害虫综合防治、甜柿优质高效栽培、楸树新品种快繁技术等新技术 16 项，全市造林良种率达 85% 以上。获市科技进步二等奖 2 项。加强了林业科技宣传工作。全年发表技术论文 26 篇、林业科普文章 20 多篇，编写论著 1 部，培训教材 3 部。举办各种技术培训班 6 期，培训林技人员和林农 2 580 人次。印发技术资料 2 万余份，解答技术咨询及疑难问题 6 000 多人次。

六是开展林业有害生物防治和林业检疫工作。2010 年，全市林木病虫害发生面积 37.5 万亩。森林病虫害防治检疫部门按照上级要求积极应对，运用无公害防治措施和手段，在中、重度病虫害发生的区域实施综合除治，防治面积达 37.79 万亩，无公害防治面积 37.6 万亩，无公害防治率达 99.51%。7 月 4~16 日，开展了飞机喷药防治林木病虫害。在林业检疫工作中，森检人员与各木材检查站紧密配合，依法开展调运检疫，全年共检疫苗木 2 480 万株，木材 18.84 万立方米，种苗产地检疫率达 96.7%。

（三）集体林权制度改革工作全面展开

集体林权制度改革正式启动以来，全市上下严格按照林权制度改革工作机制和操作规程，各负其责，全面展开。全年完成 189 万亩集体林地及林木的勘界确权工作，发放林权证 57 064 本，发证面积达到 188.5 万亩，是集体林地总面积的 99.5%。其中 175.8 万亩林地是家庭承包方式，实行了联户发证，惠及林农达 210 万户。

（四）文昌生态园建设扎实推进

2010 年，市委、市政府领导对文昌生态园建设高度重视，多次听取项目建设专题汇报，并数次亲临现场进行督导。园内共栽植各类树木 6 万多株，累计已植树近 60 万株。同时完善了园内各项基础配套设施，建成热带植物园并向社会开放。

二、纪实

市委召开林业工作会议　2 月 27 日，市委召开林业工作会议。市委书记毛超峰、省林业厅厅长王照平出席会议并讲话。市长徐光主持会议。市委副书记吕彩霞，市委常委、项城市委书记王宇燕，市人大常委会副主任王建庄，副市长史根治，市政协副主席杨海震，周口军分区副司令员刘芝源等出席会议。毛超峰强调，各级各部门一定要结合实际，认真贯彻落实好市委市政府下发的《关于加快林业改革发展　全面推进现代林业建设的实施意见》。王照平对近年来周口林业改革发展工作取得的成绩给予了肯定，对今后的工作提出了要求。会上，史根治宣读了各项表彰决定，各县（市、区）政府向徐光市长递交了目标责任书。淮阳、鹿邑、商水三县分别作了典型发言。会议还对 2009 年度林业生态建设及林权制度改革工作先进单位和个人进行了表彰。

市领导参加义务植树活动　3 月 12 日，市领导吕彩霞、李洪民、穆仁先、李明方、梅宝菊、刘继标、李绍彬、史根治、刘国连、王建庄、杨海震、石敬平、张文平等到东新区文昌生态园与市直干部职工一起参加义务植树活动。

省市人大代表视察林业生态建设　4 月 8~9 日，部分在周口的省、市人大代表在市人大常委会副主任王建庄的带领下，到西华、沈丘两县视察林业生态建设。人大代表深入到西华县的清河驿、皮营、红花、黄桥，沈丘县的城郊办事处、白集、汴路口等乡（镇），详细察看了农田防护林、城镇绿化、村庄绿化和生态观光旅游建设等情况，对周口市实施林业生态市和国家现代林业示范市建设以来取得的成绩表示肯定。

市政府召开林业生态建设观摩会　4 月 19~21 日，市政府召开全市林业生态建设观摩会，对近 3 年来全市农田防护林、生态廊道、城市绿化和村镇绿化等方面建设情况进行了观摩交流，副市长史根治出席并作重要讲话。

周口市林业局领导班子被授予"优秀领导班子"称号　4 月 28 日，周口市林业局领导班子被市委、市政府授予"2009 年度综合考评优秀领导班子"称号。

周口市林业局林业产业与林产品年鉴编撰工作受表彰　4 月，河南省林业产业协会表彰一批 2009 年度林业产业与林产品年鉴编撰工作的先进单位，周口市林业局荣获一等奖。

太康县获全国绿化模范单位称号　5 月，全国绿化委员会表彰一批"全国绿化模范单位"，太康县被授予"全国绿化模范单位"称号。

开展飞机喷药防治林木病虫害　7 月 4~16 日，为有效遏制林木病虫害暴发趋势，巩固林业生态建设成果，确保树木健康生长，市政府投资 150 万元对杨树食叶害虫开展飞机喷药防治。市林业局成立了飞机喷药防治工作指挥部，制定防治方案，明确工作职责和服务保障措施。防治重点是境内的 8 条干线公路、5 条骨干河道和部分高速公路两旁的大型林带，总长度约 1 300 公里。

周口市林业局举行乔迁庆典 8 月 6 日，市林业局举行整体迁入新办公大楼乔迁庆典。市委副书记吕彩霞，市人大常委会副主任王建庄，市政协副主席杨海震等市领导出席庆典仪式并剪彩。杨海震代表市委、市人大、市政府、市政协向市林业局全体干部职工表示祝贺。

举行首届插花员职业技能竞赛 8 月 19 日，周口市林业局、市人力资源和社会保障局联合举办首届插花员职业技能竞赛。参赛选手充分展示了自己的动手能力和审美能力，体现了全市插花行业的精湛技艺和高超水平。比赛评出前三名，代表周口市参加了 9 月在许昌市鄢陵县第十届中原花木交易博览会期间举办的河南省插花员职业技能竞赛决赛，获组织奖。

周口市林业局被命名为省级文明单位 11 月，市林业局被省委、省政府命名为省级文明单位。

周口市部分单位、个人获河南省绿化委员会表彰 12 月，河南省绿化委员会表彰在全省绿化工作表现突出的单位和个人。郸城县、商水县获"河南省绿化模范县（市、区）"称号；项城市新桥镇、淮阳县白楼镇、郸城县汲水乡、商水县固墙镇、西华县西华营镇、鹿邑县王皮溜镇、沈丘县卞路口乡和扶沟县崔桥镇获"河南省绿化模范乡（镇）"称号；项城市高寺镇政府、淮阳县城关回族镇政府、大连乡政府和临蔡镇政府获"河南省绿化模范单位"称号；14 人获"河南省绿化奖章"。

驻马店市

一、概述

2010 年驻马店市林业工作在市委、市政府的正确领导下，在省林业厅的指导和大力支持下，以邓小平理论和三个代表重要思想为指导，以科学发展观为统领，以创建林业生态县为载体，以集体林权制度改革为动力，以保护森林资源为前提，以科技进步为支撑，以促进农民致富增收为目的，精心部署，严密组织，狠抓落实，圆满完成了 2010 年度各项目标任务。

（一）造林绿化

全市共完成成片造林 23.46 万亩，是省政府下达造林任务 23.37 万亩的 100.4%；义务植树 1 550 万株。退耕还林荒山荒地造林 3.6 万亩，巩固退耕还林后续产业 2.08 万亩，补植补造 4.31 万亩，林权证发证率达到 100%，圆满完成了全年植树造林和退耕还林工作任务；平舆、西平、驿城区、新蔡 4 县通过了省政府进行的林业生态县验收；泌阳县被全国绿化委员会授予"全国造林绿化模范县"称号。

（二）森林资源保护管理

进一步加大了森林资源的管护力度，集中力量开展专项整治活动，采取多种形式，强化了森林资源的保护和管理工作，严厉打击各类破坏森林和野生动植物资源违法犯罪活动。全市严格执行林木采伐限额，林木凭证采伐率和发证合格率均达到 95%以上。依法查处各类林业行政案件，无重大毁林、乱占林地案件发生，全市共办理涉林案件 557 起，其中刑事案件 68 起、林业行政案件 485 起、治安案件 4 起，抓获违法犯罪嫌疑人 530 人，其中刑事拘留 54 人、批准逮捕 14 人，起诉（含直诉）33 人，治安拘留 3 人，林业行政处罚 426 人。

一是大力宣传，不断提高广大干群的森林资源管护意识。组织林政、公安及有关执法人员开展《依法行政实施纲要》、《中华人民共和国森林法》、《中华人民共和国森林法实施条例》、《中华人民共和国野生动植物保护法》等法律法规宣传活动，印发宣传资料，并接待解答咨询群众等，收到了良好的宣传效果。同时充分利用新闻媒体大力宣传林业法律法规以及林业行政许可事项，在市电台行风热线节目设立林业依法行政专栏，公布服务承诺，自觉接受群众监督，引导群众依法维护自身权益，逐步形成与建设法制政府相适应的良好社会氛围。二是严格执行森林采伐限额的监督管理。根据省林业厅计划及时下达年度木材生产计划，对各县（区）、国有林场年度生产木材严格限量，严禁超计划采伐。严格执行《国家林业局关于切实加强森林资源保护管理的通知》和《河南省人民政府关于严格执行"十一五"期间年森林采伐限额加强森林资源保护管理工作的通知》，并结合驻马店市的实际情况，完善了林木采伐程序，规范了林木采伐档案管理，严格采伐审批制度，认真进行伐前踏查、伐中监督和伐后验收。三是坚持依法治林，依法查处林业行政案件。2010年，全市各级资源管理部门进一步贯彻落实《驻马店市人民政府关于进一步加强森林资源管理的意见》，重点打击了违法占用林地、毁林开垦、超限额采伐、盗伐林木、滥伐林木、非法运输、非法经营加工木材等破坏森林资源的行为，依法查处各类林业行政案件，无发生重大毁林、乱占林地案件。四是扎实开展严打专项行动，严厉打击各类破坏森林和野生动植物资源违法犯罪活动。根据省林业厅、省森林公安局、驻马店市政府的统一部署和安排，先后在全市组织开展了"春季行动"、清理涉法涉诉信访积案活动、严厉打击涉林违法犯罪等专项行动，有效遏制了涉林违法犯罪的上升势头，改变了林区治安面貌，有力保障了林业生态市建设和集体林权制度改革稳步推进。五是积极开展集中清理整治非法征占用林地工作。为深入贯彻落实《驻马店市人民政府关于进一步加强森林资源管理的意见》和省林业厅《关于组织开展"春季行动"的通知》精神，加大对破坏森林资源案件的查处力度，树立积极发展与严格保护并重的理念，建立森林资源管理的长效机制，组织开展了集中清理整治非法征占用林地工作，并取得了很大成效。

（三）集体林权制度改革

全市完成的集体林地勘界确权 318.68 万亩，发证面积 316.80 万亩，发证率达 99.4%，圆满完成了省人民政府下达驻马店市集体林权制度改革登记发证率要达到 96%以上的目标任务。全市投入林权制度改革资金 644.40 万元，林权制度改革培训 3.6 万人（次），发生林权争议面积 4.77 万亩，调处面积 4.47 万亩，调处率 93.7%，基本完成林权制度改革主体任务。

（四）森林分类经营

根据省林业厅公益林管理中心的要求，对国家重点公益林资源进行了细致调查，在进一步掌握国家重点公益林分布情况和资源状况的基础上，作了局部调整，做好非国有国家公益林补偿标准调整的准备工作，并配合省厅开展了 2008～2009 年度生态效益补偿基金管理使用情况的检查。2010年，省林业厅下达驻马店市中央和省级财政生态效益补偿基金共计 760.8 万元，其中国家级公益林补偿面积 54.81 万亩，补偿金额 416.4 万元；省级公益林补偿面积 72.5 万亩，补偿金额 344.4 万元。各项公益林保护管理措施得到落实，生态效益补偿基金使用没有违规行为。

（五）林业有害生物防治工作

坚持"预防为主，科学防控，依法治理，促进健康"的方针，广泛宣传、认真贯彻《中华人民共和国森林病虫害防治条例》和《中华人民共和国植物检疫条例》，继续推行林业有害生物目标管理、考核制度，强化林业有害生物防治体系建设，积极开展了林业有害生物测报、防治、检疫、松材线虫病防控，美国白蛾、杨树黄叶病害专项调查、村级森林病虫害防治检疫员培训等工作；加大了防治、检疫的执法力度，圆满完成了省林业厅下达驻马店市的林业有害生物防治目标管理任务，有效保护了造林绿化成果和林业生态环境安全。全市共发生各类林业有害生物 43.23 万亩，其中病害 6.56 万亩，虫害 36.67 万亩，发生率 11.9%，发生面积总体比 2009 年上升 1.4%。全市有林地面积 357.93 万亩,成灾面积 0.35 万亩，成灾率 1‰，比省林业厅下达目标 5‰ 下降 4 个千分点；测报准确率为 98%，比省林业厅下达的 85% 的目标高 13 个百分点；无公害防治面积 28.33 万亩，无公害防治率为 84%，比省林业厅下达的 80% 的目标高 4 个百分点；种苗产地检疫率 100%，完成了省林业厅下达的目标任务。

（六）森林防火工作

全市森林防火工作严格执行行政首长负责制，市、县、乡三级政府自上而下层层签订《森林防火目标管理责任书》，实行市领导包县（区）、县（区）领导包乡（镇）、乡（镇）领导包村、村干部包山头地块的分片包干责任制。全年组织各级指挥部成员到责任区检查工作 200 多人次，填写《检查工作记录卡》200 多份，发放《火险隐患限期整改通知书》近 100 份；全面落实预防、扑救各项措施，坚决消除各类森林火灾隐患；通过新闻媒体和组织知识竞赛、交流展示会等活动进行广泛宣传，进一步提高了广大干群的森林防火意识，较好地完成了森林防火各项管理任务。全市全年森林火灾受害率 0.18‰，远低于省定 1‰ 的控制目标，无人员伤亡和重、特大森林火灾事故发生。

（七）科教兴林工作

全市完成主要造林树种育苗 2.54 万亩,新园林绿化苗木 0.9 万亩。经过省林业厅及省经济林和林木种苗工作站组织的专家评审，正阳、泌阳、上蔡、遂平、确山等 7 个县的 15 家单位和个人与省经济林和林木种苗工作站签订了优质种苗培育协议书，培育树种十余种，培育苗木 190.24 万株，扶持资金 38.856 万元。开展了良种申报工作，组织申报了红云紫薇、红伞寿星桃两个林木良种，并通过省专家组现场考察鉴定，为全市的林木良种增添了新的品种。重点推广了速生杨、薄壳核桃、楸树、大枣、杏李、桃、板栗、石榴等林木新品种 13 个。工程造林良种使用率达到 90% 以上，推广应用林业新技术 7 项；建立了汝南县天中山生态园、林木良种试验和示范园区，提高供种率和良种使用率；组织制定了"杨树速生丰产林栽培管理技术规程"和"火炬松育苗技术规程"，积极开展科普宣传和组织科技人员送科技下乡活动。积极推进林业标准站建设工作，组织技术人员编制了 2010～2012 全市林业标准站建设规划。成功申请西平的出山乡、确山的石滚河乡、遂平的嵖岈山乡、汝南的老君庙乡，为国家扶持的林业标准站建设单位。

（八）林业产业

全市共争取各类林业资金 7 834.19 万元，结合驻马店实际研究编制了《驻马店市特色经济林产业发展规划（2011～2020 年)》和《驻马店市花卉产业专题调研报告》，对未来 20 年的经济林发展作出了具体规划。2010 年全市经济林总面积 50.38 万亩，总产量 3.9 亿公斤，产值 3.8 亿元；花卉种植面积 10.53 万亩，150 多个种类 1 000 多个品种，年产苗木 4 688.4 万株,年销售额 3.75 亿元；有 88 家花卉企业，其中大中型企业就有 38 家，建立了遂平县玉山镇名品花木园艺场、上蔡县花木场、上蔡县森光花木有限公司、平舆县俊龙园林工程有限公司、平舆县阳光花卉公司、确山县残联苗圃花木公司等龙头企业。依托丰富的森林和湿地资源，初步建立了以森林公园和自然保护区生态旅游区为主体的森林生态旅游体系，年接待游客 220 万人次，直接收入达 8 500 多万元，创产值 1.67 亿元。全市实现林业产业总产值 31.47 亿元，比 2009 年增长 16.9%，较好地完成了省林业厅下达给驻马店市的目标产值任务。

（九）信访案件查办工作

全市林业系统认真查办各类涉林信访案（事）件，确保了林业安全稳定。对来信来访的群众，除做好耐心解释工作外，做到热情服务、文明接访，耐心答疑、满意解惑，切实为老百姓排忧解难，使前来反映问题的群众普遍感到满意，取得了良好的社会效果。2010 年上级批转的驻马店市 6 起重点信访案件，市森林公安局和市林业局资源林政管理科的人员采取包案责任制、限期办结制，加大了工作力度，成立 2 个督办组进驻有关乡（镇），实地查看现场，走访询问当事人，与信访人面对面交流，了解其诉求。做到了事事有回访，件件有回音。

二、纪实

市政府召开冬春植树造林现场会　1 月 13 日，市政府在上蔡县召开冬春植树造林现场会，各县（区）分管副县长、林业局局长参加了会议。市政府陈星副市长出席了会议。

组织开展种质资源调查　2 月，市林业局组织技术人员在确山县、泌阳县开展了木本燃料（栎类、竹类、仁用杏）种质资源调查。

编制上报农业综合开发林业生态示范项目实施计划　3 月 11 日，驻马店市林业局按照河南省林业厅、财政厅《关于编报 2010 年农业综合开发林业生态示范项目和名优经济林花卉示范项目实施计划的通知》（豫林计[2010]62 号）要求，认真调查，科学规划，编制并上报了《遂平县 2010 年度农业综合开发林业生态示范项目实施计划》、《平舆县 2010 年度农业综合开发林业生态示范项目实施计划》。该项目计划营造林业生态示范林 1.1 万亩，总投资 330.4 万元，全部为人工造林。

开展义务植树活动　3 月 12 日，驻马店市四大班子领导和确山县军民 1 万余人在确山县贯山参加义务植树活动。市委杨喜廷副书记在植树间隙，询问了驻马店的幼树产权及管护问题，要求各县（区）加大林权制度改革力度，采取承包、拍卖、租赁等多种形式，植树造林，绿化天中。

督导检查退耕还林工作　3 月 22 日，市林业局组织有关技术人员到泌阳、确山等县督导检查退耕还林工作。

市政府下发《驻马店市人民政府关于进一步加强森林资源管理的意见》　3 月 31 日，市政府下发《驻马店市人民政府关于进一步加强森林资源管理的意见》（驻政[2010]36 号），对加强森林资源管理提出七项具体要求：一是充分认识进一步加强森林资源管理工作的重要意义；二是完善管理制度，切实履行保护和发展森林资源的责任；三是加强林木采伐源头管理，严格执行森林采伐限额管理制度；四是进一步强化林地保护管理，严格执行征占用林地管理的各项规定；五是加大对木竹经营加工、运输的管理力度，依法规范经营行为；六是规范林权流转程序，切实保护林权权利人的合法权益；七是加强执法队伍建设，提高林业执法水平。

市林业局组织开展"春季行动"　4 月 1 日～6 月 30 日，驻马店市林业局在全市范围内组织开展了严厉打击破坏森林资源违法犯罪专项行动，代号为"春季行动"。此次行动，全市森林公安机关共办理涉林案件 300 起，其中刑事案件 28 起、林业行政案件 268 起、治安案件 4 起，抓获违法犯罪嫌疑人 306 人，其中刑事拘留 14 人、批准逮捕 6 人，起诉（含直诉）4 人，治安拘留 1 人，林业行政处罚 281 人。

驻马店市林业有害生物趋势预测信息在驻马店电视台播出　4 月 9 日，驻马店市林业有害生物趋势预测信息在驻马店电视台天气预报栏目播出，主持人全文播报了预测内容。

召开全市林业科技工作会议　4 月 19 日，市林业局组织召开 2010 年全市林业科技工作会议。各县（区）林业局分管副局长、林业工作站站长参加了会议。市林业局总工程师刘国安出席会议并作了重要讲话。

组织开展栎尺蠖调查工作　4 月 19 日，市森林病虫害防治检疫站站长石湘云一行 3 人赴确山县竹沟镇、蚁蜂镇调查栎尺蠖发生情况。

省种苗站领导检查组检查驻马店市林木种苗工作　4 月 21~24 日，省经济林和林木种苗工作站组织人员对驻马店市林木种苗工作进行检查。检察人员先后深入确山县、遂平县、泌阳县、上蔡县对 2010 年度林业育苗种苗质量、种质资源项目等工作进行了检查。

开展"爱鸟周"宣传活动　4 月 21~27 日，市林业局在驻马店世纪广场组织开展了以"科学爱鸟护鸟，保护生物多样性"为主题的"爱鸟周"宣传活动。

省林业厅检查组莅临驻马店市检查退耕还林工作　4 月 26~30 日，省林业厅检查组对驻马店市泌阳、确山、遂平、西平等县 2009 年度退耕还林任务完成情况和 2006 年度荒山造林保存情况进行了核查。

市林业局组织开展集中清理整治非法征占用林地工作　5 月上旬，市林业局组织全市开展集中清理整治非法征占用林地工作正式开展。至 2010 年底，全市清理整治非法征占用林地案件 73 起，规范管理征占用林地 41 宗，面积 2 347 亩，收缴森林植被恢复费 623 万元。

市林业局组织技术人员参加驻马店市第十届科技活动周　5 月 14~15 日，市林业局组织技术人员参加了市委宣传部、科技局、科学技术协会组织的驻马店市第十届科技活动周活动。活动期间，市林业局设立技术咨询服务台 2 个，展示科普宣传版面 7 块，发放有关科技宣传资料 1 000 多份，并委派 2 名科技特派员，深入到确山县竹沟镇肖庄村新西兰红李种植现场进行技术指导。

省林业技术推广站领导检查驻马店林业工作站建设情况　5 月 17~18 日，省林业技术推广站领导一行 3 人深入驻马店西平县出山乡、确山县石滚河乡，检查基层林业工作站建设情况。

举办林木种苗检验员培训班　5 月 19~21 日，驻马店市林业局举办全市林木种苗检验员培训班，邀请省经济林和林木种苗工作站李冰、高福玲两位专家在驻马店天中商务宾馆对全市 50 多名林木种苗检验员进行了培训。

飞机喷药防治杨树食叶害虫　6 月 23 日~7 月 2 日，驻马店市组织开展了大面积飞机喷药防治杨树食叶害虫，共计飞行 110 个架次，作业面积 6.6 万亩。

市政府在泌阳县召开全市集体林权制度改革现场会　7 月 14 日，市政府在泌阳县召开全市集体林权制度改革现场会。会议传达了 7 月 9 日全省林权制度改革现场会议精神，对林权制度改革开展以来全市的林权制度改革工作情况进行了总结，并结合全省集体林权制度改革工作现场会议精神对下步林权制度改革工作进行了安排部署。

市林业局在驻马店电视台紧急发布杨树食叶害虫预警信息 7月15日，驻马店市林业局在市电视台天气预报栏目紧急发布杨树食叶害虫预警信息，提醒各地做好监测工作，把握有利时机，全力做好未防区域的防治工作，严防杨树食叶害虫大面积暴发。

国家林业局华东林业调查规划设计院副处长朱磊莅临驻马店检查指导工作 7月15~28日，国家林业局华东林业调查规划设计院副处长朱磊一行深入到驻马店正阳县、确山县、泌阳县对2002年度退耕还林进行了阶段验收，对平舆县2009年度造林实绩进行了核查。

召开全市杨树食叶害虫防治工作紧急会议 7月28日，驻马店市林业局召开全市杨树食叶害虫防治工作紧急会议。各县（区）分管林业有害生物防治工作的副局长、森林病虫害防治检疫站站长参加了会议。会上，传达了全省杨树食叶害虫灾情分析及防控工作会议精神，对当前驻马店市杨树食叶害虫发生情况、各地信息上报、防治工作进展情况等进行了通报，对当前及今后一个时期的防治工作、村级森林病虫害防治检疫员培训工作、美国白蛾及松材线虫病普查工作等作了重点安排部署。市林业局杨瑞超副局长出席会议并作重要讲话。

举办森林防火工作会议暨扑火指挥员培训班 9月1日，驻马店市举办森林防火工作会议暨扑火指挥员培训班。通过培训教育，切实提高了全市扑火指挥员的业务素质和工作水平。

开展秋季松材线虫病的普查工作 9月13日~10月12日，市林业局组织技术人员深入到泌阳、确山、驿城区、遂平、西平5县（区）开展了秋季松材线虫病的普查工作。

省政府林业生态县验收组莅临驻马店 10月10~20日，省政府林业生态县验收组莅临驻马店，深入驿城区、西平县、平舆县、新蔡县4县进行林业生态县验收。

召开全市集体林权制度改革档案管理工作会议 10月22日，驻马店市档案局、驻马店市林业局联合召开全市集体林权制度改革档案管理工作会。会议传达了全省林权制度改革档案管理工作会议精神，讲解了林权制度改革档案建设的标准和要求，并对全市集体林权制度改革档案管理工作进行了安排部署。

省厅林权制度改革督导组莅临驻马店 10月23日，以省厅宋全胜局长为组长的林权制度改革督导组到驻马店市开展集体林权制度改革调研督导工作。

省厅林权制度改革督导调研组莅临驻马店市开展集体林权制度改革调研督导工作 10月22~27日，以省林业厅森林公安局局长宋全胜为组长的林权制度改革督导调研组到驻马店市开展集体林权制度改革调研督导工作。督导调研组成员在听取市林权制度改革工作汇报后，深入确山县的石滚河镇、任店镇和泌阳县铜山乡、下碑寺乡对林权制度改革工作进行了实地走访调研。

省林业调查规划院检查组莅临驻马店检查优质苗木扶持项目 10月28日~11月3日，省林业调查规划院检查组深入驻马店确山、上蔡、遂平、泌阳等县，对优质苗木扶持项目进行复查。

市政府召开全市森林防火工作电视电话会议 10月28日，驻马店市人民政府召开全市森林防火工作电视电话会议。会议由市政府护林防火指挥部副指挥长、市政府副秘书长黄卫华主持，市政府副市长卢奎，市护林防火指挥部副指挥长、市林业局局长蒋金玉出席会议并作重要讲话。

汝南县举行森林消防队伍岗位技术比武和综合实战演练活动 10月29日，汝南县在宿鸭湖湿地林区举行森林消防队伍岗位技术比武和综合实战演练活动。市政府护林防火指挥部副指挥长、市林业局局长蒋金玉，市政府护林防火指挥部办公室主任、市林业局副处级调研员陈卫波，市政府护林防火指挥部办公室副主任、市森林护林防火办公室主任耿红敏一行三人在该县副县长魏国民的陪同下进行了现场观摩。

省林业厅退耕还林和天然林工程保护管理中心领导莅临驻马店检查指导工作　11月4日，省林业厅退耕还林和天然林保护工程管理中心领导深入驻马店泌阳、确山、正阳、遂平4县，对2003年度到期的退耕还林工程进行复查验收。

确山县举办森林防火安全暨森林防火条例培训班　11月11~12日，确山县在国有薄山林场举办了主题为"森林防火法律责任和防火安全"的森林防火安全暨《中华人民共和国森林防火条例》培训班。培训期间向学员发放了500多本《中华人民共和国森林防火条例》小册子，组织学员现场观摩了新式扑火设备的演练。

省森林病虫害防治检疫站考核驻马店有害生物目标贯彻落实情况　11月17~19日，省森林病虫害防治检疫站副站长张松山一行4人莅临驻马店，对驻马店市林业有害生物目标贯彻落实情况进行了考核。

召开全市林业产业工作座谈会议　11月23日，市林业局组织召开全市林业产业工作座谈会议。各县（区）林业局主管林业产业工作的负责人参加了会议，市林业局党组成员、副局长杨瑞超出席会议并作重要讲话。

市政府下发关于开展林业生态乡（镇）创建活动的通知　12月1日，驻马店市政府下发《驻马店市人民政府关于开展林业生态乡（镇）创建活动的通知》（驻政〔2010〕143号），要求到2013年底前，全市所有乡（镇）达到林业生态乡（镇）建设标准。

开展普法宣传日宣传活动　12月4日，市林业局组织开展普法宣传日宣传活动，重点宣传《中华人民共和国森林法》、《中华人民共和国森林法实施条例》、《中华人民共和国野生动物保护法》等林业法律法规，进一步提高了人民群众的生态环境保护意识。

驻马店市政府召开全市冬季造林现场会　12月8日，驻马店市政府在上蔡县召开全市冬季造林现场会，各县（区）委副书记、副县长、林业局长参加了会议。市委副书记杨喜廷、市政府副市长陈星出席会议并作重要讲话。

南阳市

一、概述

2010 年，南阳林业工作以党的十七大和十七届五中全会精神为指导，以"四个带动"统揽林业工作全局，突出抓好林业生态建设和集体林权制度改革工作，不断加大科技和资金投入，加快林业产业发展，加强森林资源管护，全市林业建设有力有效推进。2010 年，共完成大面积造林 83.7 万亩，完成森林抚育和改造 5.1 万亩，完成 675 个林业生态村绿化任务。高标准完成环城高速和兰湖森林公园造林 2.85 万亩，城区造林绿化实现新突破。全市参加义务植树 568 万人次，植树 1 550 万株。全市集体林权制度改革明晰产权 1 458 万亩，登记输机 1 432.5 万亩，发放林权证 15.23 万本，面积 1 195.5 万亩。完成 95%以上主体改革目标，实现改革任务大头落地。方城县、社旗县达到林业生态县建设标准。全市新发展速丰林 26.1 万亩，名优经济林 15.6 万亩，苗木花卉 6.3 万亩。全市林业产值达到 81.76 亿元。全市林木凭证采伐率、办证合格率均达到 100%，征占用林地审核率达到 93%，森林火灾受害率控制在 0.4‰，林木病虫害成灾率控制在 3.6‰。全市没有发生大的毁林、乱占林地、破坏野生动植物资源案件，没有发生重大森林火灾和林木病虫害，森林资源得到有效保护，林业生态建设成果得到进一步巩固和加强。

（一）林业生态建设

全市以林业生态大市建设为目标，围绕"绿色农运"，突出建设重点，推动整体造林绿化工作开展。全年共完成造林 83.7 万亩，其中省重点工程造林 64.65 万亩，一般造林 19.05 万亩。市委、市政府明确各级党政一把手是林业生态建设第一责任人，分管领导是主要责任人。市政府与各县（市、区）政府签订林业生态建设和森林防火目标责任书，强化目标管理，严格考核奖惩。对完成林业生态县创建任务的县授予"全市林业生态建设先进县"荣誉称号。环城高速绿化采取政府统一规划，多元化投资造林，对营造森林组团 500 亩以上的投资者，政府给予一定的土地开发权。据统计，全年完成非公有制造林 52.5 万亩，吸引社会资金 1.23 亿元。市财政投入环城高速绿化和兰营水库生态防护林工程资金 2 600 万元。对林业生态建设采取现场观摩、专项督查等形式，加大督导力度。

2010年，全市组织开展3次造林绿化观摩，3次集体林权制度改革督查，每次督查都排出名次，通报全市。对环城高速绿化进行一日一通报，连续三次排名后三名的，追究乡（镇）主要领导和分管领导的责任。

（二）集体林权制度改革

市委、市政府把集体林权制度改革作为推进"三农"工作和新农村建设的大事来抓，采取听取汇报、召开会议等形式，对集体林权制度改革工作进行安排部署。市委宣传部召开由6家新闻媒体负责人参加的林权制度改革宣传座谈会，组织资深记者分赴全市进行采访，持续宣传报道。利用市电台"行风热线"、南阳网"给书记市长说说心里话"、南阳林业网"局长信箱"等栏目，解答林农提出的问题。市、县、乡、村四级成立集体林权制度改革领导小组，挑选专门人员充实队伍，强化技能培训。推行"四议两公开"工作法，严格按照集体林权制度改革"八步流程"，实行阳光操作，公开透明，群众对明晰产权的满意率达到90%以上。积极探索配套改革，组织人员赴先进省市考察学习经验，采取试点先行、以点带面的方法推动整体工作开展。内乡、桐柏、新野等县成立林业产权管理中心，制定配套改革措施。市、县林业、金融、财政等部门密切配合，全力支持林业抵押贷款工作。2010年，全市成立林业要素市场9个，专业合作组织137个，流转林地面积99.15万亩，林权抵押贷款6 490.5万元。市政府将林权制度改革工作纳入县（市、区）年度目标管理，成立督导组，对各县（市、区）林权制度改革工作进行督查指导。截至2010年底，全市集体林权制度改革明晰产权1 458万亩，登记输机1 432.5万亩；发放林权证15.23万本，面积1 195.5万亩。完成95%以上主体改革目标，实现改革任务大头落地。10月10日，内乡县作为全省仅有的3个典型县之一参加了在北京人民大会堂召开的全国集体林权制度改革工作百县经验交流会。

（三）科技兴林

2010年，争取到《红豆杉等野生珍稀植物保护与开发利用研究项目》、《水蜜桃示范林基地建设项目》等7个项目课题，组织申报《卧龙区无公害薄壳核桃示范基地建设项目》等6个科技项目。积极组织开展送科技下乡活动，全市组织林业专家和技术人员700多人次，举办培训班和技术讲座170场次，培训林农21万人次，服务咨询群众4.6万余人次，发放科普资料及图书1.86万份。组织参加全省生态文明建设理论征文与实践研讨会，获得一等奖2名、二等奖4名；组织科技人员编制了《"十二五"现代林业发展规划》、《苗木花卉发展规划》、《环城高速绿化实施方案》等20余项。完成了《楸树埋根育苗技术规程》省级地方林业标准的制定。

（四）林业产业

全市各地突出特色，调整结构，促进林业产业持续发展。新发展以薄壳核桃、桃为主的经济林15.6万亩，以107、108杨树为主的用材林26.1万亩，一批具有地域特色的林果基地得到进一步巩固和提高。全市新发展苗木花卉6.3万亩，种苗花卉面积达到69万亩。第一产业产值达到58.68亿元。2010年，全市共加工木材107.29万立方米，与2009年相比，增幅达97%，呈现出产销两旺的好局面。第二产业产值达到16.24亿元。各地依托森林资源优势，大力发展森林旅游业，2010年森林旅游收入5.38亿元。第三产业产值达到6.84亿元。

（五）资源管护

继续坚持实行限额采伐，严格凭证采伐、凭证运输、凭证经营加工制度，严把木材源头关、流通关，规范木材采伐运输经营加工行为。全市清理征占用林地423起、面积11.4万亩，审核上报征占用林地48起、面积3.21万亩，征缴森林植被恢复费1 114.89万元。组织开展"春季严打整治专项行动"、"严厉打击破坏森林资源违法犯罪专项行动"等，重点督办大案要案。2010年，全市共查处各类林业案件2 560起，刑事拘留102人，逮捕69人。认真落实森林防火行政首长负责制，出台《森林防火责任制追究办法》，抓好春节、元旦、清明节、重点风景名胜区等重点时段、重要部位的森林防火工作，全市森林火灾发生的次数和面积较上年有大幅下降。抓好林业有害生物防治工作，加大预测预报和防治力度，防止外来有害生物入侵。全市有效防治林木病虫害9.6万公顷，做到有害不成灾。搞好野生动物繁育和经营单位的管理，抓好野生动物疫源疫病监测工作，加强自然保护区管理和基础设施项目建设，提高保护和建设水平。抓好在建国家、省重点公益林项目方案的编报工作，搞好补偿资金的使用和管理。经过争取，丹江库区涉及三县一市的生态林纳入全国天然林保护工程范围。

二、纪实

市委、市政府召开高速通道绿化观摩督查现场会议　1月15日，市委、市政府召开全市高速通道绿化观摩督查现场会议。观摩督查活动由副市长姚龙其、市政协副主席贺国勤带队，各县（市、区）分管林业工作的副县（市、区）长、林业局局长，市高速公路建设指挥部、市电业局、市高速交警支队负责人参加。与会人员实地观摩了唐河县、内乡县、西峡县高速公路通道绿化情况。

市长穆为民检查指导市中心城区环城高速绿化工作　1月19日，市长穆为民、副市长姚龙其带领卧龙、宛城、镇平等区县党委、政府主管领导、分管领导以及林业、财政、规划等部门负责人，对市中心城区环城高速绿化情况进行了检查。

市政府召开造林绿化观摩督查会议　1月25～26日、4月7～8日，市政府召开全市造林绿化观摩督查会议，各县（市、区）党委、政府分管领导、林业局局长、市直有关单位分管领导参加观摩。与会人员分别实地观摩了各县（市、区）造林绿化现场，并进行评比打分，结果在观摩总结会上予以通报。

市政府召开环城高速绿化现场会议　3月9日，市政府召开环城高速绿化现场会议。参加会议的有宛城、卧龙、高新、镇平三区一县分管林业工作的副书记、副县（区）长（主任）、林业局局长，高速沿线各乡（镇、办事处）党委书记。副市长姚龙其出席会议并作重要讲话。与会人员实地观摩了三区一县高速沿线12个乡（镇、办事处、产业区）的植树造林现场，听取了各县、区分管领导的汇报发言。

市政府召开次造林绿化观摩督查会议　4月7～8日，全市再次召开造林绿化观摩督查会议，组织各县（市、区）党委、政府分管领导、林业局局长、市直有关单位分管领导实地观摩各县（市、区）的造林绿化现场，并进行评比打分。

邓州市、南阳师范学院荣获"全国绿化模范单位"荣誉称号　4月11日，全国绿化委员会下发《关于表彰全国绿化模范单位的决定》（全绿字[2010]3 号），对在国土绿化、改善生态事业中作出突出贡献的全国 21 个城市（区）、89 个县（市）和 225 个单位予以表彰，邓州市和南阳师范学院荣获"全国绿化模范单位"荣誉称号。

南阳市举办第一届月季文化节　5 月 15 日，中国月季之乡·第一届月季文化节在南阳市隆重举办。中国月季协会会长张佐双、北京园林局副局长王振江、国家林业局南方林木中心主任高捍东、河南省旅游局副局长倪豫州，南阳市委副书记贾崇兰、正市级干部郭庆之、市长助理田向和、著名作家二月河、市林业局局长宋运中、党组书记张荣山及卧龙区委书记王吉波、常务副区长罗岩涛等出席开幕式。文化节以月季观光为主题，举办优秀月季品种展示、民俗文化表演、摄影书画展、月季发展研讨会等，成为招商引资、招才引智、招团引游的平台。

刘满仓副省长考察南阳月季产业　7 月 14 日，副省长刘满仓、省林业厅副厅长丁荣耀在市长穆为民、副市长姚龙其、市林业局局长宋运中等领导的陪同下，莅临卧龙区石桥镇考察月季产业。

南阳市召开市林学会换届暨第二届理事会代表大会　7 月 17 日，南阳市召开林学会换届暨第二届理事会代表大会，来自全市林业系统的基层部分主要领导、分管领导、林业科研、教学、生产一线的科技工作者、林业企业代表和各相关协会的主要负责人共 70 名代表参加了会议。市政府副主席、市林学会第一届理事会理事长贺国勤，省林业厅科技处处长、省林学会秘书长罗襄生，市科学技术协会副主席严硕、市民政局民间组织管理局副局长张兴出席了会议。会议审议通过了《南阳市林学会第一届理事会工作报告》、《南阳市林学会章程（征求意见稿)》，选举产生了第二届理事会理事、常务理事、理事长、副理事长、秘书长。

全省林业生态效益新闻发布会在桐柏县召开　7 月 30 日，省政府在桐柏县召开全省林业生态效益新闻发布会。省长助理何东成、省林业厅厅长王照平、省对外宣传办公室副主任张宝栓、中国林业科学研究院森林生态环境与保护所首席专家王兵、省农业科学院植物营养与环境研究所所长张玉亭、河南农业大学资源与环境学院院长杨喜田、省林业科学研究院院长朱延林、市林业局局长宋运中等领导出席了新闻发布会。《人民日报》、《中国日报》、新华社河南分社、中央人民广播电台、香港《文汇报》、《中国绿色时报》、香港《大公报》等国内 30 多家新闻媒体 40 多名记者参加了新闻发布会。

国家林业局调研南阳市长淮防工程建设　8 月 31 日～9 月 2 日，国家林业局规划设计院副院长赵中南一行 3 人在省林业厅副巡视员万运龙、造林绿化管理处副处长姚国明和市林业局副局长刘化忠等的陪同下，对淅川、桐柏两县长淮防工程建设情况进行调研。

内乡县参加全国集体林权制度改革百县经验交流会　10 月 10 日，全国集体林权制度改革百县经验交流会在北京召开，内乡县作为全国集体林权制度改革百县之一，参加会议并在会上交流经验和做法。

市委、市政府召开集体林权制度改革工作现场会　10 月 13 日，市委、市政府在内乡县召开全市集体林权制度改革工作现场会，贯彻落实省政府集体林权制度改革现场会议、林业厅集体林权制度改革专题宣传电视电话会议和档案管理工作会议精神，安排部署下一步林权制度改革重点工作。市委副书记贾崇兰、副市长姚龙其出席会议。县（市、区）分管林业工作的副书记、副县长、林业局长和市政府8个林权制度改革专项督察组成员共计80余人参加会议。与会人员参观了内乡县林业产权管理中心，听取了内乡、邓州、淅川、西峡四县市集体林权制度改革典型发言。市委副书记贾崇兰全面总结了2009年以来全市集体林权制度改革工作开展情况，并就下一阶段工作进行安排部署。

宛西制药荣获"全国生态文化示范企业"荣誉称号　10月16日，国家林业局、中国生态文化协会举行"全国生态文化示范企业"授牌仪式，南阳市宛西制药荣获"全国生态文化示范企业"荣誉称号。

南阳市19家企业被授予第一批省级林业产业化龙头企业　10月28日，省林业厅组织评定的第一批省级林业产业化重点龙头产业名单中，南阳市19家企业名列其中，分别是：河南宛西制药股份有限公司、南阳泰瑞生物制品有限公司、河南福森药业有限公司、河南省南召县华龙辛夷有限公司、镇平县贾宋镇群星园艺有限公司、镇平县艺苑苗木专业合作社、南阳月季基地、南阳卧龙区石桥月季合作社、南阳豫花园实业有限公司、南阳文鲜月季科普基地、宛城区黄台岗镇众森林业种植合作社、南阳市宛城区卉森花木基地、新野县津绿林果专业合作社、桐柏山野茶开发有限公司、河南淮源酒业有限公司、河南益嘉林业发展有限公司、邓州益嘉地板有限公司、邓州赛博板业有限公司、邓州市新艺木业有限公司，占全省145家的13.1%。

全省林业产业现场观摩会在西峡县召开　11月1~5日，全省林业产业现场观摩会在西峡县召开。省林业厅厅长王照平、市政府副市长姚龙其参加了会议。与会人员观摩了邓州市、镇平县、西峡县林业产业现场，西峡县、邓州市代表南阳市作了典型发言，大会对全省首批认定的145家林业产业化重点龙头企业进行授牌。

市政府召开环城高速造林绿化动员大会　12月6日，市政府召开环城高速造林绿化动员大会，卧龙、宛城、镇平、高新三区一县政府（管委会）分管领导、林业局局长、副局长，沿线13个乡（镇、办事处）主要领导、分管领导参加了会议。副市长姚龙其出席会议并讲话。要求沿线乡（镇）迅速掀起环城高速造林绿化高潮，坚持挖大穴、栽大苗、浇大水，提高造林成效，确保春节前完成植树造林任务，农运会之前形成森林景观。

市委、市政府召开林业工作会议　12月23日，市委、市政府召开全市林业工作会议，总结2010年全市林业工作，安排2011年全市林业工作，动员全市各地，立即组织开展整地造林活动，迅速掀起植树造林高潮，加强冬季森林防火和资源管护工作，大力推进林业生态建设，为"十二五"林业发展开好头、起好步。各县（市、区）党委和政府的分管领导、林业局局长、林业生态建设先进乡（镇）负责人以及绿化委员会和护林防火指挥部成员单位负责人参加了会议。市人大副主任谢先锋、副市长姚龙其、市政协副主席贺国勤等领导出席了会议。会上，市政府与各县（市、区）签订了2011年度森林防火目标责任书，明确了2011年林业生态建设和改革发展的目标任务。

信阳市

一、概述

2010 年，在市委、市政府的坚强领导和省林业厅的大力指导下，全市林业系统紧紧抓住中央和省委、市委林业工作会议相继召开、市委市政府关于加快林业改革发展文件出台的历史机遇，把林业建设融入全市经济社会发展全局，坚定信心，迎难而上，抢抓机遇，开拓进取，圆满完成了年度各项目标任务，林业改革发展取得明显成效。在省林业厅对省辖市林业局的考核中，信阳市林业局被评为年度目标管理优秀单位。

(一) 强化资源培育，城乡绿化水平进一步提高

全年共完成造林 43.5 万亩，是目标任务 41.6 万亩的 104.6%；完成中幼林抚育和改造 3.73 万亩，是目标任务 3.57 万亩的 104.4%。义务植树参加人数 450 万人次，义务植树 1 755.8 万株。完成村镇绿化 2.7 万亩，惠及 89 个乡（镇）、668 个行政村。林木良种工作得到加强，完成大田育苗 3.8 万亩。生态县建设继续推进，完成了固始县、光山县的生态县达标任务。

(二) 加快林权改革，林业发展活力进一步增强

集体林权制度主体改革取得重大进展。全市 10 个县（区）基本完成明晰产权任务，确权到户林地 855.2 万亩，占全市 870.1 万亩集体林地总面积的 98.28%。已完成发证 791.07 万亩，占总面积的 90.9%。集体林权制度配套改革深入推进。全市 10 个县（区）均建立了由林权评估、林权交易、林权储备、林权资本化运作"四合一"的林权管理服务中心，为林农和企业提供"一站式"服务。7 月 9 日，省集体林权制度改革现场会在信阳市召开。刘满仓副省长等领导对信阳市在林权制度改革中落实"以分为主"的政策和把主体改革同配套改革同步推进的做法给予了充分肯定。

(三) 严格资源保护，依法治林工作进一步推进

严格执行森林采伐限额管理。全市实际批准采伐 16.38 万立方米，未出现各种类型采伐指标突破的现象。全市林木凭证采伐率、办证合格率均在 98%以上。共审核上报征占用林地 63 起，占用林地 3 927 亩，征占用林地审核率达到 100%。严肃查处违法案件，林业执法工作进一步加强。

全市共发生林业行政案件 552 起，查处 548 起，查处率为 99.28%。各级森林公安机关先后开展了"春季行动"、"严厉打击破坏森林和野生动物资源违法犯罪专项行动"等一系列专项行动，全年共立森林刑事案件 73 起，破案 51 起，抓获作案成员 85 人。全年共受理野生动物行政案件 30 起，查处 21 起，处罚 29 人，收缴野生动物 23 000 余只。市森林公安局侦查办案工作被省森林公安局通令嘉奖，"4·28"专案组被国家森林公安局授予集体二等功，"5·13"专案组被省森林公安局授予集体三等功。森林火灾得到有效防范。2010 年信阳市共发生森林火灾 176 起，其中一般火灾 129 起，较大火灾 47 起，火场总面积 2 891.7 亩，受害森林面积 1 428 亩，森林受害率在 1‰ 以内，没有发生重大森林火灾和人员伤亡事件。林业有害生物防治得到有效控制。2010 年，全市各类病虫害成灾面积 2.7 万亩，成灾率 3.2‰，无公害防治面积 46.9 万亩，无公害防治率为 89.25%，病虫害测报准确率为 92.9%，种苗产地检疫率达到 96.78%，四项指标均达到省林业厅的任务要求。积极开展松材线虫病的除治工作，全年采伐疫木共计 12.9 万株，除治面积 4.4 万亩。全年防治杨树食叶害虫 23.38 万亩。灾情处置能力不断加强。生物多样性保护成效明显，朱鹮等濒危野生动物繁育种群持续扩大，原生珍稀植物物种的保育有序进行，野生动物救护工作得到不断加强。经过积极争取，多方协调，市政府出台了《信阳市湿地资源保护管理规定》，把湿地保护纳入法制轨道。

（四）做强林业产业，兴林富民作用进一步显现

全市林业产业呈现一产稳定增长、二产比例增加、三产快速上升的态势。全市 2010 年完成林业总产值 90.5 亿元，与 2009 年的 70.1 亿元相比，增长 29.1%。其中第一产业产值 60.6 亿元，第二产业产值 25.8 亿元，第三产业产值 4.1 亿元。以林业基地建设为主的林业第一产业稳步发展，以林副产品加工为主的林业第二产业不断发展壮大，亮点不断增多，依托林业资源开展社会服务的林业第三产业有了更深层次的外延和拓展。花卉苗木面积由 36.5 万亩发展到 41.5 万亩，实现年产值 20.75 亿元。2010 年，除了开展传统的森林旅游与休闲服务，以自然保护、城市林业管理为主的林业生态服务也得到了长足发展。龙头企业逐步壮大，林产品质量继续提高，产业化经营势头良好，产业带动能力持续增强。在河南省第一批省级林业产业化重点龙头企业评定中，信阳市五云茶业集团等 20 家企业光荣上榜，占全省 145 家的近 1/7。

（五）狠抓基础工作，支撑保障能力进一步巩固

一是计划项目工作成绩突出。通过积极争取，中央和省安排信阳市各项林业项目和专项资金 3.21 亿元，同比增长 25.9%；安排并落实林业贴息贷款 1.3 亿元，同比增加 223%。林业统计工作被省林业厅评为林业统计先进单位。二是林区民生工程和基础设施建设扎实推进。南湾、天目山和息县林场 3 个国有林场的危旧房改造工作有序进行，共计危旧房改造 390 户，总面积 3.6 万平方米，总投资 2 336 万元。完成新县连康山国家级自然保护区基础设施建设二期工程和鸡公山国家级自然保护区基础设施建设三期工程建设，工程总投资 860 万元。三是科技兴林能力增强。市林业科学研究所完成了麻栎薪炭林丰产林培育研究等 6 项课题的科研工作，申报科技项目 9 项，获批 7 项，鉴定 1 项，获奖 1 项。制定省级技术标准 1 项。在光山、商城等地建立了全国油茶北缘系统研究试验基地。与中国林业科学研究院亚林所等科研院所合作开展全国油茶主要良种区域化试验研究，参与组建"大别山森林生态与生物多样性"厅级重点实验室。市林业技术推广站积极推广新品种新技术，杞柳丰产栽培技术等一批新技术、突尼斯软籽石榴等一批新品种在信阳市得到推广应用。开展宣传科技宣传周活动 3 次、印发林业科普宣传资料、图片 1 万多份。举办各类技术培训班 5 次、培训林业技术人员 1 000 多人次。四是人才强林取得实效。紧紧围绕科教兴市、科技兴林，开展专业技术人员的继续教育工作，完成了 17 人的职称材料审查上报工作；完成了 22 名技工的技术等级晋升培训、考试工作。五是依法治林成效明显。林业系统"五五"普法目标任务全面完成。5 次组织参加省林业厅林业行政执法培训班，培训人员 109 名，对林业行政执法进行了专项监督检查。深化林业行政审批制度改革，对市级林业行政许可项目再次进行了清理，将 8 项行政许可项目调整到 5 项。六是机构队伍建设全面加强。护林防火指挥部办公室由机关内设科室调整为直属机构，局机关增设政策法规科，挂集体林权制度改革办公室牌子。完成了信阳市森林公安机构核定政法编制及 144 人员过渡交接工作，完成了市森林公安局 43 人的入编、公务员登记、工资调整等工作。

（六）注重作风建设，林业行业形象进一步提升

一是党建工作成效显著。认真开展了"四个重在"主题教育活动、《廉政准则》宣传教育活动和"创优争先"活动，一批先进集体和个人受到上级党委和政府的表彰和奖励。召开了市直林业系统第四次党代会，总结了上届党委的工作，选举产生了新的委员会。二是廉政建设得到加强。深入开展《廉政准则》教育，进一步健全预防腐败的制度和机制，狠抓了党风廉政建设责任制的落实，推进政风行风建设，为各项林业工作开展提供了有力保障。三是认真落实信访工作责任制。全年共接受群众来信来访和上级转办的信访件 26 起，已结办 24 起，正在查处 2 起。没有出现越级上访、重复上访和集体上访。四是大力开展信息化工程建设。开展森林资源数据库建设，视频会议系统建设，积极推动林业网站群建设，信阳林业信息网、信阳森林病虫害防治检疫信息网、信阳花木网、各县（区）林业局网站相继投入运行。五是林业宣传影响广泛。2010 年组织开展了第二十九届"爱鸟周"、第十四个"世界湿地日"、第十六个"野生动物保护宣传月"等一系列宣传活动。成功争取到将信阳市作为"生态中国行"大型公益活动的目的地，2010 年第一期体验行活动在信阳市进行。在林业厅、教育厅、团省委共同组织的河南省生态文明教育基地创建工作中，董寨国家级自然保护区入选首届 6 家"河南省生态文明教育基地"。围绕林业改革发展的中心工作，结合林业工作特点，多种形式阶段性地开展了森林防火、植树造林、集体林权制度改革、野生动物保护等宣传工作。六是机关事务管理和后勤服务保障水平不断提高。

二、纪实

省林业厅督察组来信阳督察指导森林防火工作　1 月 26 日，省林业厅资源林政管理处处长王学会一行来信阳市督察指导森林防火工作，市林业局副局长陈惠芬、市森林公安局局长袁祖海陪同检查。督察组听取了森林防火工作情况汇报，实地察看了信阳市森林防火各项措施落实情况，对信阳市森林防火工作给予了充分肯定，指出了存在的问题和整改的要求。

省通信管理局督察罗山、光山森林防火工作　1 月 29 日，省通信管理局常江副处长一行在市护林防火办公室负责人的陪同下，深入罗山县、光山县森林防火一线督察森林防火工作。在光山县，常江副处长分别听取了罗山、光山县森林防火工作情况汇报，认真了解了当地的防火责任落实、防火宣传教育、野外用火管理、扑火物资储备、森林防火值班等情况，随后实地察看了光山县森林防火物资储备情况和槐店乡森林防火措施落实情况。

信阳市林业生态建设现场会召开 2月25日，信阳市林业生态建设现场会召开。市长郭瑞民出席会议并强调，当前正值植树造林的关键时期，全市上下要抢抓有利时机，集中精力，抢天夺时，迅速掀起植树造林高潮，全力推进林业生态市建设，圆满完成全年林业生态建设各项任务，为建设生态文明、构建魅力信阳作出新的更大的贡献。市委副书记王道云就会议精神的贯彻落实及做好近期的森林防火工作提出了明确要求。市政府副市长张继敬部署了2010年的林业生态建设工作任务。各县（区）县（区）长、分管副县（区）长、林业局局长及市直有关部门负责人参加了会议。与会人员集体参观了浉河区董家河乡标准化林茶示范基地、平桥区碳汇林业示范基地和陆庙植物园，各县（区）递交了林业生态建设目标责任书。

中国绿化基金会组织专家对天目山旅游规划进行考察 4月7~9日，中国绿化基金会副秘书长沙涛一行5人组织北京达沃斯巅峰旅游规划设计院、北京光华卓策旅游规划设计院、上海奇创旅游景观设计有限公司12名旅游规划资深专家对天目山旅游开发进行了考察、规划和初步评审。考察组考察了天目沟、七岭沟、陈大沟和罗楼水库，并对进入景区道路、景区拟设大门进行了现场考察论证。4月9日下午，中绿基在龙潭大酒店召开了规划汇报会，3家旅游规划机构分别在会上汇报了"天目山旅游开发初步规划方案"。

信阳举行首届兰花展览会 4月9~11日，中国信阳首届兰花展览会在河南省信阳市平桥区国际会展中心举行，来自全国各省（区）、市及日本、韩国的1 000余盆兰花参展，评选出了特别金奖、金奖、银奖和铜奖。

国家林业局场圃总站领导视察新县油茶产业建设 4月15日，国家林业局场圃总站站长、油茶产业发展办公室常务副主任郝燕湘，国家林业局场圃总站副站长、油茶产业发展办公室副主任尹刚强等一行4人，在省林业厅经济林和林木种苗工作站站长裴海潮、副站长张超英以及信阳市林业局局长周克勤的陪同下，对新县油茶产业发展情况进行了视察。视察组一行察看新县羚羊山油茶良种繁育基地，并视察了陈店乡油茶新造林示范基地和浒湾乡野生油茶林基地，详细听取了新县油茶产业发展情况汇报。郝燕湘站长对新县油茶产业发展给予充分肯定。

信阳市第二十九届"爱鸟周"活动启动仪式在波尔登森林公园举行 4月16日，信阳市第二十九届"爱鸟周"宣传活动启动仪式在波尔登森林公园举行。信阳市正市级干部钟家智、副市长张继敬、市政协副主席赵主明等领导出席了启动仪式。鸡公山自然保护区波尔登杯生态摄影大赛组委会领导和评委，来自各界的摄影爱好者，各县（区）林业部门负责人以及李家寨小学学生代表参加了启动仪式。

"生态中国体验行"在我市圆满完成录制 5月11~16日，生态中国体验行节目组一行19人在信阳市圆满完成2010年第一期"生态中国体验行"公益节目录制任务。节目组一行先后到罗山县董寨国家级鸟类自然保护区拍摄寻找珍稀鸟类白冠长尾雉；到鸡公山国家级自然保护区长生谷拍摄测量负氧离子含量、在指定样地测算植被多样性；到南湾湖拍摄湖面划船，穿越密林，茶园采茶等镜头。此次室外拍摄由中央电视台全程跟踪负责。"生态中国体验行"大型公益活动是由全国绿化委员会、国家林业局、中国绿化基金会、中央电视台联合主办，由生态中国工作委员会具体执行的一项全国性大型公益活动，旨在通过"体验"的形式，让普通公众亲自参与到生态文明的建设当中，通过活动来传播生态知识，了解生态危机，展现山川秀美、物种多样。

信阳市政府出台林业生态建设奖励办法　5月19日，信阳市政府印发《信阳市林业生态建设评比奖励办法》（信政〔2010〕19号）。该办法明确将年度营造林任务和市县级示范村绿化、城市绿化、重点廊道绿化、义务植树基地、领导绿化示范点、低产林权制度改革示范点等6项重点工作作为评比内容。同时还明确了评比条件和评比办法。该办法规定：设置"年度林业生态建设优秀县（区）"奖，依次奖励综合得分前三名的县（区）60万元、50万元、40万元；设置"林业生态县达标县（区）"奖，凡通过省政府验收并公布为"河南省林业生态县"的县（区），一次性奖励15万元。对没有完成年度林业生态建设任务的县（区），全市通报批评。

国家林业局综合核查组莅临信阳检查指导工作　6月30日，根据国家林业局的统一部署，以国家林业局华东林业调查规划院副书记周琪为组长的全国营造林质量综合核查组一行12人，莅临信阳市固始县检查2009年度采伐限额和2009年以来的征占用林地情况。此次核查是国家林业局强化重点工程营造林质量管理与监督、促进营造林质量提高的一项重要措施，核查时间将持续15～20日。本次核查应用卫星图片判读和实地检查、档案核实三者结合的方法，核查范围包括整个固始县境内，核查的结果将由国家林业局以通报形式发布。

全市森林公安工作会议召开　7月2日，为贯彻落实全省森林公安工作会议精神，信阳市森林公安工作会议在龙潭宾馆三楼会议厅召开。市林业局周克勤局长、市公安局何祥松副局长、市森林公安局袁祖海局长出席会议并作重要讲话。息县森林公安分局和浉河森林公安分局作为典型代表在大会上发言，分别介绍了在森林公安机构改革、警车专项治理和查处大案要案工作上的经验。各县（区）林业局局长、公安局分管森林公安工作的副局长及森林公安局的负责人参加了会议。

全省集体林权制度改革现场会在信阳召开　7月9日，全省集体林权制度改革现场会在信阳市召开。省政府副省长刘满仓，国家林业局林权制度改革领导小组常务副组长黄建兴，国家林业局林权制度改革司司长张蕾，省林业厅厅长王照平，省政府副秘书长何平及市领导王铁、郭瑞民、张继敬等出席会议。郭瑞民市长代表信阳市委、市政府向会议的召开表示热烈祝贺，并介绍了信阳市林权制度改革工作经验。刘满仓副省长作重要讲话。黄建兴、张蕾对河南特别是信阳市在林权制度改革工作方面的先进经验给予了充分肯定，并就进一步做好集体林权制度改革提出了具体要求。王照平厅长通报了2009年以来全省贯彻落实中央和省委林业工作会议精神、推进林权制度改革工作情况，并就当前应着力抓好的重点工作进行了部署。

"森林溯源之旅"环保公益活动在信阳市举办　7月24日，由中国绿化基金会、利乐中国有限公司发起的"低碳 I DO 森林溯源之旅"环保公益活动在信阳市平桥区成功举办。中国绿化基金会副秘书长沙涛、利乐中国有限公司副总裁杨斌、市人大主任姚铁璜、市委组织部部长乔新江、市人大副主任尹保斌、市政府副市长张明春、市林业局局长周克勤、平桥区区长王继军、平桥区副区长朱延林等领导参加了活动。活动现场，沙涛、杨斌、姚铁璜、乔新江等领导为利乐荣誉柱揭牌并向在腾讯线上植树互动社区活动中胜出的5位网友颁发了证书。网友陈文文代表67万参与活动的网友宣读了环保宣言并向平桥区林业局递交了网友留言册。朱延林作了森林可持续经营讲座，为大家讲解了森林有关知识。最后，活动代表们乘车到天目山林区对千亩利乐生态林进行了抚育。

信阳市召开松材线虫病防治工作会议 8月5日，为及时传达落实全省松材线虫病防治工作会议精神，信阳市召开全市松材线虫病防治工作会议。会上，市林业局周克勤局长传达了省政府召开全省松材线虫病防治工作会议精神，并对近期松材线虫病防控工作进行了具体安排。张占科副秘书长代表市政府就下阶段做好松材线虫病防治工作提出四点要求。市政府还与8个有松林分布的县(区)政府签订了2010～2012年松材线虫病预防和防治目标责任书。

三个自然保护区通过国家级管理评估 8月13～15日，由环境保护部等7部门联合组织的评估组来到信阳市，对鸡公山、董寨和连康山三个国家级自然保护区开展评估工作。评估组由7部门推荐的专家以及受评估保护区省级行政主管部门的有关人员共同组成，负责河南评估工作的专家组由中国人与生物圈国家委员会秘书长、中国科学院水生生物研究所研究员王丁任组长。市林业局周克勤局长、熊林春科长陪同考察。评估组通过实地考察自然保护区主要保护对象变化、管护设施建设、资源开发利用状况，同保护区职工、社区群众代表及当地政府部门座谈交流，查阅文件资料，听取管理工作介绍和自评估报告等方式，在充分了解情况的基础上，依据《国家级自然保护区管理工作评估赋分表》集体打分，评估其管理水平，编写评估报告。最终，鸡公山国家级自然保护区和董寨国家级自然保护区被评估为优秀，连康山国家级自然保护区被评估为良好。

全市森林防火工作会议 8月17日，信阳市森林防火工作会议召开，各县(区)、管理区林业局主管副局长、护林防火指挥部办公室主任参加了会议。会议对2009年冬2010年春全市的森林防火工作作了全面总结，对下一步工作作了具体安排。浉河区、新县、商城县等三个单位分别就森林防火组织领导、防扑火措施、队伍建设、火案查处等方面作了典型经验发言；市林业局党组成员、森林公安局局长袁祖海作重要讲话，分析了当前森林防火工作面临的形势和任务，对今后的森林防火工作提出了明确的要求。

国家林业局科技司领导来信阳市调研油茶产业开发工作 10月25日，国家林业局科技司副司长杜继山，国家林业局科技司推广处处长田亚玲一行2人在省林业厅林业技术推广站站长孔维鹤、市林业局副局长张照喜的陪同下，来信阳市光山专题调研油茶产业开发工作。调研组一行先后深入到槐店乡万亩油茶基地、联兴油茶公司育苗基地，实地察看了基地科研项目油茶的长势情况和油茶苗生产情况，对今后的工作提出了指导性的意见和建议。

全市森林防火工作电视电话会议 10月28日，全省森林防火工作电视电话会议后，市政府立即召开了全市森林防火工作电视电话会议，对2010年冬2011年春森林防火工作作进一步的安排部署，要求深入贯彻全省森林防火工作电视电话会议和刘满仓副省长的讲话精神，紧急行动起来，努力夺取2010年冬2011年春森林防火工作的全面胜利。

全市林业有害生物防治工作会议 10月28日，市林业局在商城县召开了全市林业有害生物防治工作会议，总结近年来全市林业有害生物防治工作取得的成绩并查找存在的问题。市林业局张照喜副局长出席会议并讲话，商城县政府周天明副县长出席会议并致辞，商城县林业局局长、市森林病虫害防治检疫站领导班子、各县(区)林业局分管局长及森林病虫害防治检疫站站长参加了会议。

各县（区）森林病虫害防治检疫站汇报了 2010 年林业有害生物防治工作开展的情况、存在的问题及下一年工作的打算。市森林病虫害防治检疫站对全市 2010 年林业有害生物防治工作进行了总结，通报了各县（区）业务工作中存在的问题，并对近期及 2011 年工作进行了具体安排。会上，市森林病虫害防治检疫站给各县（区）配发了电脑、数码相机、摄像机等办公用品。

省林业厅杨朝兴总工程师来信阳市调研 11 月 25～26 日，省林业厅总工程师杨朝兴、省林业厅办公室副主任赵蔚一行 3 人在市林业局副局长张照喜的陪同下来光山专题调研林业生态县建设工作。杨朝兴等人先后深入到弦山、寨河、孙铁铺、文殊、槐店等乡（镇）和街道，实地察看了光山的林业生态县建设情况。在槐店乡万亩油茶基地，杨朝兴对光山油茶基地高标准规划、高标准建设给予了充分肯定，对造林工作中积极探索和创新造林机制，吸引社会资金投入造林的做法给予了高度评价。

全市林业生态建设动员会召开 12 月 8 日，信阳市召开全市林业生态建设动员会。会议表彰奖励了 2010 年度林业生态建设优秀县（区）、先进县（区）和林业生态县达标县（区），总结了"十一五"以来全市林业生态建设工作情况，部署了 2010 年冬暨 2011 年林业生态建设工作。周克勤局长总结回顾了"十一五"期间信阳林业生态建设工作，王道云副书记从要在着眼全局中深化认识、要在狠抓落实中突出重点、要在加快推进中强化责任三个方面对全市 2011 年林业生态建设工作作了动员、部署。

豫鄂两省松材线虫病联防联治协作会召开 12 月 9 日，豫、鄂两省松材线虫病联防联治协作会议在河南省新县召开。河南省、湖北省森林病虫害防治检疫站站长，黄冈市、孝感市、信阳市林业局局长、森林病虫害防治检疫站站长等 38 名代表参加会议。会上，豫鄂两省相互通报了各自松材线虫病发生情况及防治情况，对松材线虫病预防和除治工作进行了交流。会议讨论了松材线虫病发生、传播特点、发展趋势，客观分析了松材线虫病防范面临的严峻形势，研究了后期除治工作措施。

济源市

一、概述

2010 年，济源市以创建全国绿化模范城市和国家森林城市为抓手，以创建省级文明单位活动为载体，以林业改革发展为动力，以林业生态市建设和"3+1"工程为重点，积极履行职能，加速造林绿化，严格林业执法，强化资源保护，不断深化集体林权制度改革，努力提高林业科技服务水平，各项林业建设得到稳步扎实推进。全年共完成林业生态市建设 83 941 亩；完成薄皮核桃基地建设补植补栽 14.95 万株，新建 2 个国家级标准核桃示范园，2 个市级科技示范园，5 个镇级千亩示范园，35 个镇级领导示范园，50 个村级示范园；完成绿色家园建设 100 个村，栽植各类绿化苗木 135.39 万株；完成荒山造林 18 896 亩；完成退耕还林补植补造 8 337 亩，义务植树 257.56 万株；积极推进集体林权制度改革，明晰集体林产权 117.9 万亩；严厉打击涉林违法犯罪活动，查处各类林业案件 125 起，案件查处率达到 95%；森林病虫害成灾率控制在 5‰ 以内；森林火灾受害率低于 1‰。全年实现林业产值 8.7 亿元。

（一）创模创森工作取得阶段性成果

2010 年，全国绿化模范城市和国家森林城市创建工作取得了很大进展。全国绿化模范城市创建完成了方案、台账、目标责任书以及宣传手册等基础工作；国家森林城市创建工作正式获得国家林业局批准，《济源市森林城市建设总体规划（2010~2020)》顺利通过专家评审；积极开展以创建绿色镇（街道）、绿色家园、绿色机关、绿色企业、绿色校园、绿色道路、绿色景区、绿色社区为内容的"八创"评选活动，并对创建中涌现出的 100 多家单位授予了创建先进称号，有效提升了全市各界的创建热情；对全市 418 株古树名木进行了重新摸底调查，编制了《济源市古树名木名录》，确定了管护人员，制定了保护措施。

（二）集体林权制度改革工作稳步推进

2010 年，济源市集体林权制度改革工作克服面积大、与国有林场纠纷多的困难，一方面明晰产权、整体推进，一方面解决纠纷、处理矛盾，全年明晰集体林产权 117.9 万亩，占任务 121.96 万亩的 96.7%，达到了省林业厅要求的目标。围绕林改，一是印发了《济源市林改档案管理办法》，指导市、乡、村三级按照统一标准格式，分别建立了永久性档案。二是启用了新版林权证网上办证系统，实现了全省联网办证，同步查询。三是深入开展林权抵押贷款工作。2010 年帮助企业办理森林资源资产抵押贷款 5 起，贷款金额 450 万元，积极服务林业产业化发展，起草了《济源市林权抵押贷款 IC 卡管理试点方案》，协调财政和银行部门，通过林权信息采集和资源资产评估结果的数字化处理，根据不同需求和方式建立经营单位(户)森林资产信息卡。林业、财政、银行部门实现资源共享，为金融部门发放林权抵押贷款提供依据，并有效破解了林权抵押贷款"资产评估难"这个关键难题，有力推进了林农小额循环贷款，促进林权抵押贷款增量扩面。

（三）积极开展和谐机关、文明单位创建工作

2010 年，济源市林业局以创建"和谐林业机关"为目标，将创建省级文明单位作为重点工作，重新充实完善领导小组，明确分工和责任，不断强化职工文明素质教育建设和机关基础设施建设，坚持内强素质，外树形象，积极开展省级文明单位创建工作。在争创和谐机关、省级文明单位各项工作的过程中，将加强机关管理制度建设、解决热点难点问题和机构改革等工作做为创建省级文明单位的重要内容来抓，一是进一步规范相关工作制度，结合实际，重新制定了《林业局机关管理制度》，切实做到了机关工作有章可循；二是出资 32 万元，对全局 44 名一次性安置人员进行养老保险补助，确保了林业系统的稳定；三是完成了林业局机关机构改革工作，落实了"三定工作方案"，明确了职责权限，理顺了部门职责关系，强化了部门责任。省委、省政府于 2010 年 11 月授予市林业局"省级文明单位"荣誉称号。

（四）全力服务全市经济建设大局

2010 年，济源市林业局从加快经济发展方式转变的大局出发，采取"主动联系、提前介入、积极沟通、上下协调"的方法，在服务全市重点项目建设中努力做到优化程序、压缩时限、提高效率，为玉川、虎岭等产业集聚区建设以及其他重点项目建设留足发展空间。积极服务大峪东宝环保制品厂、双汇集团姬沟育肥厂等 6 个重点项目建设。市林业局驻市行政服务中心窗口不断完善服务职能，大力提升服务水平，荣获了"河南省优质服务窗口"称号。

（五）森林资源保护

一是严厉打击各种涉林违法犯罪活动。以王屋林山、承留玉皇庙等林区为重点，认真组织开展各项严打专项整治行动，有力地打击了涉林违法犯罪行为，使林区社会治安秩序明显好转。全年共接警 326 起，受理各类案件 132 起，查处 125 起，其中刑事案件 18 起，治安案件 18 起，林业行政案件 89 起，刑事拘留 7 人，批捕 4 人，起诉 28 人，治安拘留 4 人，林业案件查处率达到 95%，刑拘转处率 57.1%，起诉率 93.3%。二是全面做好林政资源管理工作。严格程序，加强木材采伐管理，全年共完成采伐外业设计 250 起，完成林木采伐 11 000 立方米，办理林木采伐证 200 余份，木材运输证 2 000 余份，全市凭证采伐率达 98.5%，办证合格率达 98%以上；定期对木材加工市场进行清查，实行月报制，严格市场管理，对非法经营加工户予以取缔；举办了全市木材经营加工户培训班，提高了木材经营加工户的知法守法意识，使木材经营加工业走上法制化、制度化、规范化管理的轨道；完成了"十二五"期间年森林采伐限额编制工作。三是加大退耕还林工程后期管理工作。

完成巩固退耕还林成果补植补造和后续产业工作。其中，完成退耕地补植补造 9 810.3 亩，荒山荒地补植补造 12 609.7 亩，荒山造林 4 000 亩，封山育林 6 000 亩，特色经济林 4 000 亩，低质低效林改造 4 000 亩，林下中药材种植 2 500 亩，并顺利通过省级检查验收；完成省林业厅下达济源市 2011 年退耕还林工程规划任务；协助市财政部门完成 2009 年退耕还林延期补助资金兑付和 2010 年退耕还林资金补助工作；完成 14.68 万亩退耕地造林的信息录入工作；顺利通过国家林业局对济源市 2010 年补助资金到期的退耕地造林的检查验收。四是不断完善天然林保护工程。加强森林管护工作，在全市 139.5 万亩天然林保护工程区设封山护林卡 7 个，设制护林员 248 人，与护林员签订管护合同，明确权利和义务，积极筹备印刷天然林资源保护护林员学习材料 1 500 余册，内容主要包括森林管护的法律法规、护林员的职责和考核办法等约 10 万余字内容，并为全市 141 名集体护林员购买了人身意外伤害综合保险，极大地调动了护林员的管护积极性；完成了 2009 年天然林保护工程自查工作和 2009 年度第四批扩大内需重点工程 1 万亩封山育林实施工作。五是突出抓好森林防火工作。全面落实森林防火责任制，狠抓森林防火宣传，严控火源上山入林，强化队伍建设，加大依法治火力度，逐级签订森林防火责任状 2 500 余份；加强基层防火设施建设，投资 43.1 万元购买物资装备，配备到各基层单位；防火期组织巡护队员，对人员活动集中的地段、路口、山头加强巡护，重点防范，共清除各类森林火灾隐患 40 余处；抓好"三夏"、"三秋"期间秸秆禁烧工作；组织森林消防专业扑火队参加"河南省民兵预备役部队重点应急分队规范化建设现场观摩研讨会"，受到了省委、济南军区及省军区主要领导及林业厅领导的好评。六是重点抓好林业有害生物防治工作。不断加大林业有害生物预测预报工作，把 5 个国有林场纳入全市林业有害生物监测体系，加强林场测报点基础设施建设，全年及时准确发布林木病虫信息 13 期，积极举办林业有害生物监测、防治技术培训班，共培训基层森防员 120 人；依法开展产地检疫和调运检疫工作，有效防止了危险性病虫害的入侵；加大无公害防治力度，采用现代化防治与群防群治相结合的方法，防治杨树食叶害虫 4.2 万亩，草履蚧壳虫 0.09 万亩，有效控制了虫害的发生和蔓延。七是认真抓好自然保护区建设管理工作。完成了河南黄河湿地国家级自然保护区一期工程验收工作；河南太行山国家级自然保护区二期工程项目正在筹备实施前期工作；对河南太行山猕猴国家级自然保护区生动物资源和猕猴生存现状展开了调查，猕猴种群、个体测量及血液采集等野外工作已经结束；对破坏保护区环境的行为进行了清理，遏制了保护区内的违法行为，维护了保护区的秩序，有效保护了保护区内的野生动植物资源和生态环境。八是全力抓好野生动物保护工作。围绕"爱鸟周"和"野生动物保护宣传月"活动，展开了声势浩大的宣传活动，展出宣传版面 10 个，在重点林区、景区悬挂野生动物保护标语 60 余条，散发宣传资料 5 000 余份，接受咨询 800 多人，受教育人数 8 000 多人；积极开展野生动物市场综合整治行动，严查以动物名称为菜名招揽顾客、无证加工销售野生动物和非法驯养繁殖野生动物的非法经营行为，清查全市 200 多家饭店；全年共救护受伤、有病野生动物 115 只，其中国家二级保护动物 2 只，分别为白天鹅和白鹭。

（六）场圃建设

2010 年，各林业基层场圃立足发挥各自的优势，做到了场场有特色，处处有亮点。黄楝树林场把发展生态旅游作为促进林场发展的重要思路，全年共接待全省各单位和大专院校数十家，通过承办拓展训练和业务培训，取得了良好的经济效益；争取省、市两级政府投资 480 万元，完成场部至上架林区 11.4 公里道路的拓宽工作。蟒河林场进一步加大蟒河森林生态旅游区建设，全年共完成投资 2 600 万元，完成架电、250 米禅堂山隧道、郑坪－大窝公路路基及百合谷、茱萸河等景点坝体整修工程。大沟河林场将黄河园林公司做大做强，除不断完善老客户的绿化工程外，新开辟了交通部门的黄河西路和孔山工业带绿化工程及山西永和县 18 个游园的设计及供苗工程，共完成产值 315 万元。愚公林场不断加强薄皮核桃科技示范园建设，建成标准化生产示范园、新品种引进示范园和新技术推广示范园三个功能园区，取得了较好的经济效益和社会效益。邵原林场以场、职工入股模式进行香菇种植业，全年投资 40 余万元，投料 200 吨，建棚 50 座，装袋 7.5 万袋，建成管护板房 90 平方米，炕房一间，可实现销售收入 60 余万元，盈利 10 余万元。林木种苗工作站在加强林木种苗质量监管的同时，认真做好全市林木良种生产许可证的申报工作，并积极争取省级种苗扶持资金 60.7 万元。苗圃场积极争取科研项目，承接的生物质能源树种研究项目争取科研经费 3 万元，黄连木研究项目获得资金支持 5 万元，项目实施进展顺利。

（七）获奖荣誉

2010 年，济源市林业局先后获得河南省优化经济发展环境工作领导小组颁发的"河南省优质服务窗口"，第十届中原花木交易博览会组委会颁发的"第十届中原花木交易博览会银奖"，第二届中国绿化博览会组委会颁发的"第二届中国绿化博览会先进工作单位"奖牌，国家林业局森林病虫害防治总站颁发的"村级森防员培训工作先进集体"奖牌，河南省军区颁发的"河南省民兵预备役部队应急队伍规范化建设试点观摩活动先进单位" 奖牌等荣誉，"杨树黄叶病害病因及可持续控制技术研究"项目荣获河南省人民政府授予的河南省科学进步奖二等奖。

二、纪实

全市林业工作会议召开 2 月 26 日，济源市政府召开全市林业工作会议，会议总结回顾了 2009 年的林业工作，对 2010 年的相关工作进行安排部署，并对 2009 年度林业工作先进单位和个人进行了表彰。副市长孔祥智出席会议并作重要讲话。

全民义务植树暨造林绿化动员会召开 3 月 5 日，全市 2010 年全民义务植树暨造林绿化动员会召开。会议安排部署了 2010 年全民义务植树和造林绿化工作。市领导田国强、崔丙亮、孔祥智、卫祥玉出席会议。市委常委、秘书长田国强作重要讲话。

市领导参加第三十二个全民义务植树活动 3 月 9 日，市委书记段喜中和市委、市人大、市政府、市政协、市人武部，以及市直部门和驻济部队在龙潭生态园义务植树基地，参加第三十二个全民义务植树活动，以实际行动为济源植绿添绿，建设绿色生态家园。

各群团组织积极营建纪念林 3 月 12 日，全民义务植树节当天，在克井镇王莽沟林场，全市 400 余名女领导干部和市直各单位、各厂矿企业女职工，以及济源日报社干部职工和全市读者代表，共同营建了"三八"纪念林和"读者林"；与此同时，团市委组织全市广大青年团员在该市克井镇原昌村义务植树基地，完成了"青年林"的建设。当天全市各群团组织共营建各类纪念林 120 亩，植树近万株。

省林业厅督导检查济源市造林情况 3月15日，省森林公局宋全胜局长一行，亲临济邵高速公路造林现场、龙潭生态园义务植树基地等，实地检查济源市的造林工作开展情况。

举办全市木材经营（加工）户培训班 3月16日，林业局组织全市木材加工企业及木材经营户举办了为期两天的林业法规政策培训班。培训内容主要是《中华人民共和国森林法》、《中华人民共和国森林法实施条例》、《河南省木材经营加工许可证管理办法》等相关法律法规。

召开全市春季植树造林现场会 3月17日，全市春季造林绿化现场会召开。市委副书记薛兴国、市人大常委会副主任郝祥国、市政协副主席吴丽鸣出席现场会。薛兴国带领与会的各镇、街道和市直有关部门负责人先后参观了承留镇600亩荒山造林鱼鳞坑，思礼镇绿色家园建设，天坛街道龙潭生态园建设，克井镇企业周边绿化、煤矿塌陷区绿化、古苑生态园荒山治理等绿化工程。

全面启动"五创"活动 3月中旬，全市启动了以创建绿色镇（街道）、绿色家园（社区）、绿色机关、绿色企业、绿色校园为主要内容的"五创"活动。该活动由市创建森林城市办公室和市绿化委员会共同发起，是根据济源市创建国家森林城市和全国绿化模范城市工作要求，在全市各镇（街道）、行政村、机关、企业、学校中开展的以林业生态建设为主的生态文明建设活动。

国家林业局副局长李育材调研济源林业 5月8日，国家林业局党组副书记、副局长李育材来济源市调研林业工作。省林业厅厅长王照平、市委书记段喜中、副市长孔祥智陪同调研。李育材实地考察了济邵高速公路沿线荒山绿化工程、王屋山区生态建设和造林绿化工作，听取了该市关于林业及创建国家绿化模范城市工作情况汇报，对济源市造林绿化工作采取的措施和取得的成绩给予了充分肯定。

国家林业局科技司领导莅临济源检查工作 5月9日，国家林业局科技司司长魏殿生一行莅临济源，调研该市科技兴林工作，重点检查了位于大沟河林场的国家林业局黄河小浪底森林生态定位站建设情况，魏殿生对生态定位站开展的工作和取得成果表示肯定，并对该市给予生态定位站的长期支持表示感谢。

国家林业局批准济源市创建国家森林城市申请 5月12日，济源市的国家森林城市创建工作正式获得国家林业局批准，标志着本市国家森林城市创建工作取得了阶段性成果。济源市的森林城市创建工作于2009年4月11日正式启动，同年5月份开始向国家林业局提出申请。

济源市首座森林火险自动监测站建成并试运行 6月17日，济源市首座森林火险自动监测站在国有愚公林场建成并顺利实施运行。该森林火险自动监测站可对显著影响森林火灾和火险等级评定必不可少的观测因子，如大气湿度、大气温度、日降雨量、无降雨日、风向、风速、大气压力等进行自动监测，并将所采集信息利用网络和通信手段自动传送到国家森林防火指挥中心，是该市首个实时传输森林火灾有关信息的仪器。

济源市国家级公益林建设项目全面启动 6月中旬，首批中央财政森林生态效益补偿基金195万元已顺利拨付到位，标志着国家级公益林建设项目在济源市正式启动。这是继国家太行山绿化工程、天然林保护工程和退耕还林工程之后，又一项国家重点林业生态建设项目在济源市启动实施。

市科技馆增设动植物标本展厅 6月30日，济源市林业局在市科技馆一楼展厅展览太行山标本，共展出蛾类、蝗虫、螳螂、天牛、蝴蝶、金龟子、锹甲、瓢虫8种赤目类昆虫标本，供市民观赏。

济源市启用新版全国木材运输管理系统　7月1日，济源市启用新版全国木材运输管理系统。

召开民兵森林防火训练演练总结表彰大会　7月22日，济源市召开民兵森林防火训练演练总结表彰大会，市民兵森林防火分队受到了表彰。市民兵森林防火分队在省军区组织的河南省民兵预备役部队应急队伍规范化建设试点观摩活动现场会上，通过优秀的森林防火科目演练展示，受到省军区首长的高度赞扬，为济源市赢得了荣誉。

飞播造林王屋山　8月6~7日，为进一步加快王屋山区绿化步伐，济源市林业局组织对王屋山区进行了飞播造林，两天共飞行7架次，作业面积1.14万亩。

国家环境保护部等四部委专家组评估济源市两个国家级自然保护区　8月7~8日，由国家环境保护部、国土资源部、国家林业局、中国科学院四个部委联合组织的专家组莅临济源，对本市太行山猕猴国家级自然保护区和黄河湿地国家级自然保护区的机构设置与人员配置、范围界线与土地权属和基础设施建设等10项内容进行全面评估。评估组充分肯定了济源市两个国家级保护区的建设成就，同时指出了保护区存在的问题，并就如何解决这些问题提出了中肯的建议。

澳大利亚专家考察济源市苗圃场种苗产业　8月10日，来自澳大利亚的塔马斯尼亚大学教授、国际园艺学会副主席大卫·麦克内尔到济源市国有苗圃场参观考察，对苗圃场的核桃研究技术及核桃种苗生产模式进行了深入了解，并给予了充分肯定，同时还介绍了国外先进的种苗产业发展经验，为该市种苗产业发展提出了宝贵意见。

济源市林业系统成立文明志愿者协会　8月15日，济源市林业局举行林业系统文明志愿者协会成立仪式，全体林业干部职工面对队旗庄严宣誓。仪式后，文明志愿者开展了告别十大不文明行为签字活动。

召开全市集体林权制度改革工作推进会　8月25日，全市召开集体林权制度改革工作推进会，会议通报了上半年全市集体林权制度改革工作进展情况，克井镇和王屋镇作了典型发言。副市长孔祥智出席会议。

中国林学会在济源市举办核桃栽培技术培训班　9月3日，中国林学会核桃高效栽培实用技术培训班在济源市举行，来自全国各地的农林专家用讲座和现场讲解的方式，把目前最先进的薄皮核桃栽培技术传授给该市的广大农民。相关部门负责人及核桃种植大户120余人参加了培训。

济源市森林城市建设总体规划通过专家评审　9月18日，来自国家林业局、中国林业科学研究院、北京林业大学、南京林业大学、西南林业大学、河南省林业厅、河南农业大学、河南省林业科学研究院等单位的专家和领导组成的森林城市评审组，一致审议通过了《济源市森林城市建设总体规划（2010~2020年）》。市领导赵素萍、郭茹、孔祥智参加评审会议。

苗圃场繁育的软籽石榴品种获全国行业银奖　9月19日，市林业局苗圃场繁育的软籽石榴品种及光雾工厂化快繁育技术在第一届中国园艺协会石榴分会会员代表大会暨首届全国石榴生产与科研研讨会上荣获行业银奖。

国家林业局科技司领导考察济源市薄皮核桃基地建设　10月26日，国家林业局科技司副司长杜纪山及省林业厅相关领导莅临济源，考察该市薄皮核桃基地建设情况。杜纪山一行先后考察了该市薄皮核桃育苗基地、坡头千亩核桃示范园等，对该市发展薄皮核桃坚持科技兴林、科技富民的原则给予充分肯定。

济源市三家企业跻身河南省首批省级林业产业化重点龙头企业之列 11月10日，省林业厅对全省第一批145家省级林业产业化重点龙头企业授牌，济源市博润生物科技有限公司、黄河园林工程有限公司、济世药业有限公司跻身省级林业产业化重点龙头企业之列。

玉川产业集聚区荒山造林工作全面铺开 11月12日，为美化绿化济源市玉川产业集聚区环境，使周边荒山荒坡披上绿装，该市林业局组织广大林业干部职工，对玉川工业集聚区四号线展开了大规模的造林行动，迅速掀起了全市荒山造林高潮。

全市森林防火工作会议召开 11月16日，全市森林防火工作会议召开。会议贯彻落实了全省森林防火电视电话会议精神，对2009年冬2010年春的森林防火工作进行了全面总结，并安排部署了2010年冬2011年春森林防火工作。副市长孔祥智出席会议。

国家林业局领导检查济源市退耕还林工作 11月26～28日，国家林业局退耕还林和天然林保护工程管理办公室副主任吴礼军一行莅临济源检查退耕还林工作。吴礼军一行检查了济源市的退耕还林档案管理工作，随机抽检了坡头清涧、双堂退耕还林地块，实地检查了林种变更情况，并与退耕还林户进行了座谈，详细询问该市退耕还林政策兑现及确权发证情况，充分肯定了该市退耕还林工作，高度赞扬利用退耕还林地发展薄皮核桃的模式。

济源市林业局荣获"省级文明单位"称号 11月下旬，经过广大干部职工3年的共同努力，济源市林业局被中共河南省委、河南省人民政府授予"省级文明单位"荣誉称号。